海岸带水体和沉积物硫循环过程与机制

盛彦清　李兆冉　著

科学出版社

北京

内 容 简 介

本书系统地论述了海岸带硫循环的过程、基础理论和耦合机制，全面介绍了海岸带硫的赋存形态、地球化学特征、硫与铁磷及痕量金属的耦合机制及影响因素、硫污染控制技术、硫在水处理中的原理与应用。本书广泛参考国内外相关文献及该领域的最新研究进展，同时针对海岸带这一特殊区域，对硫循环过程与机制进行深入剖析，结合作者在海岸带硫等生源要素的环境地球化学过程方面的多年研究，提出了独到见解。

本书章节段落层次分明、逻辑性强，叙述简练准确、清晰易读，可供从事海岸带环境保护、环境科学研究的专业人员阅读，也可作为高等院校环境科学及相关专业的参考书。

图书在版编目（CIP）数据

海岸带水体和沉积物硫循环过程与机制 / 盛彦清，李兆冉著 . -- 北京：科学出版社，2025.2. -- ISBN 978-7-03-079957-9

I. P731.1；P736.21

中国国家版本馆 CIP 数据核字第 20247A4R02 号

责任编辑：朱 瑾 习慧丽/责任校对：杨 赛
责任印制：肖 兴 /封面设计：无极书装

科学出版社出版

北京东黄城根北街 16 号
邮政编码：100717
http://www.sciencep.com

北京中科印刷有限公司印刷
科学出版社发行　各地新华书店经销

*

2025 年 2 月第 一 版　开本：787×1092　1/16
2025 年 2 月第一次印刷　印张：12
字数：285 000

定价：168.00 元
（如有印装质量问题，我社负责调换）

前言

海岸带是海洋和陆地相互作用的特殊地带，该区域污染负荷高、来源杂，且盐度高、潮汐扰动剧烈。硫在自然界中扮演着重要角色，其转化过程涉及多种形态和价态的变化，对水质和生态系统影响显著。受多种作用力的交互影响，海岸带区域硫的形态多种多样，硫的环境地球化学过程复杂，循环方式既属于沉积型，也属于气体型。鉴于硫在海岸带水环境质量演变过程中的特殊作用，开展海岸带区域硫循环过程与机制研究十分必要。

本书聚焦流域-河口-近海体系水体和沉积物中硫的环境过程，基于野外实测、室内模拟试验，阐述海岸带硫循环的过程、影响因素及与氮磷和痕量金属的耦合机制。全书分7章，第1章系统介绍硫的赋存形态、环境行为、功能与危害以及测定方法；第2章通过野外采样分析和室内模拟，揭示无机硫在入海河流、河口及近海区域的形态分布与转化机制；第3章基于野外实测，对海岸带有机硫的地球化学特征进行分析；第4章在系统介绍沉积物中硫铁磷耦合循环的基础上，揭示盐度、潮汐、季节变化对沉积物中硫铁磷耦合机制的影响；第5章通过模拟试验，阐明溶解氧、扰动强度、有机质对沉积物中硫与典型重金属耦合机制的影响；第6章着重介绍水体中挥发性有机硫化物、硫化物及二氧化硫的去除技术；第7章介绍硫在水处理中的应用，并就相关技术的原理进行阐述。本书将丰富海岸带硫循环过程与机制理论，有助于人们深入了解海岸带水环境质量演变过程与机制，为海岸带水环境管理和保护提供科学参考。

感谢众多专家、学者和管理人员在书稿编写过程中提出宝贵意见。同时，感谢在本书创作过程中给予作者帮助和支持的所有朋友及家人。

由于海岸带水质水文的复杂性及目前关于海岸带硫循环研究的局限性，再加上作者对该领域研究认识水平有限，仅凭现有研究很难全面阐明海岸带硫循环过程与机制，所以书中可能会存在一些不妥之处，敬请各界人士批评指正，同时欢迎大家一起交流、学习！

盛彦清

中国科学院烟台海岸带研究所

2024 年 12 月 17 日于烟台

目录

第 1 章

海岸带硫的概述

硫是地球上含量较丰富的元素之一，同时也是生物必需的营养元素。硫位于元素周期表第 3 周期、第 VI A 族，性质活泼，具有 –2～+6 价的化合价态，对环境变化比较敏感，可随环境条件的变化生成不同种类的化合物（康绪明，2015；曹爱丽，2010）。在自然界中，硫主要以无机硫和有机硫的形式存在。在海岸带区域，受多种作用力的交互影响，硫的形态多种多样，其环境地球化学过程也较为复杂。

1.1　硫的功能和危害

1.1.1　硫的功能

1. 人体中硫的生理功能

硫是在人体的常量元素中排第 4 位，占人体重量的 0.64%，是构成氨基酸的重要成分，也是构成细胞、蛋白质、组织液和各种辅酶的重要成分，还是构成硫酸软骨素的重要成分，是维护身体健康及美容、护肤的必备营养元素（朱济成，1982）。硫有助于人体内的新陈代谢；维护皮肤、头发及指甲的健康、光泽；维持氧平衡，帮助脑功能正常运作；促进胆汁分泌，帮助消化；有助于抵抗细菌感染，增强人体的抵抗力等。人体一旦缺乏硫，会产生多种失衡性的问题，如引起糖尿病、心脑血管病、衰老、皮肤毛发老化、骨骼脆弱、多种炎症以及疼痛等。

2. 动物中硫的生理功能

硫是动物机体内必需的非金属元素，具有多种生理功能，包括组织构建（胶原）、催化剂（酶）、氧的载体（血红蛋白）和代谢（维生素 B_1 和维生素 H）。硫的重要生理作用通过动物体内有机含硫物质实现，如硫以二硫基的形式存在于胱氨酸中，起着脱氧、氢转运作用和激活某些酶（如脱氢酶和脂化酶）的作用（曹志洪等，2011）。

1）硫在反刍动物中的生理功能

硫在反刍动物中的生理功能主要包括：①参与含硫氨基酸等的合成，瘤胃微生物合成某些氨基酸、维生素以及一些酶时都需要硫的参与，硫能促进含硫氨基酸、肝脏蛋白质和核酸的生物合成，同时以有机硫的形式参与合成胶原蛋白和激素，并促进体内的多种代谢作用；②加速瘤胃内纤毛虫和肠道微生物的繁殖，无机硫能促使瘤胃内纤毛虫和肠道微生物的繁殖，形成良性循环；③解毒作用，含硫化合物还能参与酸碱平衡和解毒过程，从而增强机体抗病力，促进生长，提高生产性能；④其他重要作用，添加硫可改善体内氮元素及其他营养物质的吸收和利用，此外，含硫化合物是某些酶（如脂酶和脱氢酶）的活化剂，参与体蛋白质和乳蛋白的合成、脂肪代谢及碳水化合物代谢（曹志洪等，2011）。

2）硫在非反刍动物中的生理功能

硫元素能刺激体内代谢，参与碳水化合物的代谢，作为维生素 H 的成分参与脂类代谢，作为辅酶 A 的成分参与能量代谢等，提高增重与产蛋率，改善肉、蛋产品的蛋白质品质（曹志洪等，2011）。

3. 植物中硫的生理功能

硫是植物生长必需的中量矿质营养元素，也是植物生长和完成生理功能的必需营养元素。植物中硫的生理功能主要体现在以下方面（曹志洪等，2011）。

1）氨基酸和蛋白质的组成元素，参与蛋白质合成

硫是构成蛋白质不可缺少的成分，作物体内几乎所有的蛋白质都含有硫，植物体内90% 的硫都存在于胱氨酸、半胱氨酸和甲硫氨酸中，其含硫量可达 21%～27%。硫素与蛋白质的合成密切相关，因此硫素营养水平对植物生理生化功能有很大影响。

2）酶的组成元素，影响酶的活性和许多植物的生理功能

硫是许多辅酶或辅基的结构成分，如乙酰辅酶 A、辅酶 A、固氮酶、维生素 H 和硫胺素焦磷酸等。这些酶在促进光合作用、N_2 和 NH_3 的同化、NO_2^- 和 SO_4^{2-} 的还原以及有氧呼吸作用等过程中起着重要作用。

3）叶绿体膜的重要结构物质，影响植物的光合作用

硫的供应对叶绿体的形成和功能的发挥有重要影响，硫素营养在作物光合作用中的作用主要表现在以下三个方面：①硫以硫脂方式组成叶绿体基粒片层；②硫氧还蛋白半胱氨酸-SH 在光合作用中传递电子；③硫是铁氧还蛋白的重要组分。

4）参与氧化还原反应

植物体内多种化合物（如半胱氨酸、谷胱甘肽、硫辛酸、铁氧还蛋白等）的分子结构中都含有—SH，能调节体内的氧化还原过程。

5）调节植物生长

硫存在于某些生理活性物质中，在作物生长发育中发挥着其他元素不可替代的作用，如含硫的维生素 B_1、维生素 H 等可调节植物的生长发育进程。

6）增强植物的抗逆性

硫能提高植物抵抗寒冷、干旱等不良环境条件的能力，植物的耐寒、抗旱和抗倒伏

等抗逆性与植物体中硫氢基的数量有关。硫增强植物的抗逆性主要是通过以下途径实现的：①增强植物的抗氧化胁迫能力；②增强植物的抗病虫害能力；③清除有机污染物。

7）清除重金属离子对植物的毒害

硫素可以使植物的抗性增强，施用硫肥能促进富硫蛋白质的合成，增加螯合物的比例，使得植物对重金属的中毒反应得到缓解。

1.1.2　硫的危害

1. SO_2 的危害

1）SO_2 对人体的危害

（1）刺激呼吸道：SO_2 进入呼吸道后，在上呼吸道很快与水分接触并在湿润的黏膜上生成具有腐蚀性的亚硫酸、硫酸和硫酸盐，使刺激作用增强，呼吸系统功能受损，产生气喘、气促、咳嗽等一系列症状（陈娟和崔淑卿，2012；曹志洪等，2011）。

（2）损伤肺部：SO_2 与飘尘一起被吸入，飘尘微粒能把 SO_2 带到肺深部，使得毒性增加 3~4 倍。SO_2 和飘尘的联合作用，可促使肺泡纤维增生，形成纤维性病变甚至肺气肿（陈娟和崔淑卿，2012）。

（3）对全身的毒副作用：SO_2 被吸收进入血液后会与血液中的维生素结合，使体内维生素 C 的平衡失调，进而影响新陈代谢；此外，SO_2 能破坏酶的活性，影响碳水化合物及蛋白质的代谢，进而影响机体的生长发育（陈娟和崔淑卿，2012；曹志洪等，2011）。

（4）促癌作用：SO_2 可以加强致癌物质苯并 [a] 芘的致癌作用，动物试验表明，在苯并 [a] 芘和 SO_2 的联合作用下，动物肺癌的发病率高于单个致癌因子作用下的发病率（陈娟和崔淑卿，2012）。

（5）对其他多种器官的毒理作用：SO_2 不仅对呼吸器官有毒理作用，还会引起脑、肝、脾、肾病变，甚至对生殖系统也有危害，是一种全身性且具有多种毒性作用的毒物（曹志洪等，2011）。

2）SO_2 对植物的危害

高浓度的 SO_2 可对植物造成急性危害，使植物叶片表面产生坏死斑，或使叶片枯萎脱落。另外，高浓度的 SO_2 形成的酸雨可导致植物生长衰弱、抗逆性降低、生物多样性消失等严重后果；而低浓度的 SO_2 可使植物生长机能受到影响，造成产量下降、品质降低（曹志洪等，2011；郭东明，2001）。

3）SO_2 的其他危害

SO_2 对金属的腐蚀直接威胁生活、交通、工业设施的安全。此外，SO_2 在潮湿环境中形成的 H_2SO_3 或 H_2SO_4，可使一些非金属材料发生氧化、溶解、溶胀等物理化学反应。高浓度 SO_2 形成的酸雨使得土壤酸化和贫瘠化，对生态环境造成严重破坏（郭东明，2001）。

2. H₂S 的危害

1）H₂S 对人体的危害

H₂S 具有强烈的神经毒性，低浓度时就能明显刺激呼吸道以及眼睛的局部，高浓度时可引起肺气肿以及呼吸与心脏骤停。H₂S 慢性中毒时可引起神经衰弱综合征或伴发心动过速或过缓、食欲减退、恶心、呕吐等，严重中毒时可引起痉挛、昏迷，甚至死亡（郭东明，2001）。H₂S 立即威胁生命或健康的浓度为 $142mg/m^3$，不同浓度 H₂S 对人体的影响见表 1-1（周学勤等，2014）。

表 1-1　不同浓度 H₂S 对人体的影响

在空气中的浓度（mg/m³）	暴露时间	暴露于 H₂S 的人体反应
1400	立即	昏迷并呼吸麻痹而死亡，除非立即进行人工呼吸急救
1000	数分钟	很快引起急性中毒，出现明显的全身症状。开始呼吸加快，接着呼吸麻痹，如不及时救治则死亡
700	15～60min	可能引起生命危险——发生肺气肿、支气管炎及肺炎，接触时间更长者，可引起头痛、头昏、步态不稳、恶心、呕吐、鼻咽喉发干及疼痛、咳嗽、排尿困难等，引起昏迷。如不及时救治可出现死亡
300～450	1h	可引起严重反应——眼和呼吸道黏膜强烈刺激症状，并引起神经系统抑制，6～8min 即出现急性眼刺激症状。长期接触可引起肺气肿
70～150	1～2h	出现眼及呼吸道刺激症状。吸入 2～15min 即发生嗅觉疲劳。长期接触可引起亚急性或慢性结膜炎
30～40	—	虽臭味强烈，仍能耐受。这可能引起局部刺激及全身性症状的阈浓度。部分人出现眼部刺激症状、轻微的结膜炎
4～7	—	中等强度难闻臭味
0.18	—	微量的可感觉到的臭味
0.011	—	嗅觉阈

2）H₂S 对植物的危害

H₂S 对植物危害的研究较少，但一般认为短时间暴露在低浓度的含 H₂S 的空气中，对植物基本不存在危害，但长时间暴露在含 H₂S 的空气中，即使低浓度的 H₂S 也会对植物造成伤害（曹志洪等，2011）。

3）H₂S 的其他危害

H₂S 溶于水或者在潮湿的环境条件下具有很强的腐蚀作用，可腐蚀金属材料，还会引起一系列与钢材渗氢有关的腐蚀开裂，如氢鼓泡、氢致开裂、硫化物应力腐蚀开裂、应力导向氢致开裂等（王维宗等，2001）。

3. 硫酸盐的危害

人体摄入大量的硫酸盐后会出现腹泻、脱水和胃肠道紊乱等生理反应。水体接纳过量的硫酸盐后，水体下层空间的硫酸盐还原过程变得活跃，产生毒性很强的 H₂S，导致部分水生生物死亡。此外，产生的 S^{2-} 可与大部分金属离子结合生成金属硫化物沉淀，造成水生植物所必需的微量元素缺少，破坏水体生态平衡（胡明成，2012）。大气中硫酸盐形成的气溶胶不仅可以腐蚀材料，还可以起到催化作用，加重硫酸雾毒性，随降水到达地面以后破坏土壤结构，降低土壤肥力，对输水系统造成腐蚀。

4. 有机硫的危害

1）有机硫对人体的危害

吸入甲硫醇（MT）后可引起头痛、恶心及不同程度的麻醉，高浓度吸入后可引起呼吸麻痹而死亡。氧硫化碳（COS）对肺有轻微刺激性，主要作用于中枢神经系统，严重中毒时可引起抽搐，乃至发生呼吸麻痹而死亡。二甲基硫（DMS）对皮肤、鼻及咽喉具有刺激作用，引发咳嗽和胸部不适，对眼睛的刺激作用较大，浓度高时会引起头痛，皮肤接触可能发生脱脂作用，并引发灼伤，持续或高浓度吸入 DMS 会出现头痛、恶心和呕吐。CS_2 是损害神经和血管的毒物，长期接触较低浓度的 CS_2 后，轻度中毒者早期有头晕、头痛、失眠、多梦、乏力、记忆力减退、易激动、情绪障碍等脑衰弱综合征的表现，并有食欲减退等消化道症状及自主神经功能紊乱，表现为心悸、手心多汗、盗汗或性功能减退等；接触高浓度的 CS_2 后，轻度中毒患者出现头痛、头晕、恶心及眼鼻刺激症状，或出现酒醉感、步态不稳、轻度意识障碍，重度中毒患者出现意识混浊、谵妄、精神运动性兴奋、抽搐以至昏迷，少数患者可发展为植物人状态。二甲基二硫醚（DMDS）毒性大，大量吸入后可致死，刺激呼吸道、眼睛、皮肤、消化道，可进入肺部导致伤害；吸入高浓度的 DMDS 后可引起流泪、发绀、肺部出血，长期反复吸入可引起溶血性贫血，并导致肾衰竭（盛彦清，2007）。

2）有机硫对环境和气候的危害

有机硫在大气对流层可被羟自由基及 O_3 氧化，生成 SO_2 和甲磺酸（MSA），SO_2 继续被氧化生成非海盐硫酸盐（$NSS\text{-}SO_4^{2-}$），对雨水的天然酸性有重要贡献。挥发性有机硫在进入大气后可被氧化形成颗粒，这些颗粒会对云层冷凝核的数量产生影响，而云层冷凝核数量的变化会影响云层反照率，进而影响地球能力平衡，导致地球气候改变。大气平流层的主要含硫气体 DMS 和 COS 被氧化或被光解为气溶胶，加剧对臭氧层的破坏和氯离子的生成（聂亚峰等，2000）。

1.2　硫的测定方法

1.2.1　水体中硫的测定方法

1. 硫化物的测定方法

水体中硫化物的测定主要是溶解性无机硫化物和酸溶性金属硫化物的测定，测定的方法主要有碘量法、间接火焰原子吸收法、对氨基二甲基苯胺光度法（亚甲蓝法）、气相分子吸收光谱法（国家环境保护总局《水和废水监测分析方法》编委会，2002）。

1）碘量法

碘量法是利用硫化物在酸性条件下与过量的碘作用，剩余的碘用硫代硫酸钠溶液滴定,根据消耗硫代硫酸钠溶液的量间接求出硫化物的含量。水体中的悬浮物、色度、浊度、部分重金属离子会干扰测定,水样中若含有硫代硫酸盐、亚硫酸盐等能与碘反应的还原性物质也会对测定产生干扰。硫化物含量为 2.00mg/L 时,样品中干扰物的最高容许含量分别为:SCN^- 80mg/L、$S_2O_3^{2-}$ 30mg/L、Pb^{2+} 5mg/L、NO_2^- 2mg/L、Cu^{2+} 2mg/L、Hg^{2+} 1mg/L。悬浮物、色度、浊度经酸化—吹气—吸收预处理后不干扰测定,但 SO_3^{2-} 分离不完全会对测定产生干扰,采用硫化锌沉淀过滤分离,可有效消除 30mg/L SO_3^{2-} 的干扰。碘量法适用于水体中含量在 1mg/L 以上的硫化物的测定。

2)间接火焰原子吸收法

间接火焰原子吸收法是将水样中的硫化物经酸化后转化为 H_2S,用 N_2 将 H_2S 带入含有定量并过量的 Cu^{2+} 吸收液进行吸收,分离沉淀后,通过测定上清液中剩余的 Cu^{2+},间接测定硫化物的含量。该方法抗干扰能力较强,适用于水体中硫化物的测定。

3)对氨基二甲基苯胺光度法(亚甲蓝法)

对氨基二甲基苯胺光度法(亚甲蓝法)利用含高铁离子的酸性溶液中硫离子与对氨基二甲基苯胺作用生成亚甲蓝,且硫离子的含量与颜色的深度成正比来测定硫含量。该方法受亚硫酸盐、硫代硫酸盐、亚硝酸盐、亚铁氰化物以及其他氧化剂或还原剂的影响,该方法的最低检出限为 0.02mg/L(S^{2-}),测定上限为 0.8mg/L。

4)气相分子吸收光谱法

气相分子吸收光谱法利用硫化物可被较强的酸(5%~10%的磷酸)酸化分解而生成挥发性的 H_2S,用空气将 H_2S 载入气相分子吸收光谱仪的测量系统,在 200nm 附近测定吸光度,进而得到水体中的硫化物含量。若水样基体复杂,含干扰成分多,则需采用快速沉淀过滤与吹气分离的双重去除干扰手段消除干扰。该方法可用于各种水样中硫化物的测定,最低检出限是 0.005mg/L,测定上限是 10mg/L。

2. 硫酸盐的测定方法

水体中硫酸盐的测定方法主要有离子色谱法、重量法、铬酸钡光度法、铬酸钡间接原子吸收法(国家环境保护总局《水和废水监测分析方法》编委会,2002)。

1)离子色谱法

离子色谱法利用离子交换的原理,连续对多种阴离子进行定性和定量分析,一次进样可连续测定 F^-、Cl^-、NO_2^-、NO_3^-、HPO_4^{2-} 和 SO_4^{2-} 等 6 种无机阴离子。水样注入碳酸盐-碳酸氢盐溶液并流经系列的离子交换树脂,基于待测阴离子对低容量强碱性阴离子树脂(分离柱)的相对亲和力不同而将其彼此分开,被分开的阴离子在流经强酸性阳离子树脂(抑制柱)时被转变为高电导的酸型,碳酸盐-碳酸氢盐溶液则被转变为低电导的碳酸溶液(清除背景电导),用电导检测器测量被转变为相应酸型的阴离子,与标准进行比较,根据保留时间定性,根据峰高或峰面积定量。该方法的 SO_4^{2-} 检出限为 0.09mg/L。

2)重量法

重量法利用硫酸盐在盐酸溶液中与加入的 $BaCl_2$ 形成 $BaSO_4$ 沉淀,根据生成

的 $BaSO_4$ 沉淀的重量得到 SO_4^{2-} 的含量。在接近沸腾的温度下进行沉淀,并至少煮沸 20min,使沉淀陈化后过滤,将沉淀中的 Cl^- 洗净,烘干或灼烧沉淀,冷却后称量 $BaSO_4$ 的重量。样品中的悬浮物、二氧化硅、硝酸盐、亚硫酸盐、碱金属硫酸盐、碱金属硫酸 氢盐、铁、铬等会对测定结果产生影响。该方法可测定 SO_4^{2-} 含量为 $10\sim500mg/L$ 的水样。

3)铬酸钡光度法

铬酸钡光度法利用 $BaCrO_4$ 在酸性溶液中与硫酸盐生成 $BaSO_4$ 沉淀,并释放出 CrO_4^{2-} 离子,将溶液中和后多余的 $BaCrO_4$ 及生成的 $BaSO_4$ 仍是沉淀状态,经过滤除去沉淀, 在碱性条件下 CrO_4^{2-} 离子呈黄色,测定其吸光度,进而得到 SO_4^{2-} 的含量。在加入 $BaCrO_4$ 之前将样品酸化并加热可去除碳酸根的干扰。该方法适用于测定 SO_4^{2-} 含量较低的清洁 水样。

4)铬酸钡间接原子吸收法

铬酸钡间接原子吸收法利用 $BaCrO_4$ 在弱酸性介质中与硫酸盐反应释放 CrO_4^{2-} 离子, 然后往试液中加入氨水和乙醇,进一步降低 $BaSO_4$ 的溶解度,经滤膜(0.45μm)过滤, 用火焰原子吸收法测定滤液中的铬,进而得到 SO_4^{2-} 的含量。该方法可测定的 SO_4^{2-} 的范 围为 $0.2\sim12mg/L$。

3. 挥发性有机硫的测定方法

1)前处理方法

水样的前处理是测定水体中挥发性有机硫化物的重点步骤,有利于提高分析方法的 灵敏度和准确度,常用的前处理方法有吹扫-捕集法、静态顶空法、固相微萃取法、液液 萃取法等。

(1)吹扫-捕集法:基于挥发性有机硫化物在水相及其上方空间达到平衡,用惰性气 体将挥发性有机硫化物吹扫出来,经干燥后带入捕集器(富集挥发性有机硫化物),而后 借助热解吸器对捕集器加热,并用惰性气体将挥发性有机硫化物全部吹入色谱仪进行定 性和定量分析。吹扫-捕集法适用于沸点低于200℃、溶解度小于2%,可被惰性气体吹 出的挥发性或半挥发性有机硫化物,具有操作简单、快速、准确度和灵敏度高、检测限 低、取样少、易实现在线监测、受水样基体干扰小等优点,但也存在装置结构过于复杂、 富集剂的选择困难等缺点(王艳君,2012)。

(2)静态顶空法:将水样置于有一定液上空间的恒温密闭容器中,水样中的挥发性 有机硫化物向液上空间挥发,产生蒸气压,在一定条件下,当气液两相间达到热力学动 态平衡时,根据液上空间气体的分析,计算得出样品中挥发性有机硫化物的含量。静态 顶空法适用于低沸点、低分子量、疏水性的化合物,具有操作简单、精密度和重现性好、 耗费少等优点,但存在浓缩倍数低、灵敏度低的缺点(王艳君,2012)。

(3)固相微萃取法:分为直接固相微萃取法和顶空固相微萃取法。直接固相微萃取 法是将纤维头直接插入待测样品进行萃取,适用于较清洁的水样;顶空固相微萃取法是 将纤维头置于待测样品的上空进行萃取,适用于水样中的挥发性和半挥发性有机硫化物 的萃取。固相微萃取法具有方便、快速、简单的优点,但纤维头昂贵、易裂、易碎(王艳君，2012）。

（4）液液萃取法：利用待测有机硫化物在液液两相中的分配系数不同，实现分离和浓缩，是经典传统的前处理方法，对于仪器没有特别的要求，但操作烦琐、富集倍数小、效率低、易出现乳化现象（王艳君，2012）。

2）测定方法

水体中挥发性有机硫化物的测定方法主要有高温氧化-紫外荧光检测器法、气相色谱-硫化学发光检测器法、气相色谱-原子发射光谱检测器法、气相色谱-脉冲火焰光度检测器法、气相色谱-火焰光度检测器法等。

（1）高温氧化-紫外荧光检测器：用来测定总挥发性有机硫化物的含量。高温氧化有利于挥发性有机硫化物在进入紫外荧光检测器前，完全氧化成待测定的 SO_2 气体。紫外荧光检测器为单色二氧化硫荧光检测器时，其原理是基于物质分子吸收光谱和荧光光谱能级跃迁机制，在紫外光的照射下，SO_2 分子受激发跃迁到高能激发态，在返回基态时瞬间发射出荧光，根据荧光强度可得到 SO_2 含量；紫外荧光检测器为时间双光路二氧化硫荧光检测器时，其原理是通过电机转动使中心波长分别为 λ_1 和 λ_2 的两个滤光片交替工作，在间隔很短的时间内产生两个荧光信号，通过对两个荧光信号处理，达到去除噪声和干扰的目的，提高测量精度。该方法具有专用性、快速、准确、可靠、灵敏度极高等优点，但无法检测样品中某些特定的挥发性有机硫化物（王艳君，2012）。

（2）气相色谱-硫化学发光检测器：气相色谱用于分离待测样品中的各个组分，硫化学发光检测器是通过硫化物燃烧生成 SO，且生成的 SO 和 O_3 发生化学光反应，光通过滤光片被光电倍增管检测出，进而求出各挥发性有机硫化物的含量。硫化学发光检测器具有灵敏度高、选择性好、响应呈线性、没有机制淬灭效应等优点，但其价格昂贵，普及率低（王艳君，2012）。

（3）气相色谱-原子发射光谱检测器：气相色谱用于分离待测样品中的各个组分，原子发射光谱检测器是利用等离子体作为激发光源，使进入检测器的被测组分原子化，然后原子被激发至激发态，再跃迁至基态，发射出原子光谱，根据原子光谱的波长和强度即可定性和定量分析。原子发射光谱检测器具有选择性高、可同步测定多种元素、对硫的线性响应不随硫化物的结构而改变等优点，但其价格昂贵，易被烃类物质干扰（王艳君，2012）。

（4）气相色谱-脉冲火焰光度检测器：气相色谱用于分离待测样品中的各个组分，脉冲火焰光度检测器是利用待测分子进入燃烧室，在火焰中被分解成电子激发态，火焰熄灭后，电子激发态返回基态并发出光子，不同元素的放射光波长和光激发放射时间存在差异，通过调整接收信号的时间利用滤光片、光电管和微电流放大器检测出不同的元素。脉冲火焰光度检测器具有不灭火、有自净作用、稳定性好、不分流进样、气体用量小、灵敏度高等优点，但其信号不能与硫化物中的硫呈现等摩尔效应（王艳君，2012）。

（5）气相色谱-火焰光度检测器：气相色谱用于分离待测样品中的各个组分，火焰光度检测器是利用含硫有机物在富氢焰中燃烧分解，发生复杂的化学反应，形成激发态 S_2^* 分子，S_2^* 分子返回基态发射出波长为 394nm 的特征光谱，光电倍增管将光信号转化成电信号，经放大器放大后记录大小，进而得到挥发性有机硫化物的含量。该方法虽然可用于单组分硫化物的定量分析，但其定量工作较复杂，未能广泛应用（王艳君，2012）。

1.2.2 沉积物中硫的测定方法

1. 无机硫的测定方法

早期无机硫化物的分离提取方法多以蒸馏方法为主，即在通入氮载气的情况下，向沉积物样品中加入强酸，将无机硫化物转化为 H_2S 气体，最后通过吸收液以金属硫化物的形式固定。由于蒸馏需要加热和冷凝等条件的限制，处理样品较为费时费力。在三价铁矿物存在的情况下，三价铁矿物在强酸中溶解，将无机硫化物氧化为元素硫，因此热蒸馏法测得的酸可挥发性硫（AVS）被低估（Gröger et al.，2009；Hsieh and Shieh，1997）。

冷扩散法提取 AVS 无须加热冷凝，能够处理数量较多的沉积物样品，因此该方法被国内外研究者普遍接受并使用（Sheng et al.，2013；Zhu et al.，2013；蒲晓强等，2006）。其原理是在充满氮气的反应瓶中，向沉积物样品中加入一定浓度的盐酸，将沉积物中的无机硫化物转化为 H_2S 气体，用碱式乙酸锌溶液吸收固定，最后用碘量法测定吸收的硫化物含量以表征沉积物中 AVS 的含量。

目前国内外研究中使用较多的无机硫化物分级提取方法一般为冷扩散法分级提取（Mcallister et al.，2015；胡姝，2012；Burton et al.，2011，2008；周桂平，2011）。其分析装置与 AVS 提取装置相同，黄铁矿和元素硫的提取在 AVS 提取之后进行，其提取步骤为：在盐酸提取过 AVS 的反应瓶中，充入氮气的情况下快速放入碱式乙酸锌吸收瓶，然后加入还原性氯化铬溶液，密封反应48h。48h 后取出碱式乙酸锌吸收液，此时吸收的硫化物为黄铁矿。在充入氮气的条件下，继续放入碱式乙酸锌吸收瓶，向反应瓶加入 N,N-二甲基甲酰胺（DMF）后，再分别加入氯化铬溶液和盐酸，密封反应24h，这一步提取的硫化物为元素硫（Hsieh and Shieh，1997）。

传统的冷扩散法分级提取无机硫化物，具有反应时间长、换取吸收液的操作过于烦琐等缺点，对于处理较大数量的沉积物样品需要很长的时间（Wilkin and Bischoff，2006），因此国内外学者对传统冷扩散法进行了许多改进，尤其以 Wilkin 和 Bischoff（2006）、Sullivan 等（2000）及 Newton 等（1995）的改进方法最具代表性。Newton 等（1995）采用 $CuCl_2$ 吸收液代替了冷扩散法中的碱式乙酸锌吸收液，H_2S 与铜离子能够快速反应生成黑色的 CuS 沉淀，通过将 CuS 沉淀过滤可以间接计算出吸收的硫化物的含量。此外，Sheng 等（2015）对冷扩散法进行了进一步优化，首先对吸收装置进行了改进，螺旋形内管使气体在上升的过程中有利于 H_2S 气体被充分吸收；其次是用加热板60℃加热代替了冷扩散法提取，将 AVS、铬可还原性硫（CRS）和元素硫（ES）三种硫形态的提取时间分别缩短为 1h、2h 和 1h，与冷扩散的 12h、48h 和 24h 相比，大大缩短了反应时间，使短时间内分析较多数量的沉积物成为可能。改进型分级提取方法逐渐被广泛应用于沉积物中无机硫化物的分级提取。

2. 有机硫的测定方法

1）传统化学提取法

传统化学提取法在实验室操作上较为简单，并能提供有机硫形态的定量信息，其所能提取的有机硫分为铬不可还原有机硫和腐殖质硫两类，但传统化学提取法仅能简单确定有机硫的含量，在操作定义上粗略估计有机硫的化学组成，不能确定有机硫的成因及来源，更不能提供有机硫的化学组成及氧化态信息（陈良进，2014）。

（1）铬不可还原有机硫的测定：通过向酸性 Cr(Ⅱ) 还原后的含有铬不可还原有机硫的剩余物质中添加艾氏卡试剂混合并氧化灼烧，使有机硫转化为硫酸根，将含有硫酸根的灼烧残渣溶于水中并过滤，向滤液中加入氯化钡将有机硫最终转化为 $BaSO_4$ 沉淀，将恒温干燥后的沉淀称重，进而计算得到铬不可还原有机硫的含量（陈良进，2014）。

（2）腐殖质硫的测定：腐殖质硫是指用 0.5mol/L 的 NaOH 溶液提取的有机硫，将含有腐殖质硫的 NaOH 提取液酸化，酸化后的沉淀即腐殖酸，未沉淀的溶解组分即富里酸，含有腐殖酸的沉淀按铬不可还原有机硫处理方法称重并计算腐殖酸硫的含量，含富里酸的滤液中加入过氧化氢将有机硫转化为硫酸根，然后加入氯化钡，得到 $BaSO_4$ 沉淀，将沉淀干燥后称重并计算富里酸硫的含量（陈良进，2014）。

2）谱学方法

谱学方法是最近得到广泛使用的一种先进的分析技术，包括 X 射线光电子能谱分析、X 射线吸收近边结构谱分析等。X 射线光电子能谱分析技术无须对样品进行处理，不破坏样品的表面吸附情况，可分析沉积物中各类元素的组成以及颗粒物表面吸附物的化学组成，但仅能分析深度小于 10nm 的表面样。X 射线吸收近边结构谱可作为待测元素不同构型、不同价态的指纹谱，该方法能做到无损分析，理论上可作为测定沉积物有机硫中所有硫形态与相对含量的有效手段，近年来得到了广泛应用（陈良进，2014）。

1.2.3　大气中硫的测定方法

1. SO_2 的测定方法

大气中 SO_2 的测定方法主要有甲醛缓冲溶液吸收-盐酸副玫瑰苯胺分光光度法、四氯汞钾溶液吸收-盐酸副玫瑰苯胺分光光度法、紫外荧光法以及定电位电解法等（国家环境保护总局《空气和废气监测分析方法》编委会，2003）。

（1）甲醛缓冲溶液吸收-盐酸副玫瑰苯胺分光光度法：利用 SO_2 被甲醛缓冲溶液吸收后，生成稳定的羟基甲磺酸加成化合物，向样品溶液中加入 NaOH 使加成化合物分解，释放出的 SO_2 与盐酸副玫瑰苯胺、甲醛作用，生成紫红色化合物，用分光光度计在 577nm 处测定溶液的吸光度，进而得到 SO_2 的含量。该方法测定 SO_2 的主要干扰物为氮氧化合物、臭氧以及某些重金属元素，适宜的测定浓度范围为 $0.003\sim1.07mg/m^3$。

（2）四氯汞钾溶液吸收-盐酸副玫瑰苯胺分光光度法：利用 SO_2 被四氯汞钾溶液吸收后生成稳定的二氯亚硫酸盐络合物，生成的二氯亚硫酸盐络合物与甲醛、盐酸副玫瑰苯胺作用，生成紫红色络合物，用分光光度计在 575nm 处测定溶液的吸光度，进而得到 SO_2 的含量。该方法测定 SO_2 的主要干扰物为氮氧化合物、臭氧、锰、铁、铬等，检出限为 $0.15\mu g/5ml$。

（3）紫外荧光法：基于紫外灯发出的紫外光（190～230nm）通过 214nm 的滤光片，激发 SO_2 分子使其处于激发态，激发态的 SO_2 分子从激发态衰减返回基态时产生荧光

（240~420nm），产生荧光的强度被光电倍增管（带滤光片）测得，根据荧光的强度得到 SO_2 的含量。该方法的测量范围为 0~1.31mg/m³。

（4）定电位电解法：基于待测气体通过渗透膜进入电解槽，传感器电解液中扩散吸收的 SO_2 发生氧化反应，与此同时产生对应的极限扩散电流，在一定范围内极限扩散电流的大小与 SO_2 含量成正比，根据极限扩散电流的大小即可得到 SO_2 的含量。该方法的测定范围为 0.003~6mg/m³。

2. H_2S 的测定方法

大气中 H_2S 的测定方法主要有气相色谱法、亚甲基蓝分光光度法、直接显色分光光度法等（国家环境保护总局《空气和废气监测分析方法》编委会，2003）。

（1）气相色谱法：利用火焰光度检测器对 H_2S 进行定量分析，在一定范围内 H_2S 含量的对数与色谱峰高的对数成正比。

（2）亚甲基蓝分光光度法：H_2S 被氢氧化镉-聚乙烯醇磷酸铵溶液吸收，生成硫化镉胶状沉淀，聚乙烯醇磷酸铵能保护硫化镉胶体，隔绝阳光和空气，以减少硫化物的氧化和光分解作用，在硫酸溶液中，硫离子与对氨基二甲基苯胺溶液和三氯化铁溶液作用，生成亚甲基蓝，用分光光度计在 665nm 处测定溶液的吸光度，进而得到 H_2S 的含量。该方法的检出限为 0.07μg/10ml。

（3）直接显色分光光度法：基于 H_2S 被空气中 H_2S 吸收显色剂直接吸收的同时，发生显色反应，生成一种可稳定 5~7d 的棕黄色化合物，在波长 400nm 处有最大吸收峰值，进而得到 H_2S 的含量。该方法测定 H_2S 的主要干扰物为氯气、氯化氢、臭氧等，检出限为 0.2μg/3ml。

3. 挥发性有机硫的测定方法

大气中挥发性有机硫的测定方法同水体中挥发性有机硫化物的测定方法，此处不再赘述。

1.3 海岸带硫的赋存形态

1.3.1 海岸带水体中硫的赋存形态

海岸带水体中的硫按照存在的形态可分为无机硫和有机硫两大类，其中无机硫主要包括硫酸盐、无机硫化物等，有机硫主要包括有机硫醇、有机二硫化物等。

海岸带是海洋和陆地相互作用的特殊地带，该区域的水体既包括淡水、海水，又包括两者的混合水体，因此水体中硫酸盐的浓度差别甚大，浓度范围从每升几毫克到每升数千毫克。淡水中硫酸盐的主要来源为：①地层矿物质中硫酸盐（多以硫酸钙、硫酸镁的形态存在）、石膏及其他硫酸盐沉积物的溶解；②海水入侵；③亚硫酸盐和硫代硫酸盐等在水中的氧化；④含硫生活污水和工业废水的排放；⑤化肥的使用。海水中硫酸盐的主要来源为：①地球形成之初，火山爆发产生的含硫酸盐的岩浆岩流体流入海水；②海底深大断裂带上源源不断的含硫酸盐的热液；③入河流、直排海污染源携带的硫酸盐。

水体中的无机硫化物主要包括溶解性的 H_2S、HS^-、S^{2-}，以及存在于悬浮物中的可溶性无机硫化物、酸可溶性金属硫化物、未电离的无机类硫化物等（国家环境保护总局《水和废水监测分析方法》编委会，2002）。无机硫化物在天然水体中的存在形态主要是 H_2S 和 HS^-，一般不以 S^{2-} 的形态存在。常温（25℃）下 pH<7.2 时，水体中 H_2S 含量高于 HS^- 含量；pH = 7.2 时，水体中 H_2S 与 HS^- 含量相等；pH>7.2 时，水体中 H_2S 含量低于 HS^- 含量；pH>12 时，水体中 S^{2-} 占有明显的份额（图 1-1）。海水的 pH 在 8 左右，因此硫主要的存在形态为 HS^-（Goldhaber and Kaplan，1975）。金属硫化物溶解度小，在水体中含量极低（Al-Farawati and van den Berg，1997）。富含溶解氧的水体中一般不含无机硫化物，无机硫化物在缺氧水中易积聚。

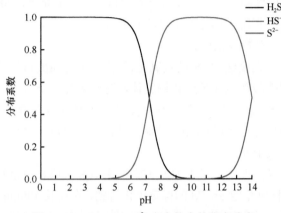

图 1-1　H_2S、HS^-、S^{2-} 在水体中的形态分布

有机硫醇是指含巯基官能团（—SH）的一类非芳香化合物，水体中的有机硫醇包括甲硫醇、半胱氨酸、谷胱甘肽、植物络合素等（吴晓丹，2012）。有机二硫化物又称有机二硫醚，属于非活性有机硫化物，在氧化剂的作用下，可被氧化产生磺酸。

1.3.2　海岸带沉积物中硫的赋存形态

沉积物中的硫主要以无机硫、有机硫的形式存在，但在不同类型的沉积物中两者的比例存在显著差异。一般来说，海水沉积物中无机硫占总硫的比例较大，而有机硫的占比较小（尹洪斌，2008）。其中，无机硫按照存在形态又可以划分为硫酸盐和还原性无机硫等；有机硫按形成机理主要包括生物有机硫和成岩有机硫（姜明，2022）。

1. 硫酸盐

硫酸盐是沉积物中硫的主要存在形式，硫酸盐还原是沉积物中无机硫化物的主要来源，沉积物中硫酸盐的还原受到氧化还原条件、有机质含量、硫酸盐还原菌（SRB）等多种因素的制约（Habicht and Canfield，1997；Fossing and Jørgensen，1989；Aller and Rude，1988；Crill and Martens，1987）。

2. 还原性无机硫

与硫酸盐相比，还原性无机硫占总硫的比例较小，但却是沉积物中最活跃的硫形态，其不但与生物活动密切相关，而且直接影响沉积物中氮、磷、重金属等的地球化学过程与环境行为（Li et al.，2022；孙启耀，2016）。还原性无机硫按照形态可划分为酸可挥发性硫（acid volatile sulfur，AVS）、铬可还原性硫（chromium reducible sulfur，CRS）（也称黄铁矿硫）和元素硫（elemental sulfur，ES）三种形态（Hsieh and Yang，1989）。

1）酸可挥发性硫

AVS 是无机硫化物中结构和组成最为复杂的物质，并非实际存在的一种物质，而是人们根据其性质和组成进行人为操作上的定义（尹洪斌，2008；Rickard and Morse，2005）。基于操作过程，AVS 被定义为可通过冷酸（一般为 9mol/L 盐酸）处理挥发释放出硫化氢的几种无机硫化物的总称，主要包括水溶性的 H_2S、硫氧酸阴离子、多硫化物、硫复铁矿（Fe_3S_4）、结晶型马基诺矿（$FeS_{0.9}$）、非晶质硫化亚铁（FeS）及其他二价金属硫化物等（如 CdS、CuS、ZnS、PbS）（姜明，2022）。

AVS 是无机硫化物中最为活跃的形态，也是沉积物中生物有效性最高的硫形态，还是沉积物硫循环过程中的一个过渡产物（Rickard and Morse，2005；Hsieh and Shieh，1997）。沉积物中 AVS 的含量是硫化物生成及氧化、扩散而消除等作用的综合体现，主要受到氧化还原条件、水动力条件、有机质含量、活性铁含量和硫酸盐还原等多种因素的影响（Rickard and Morse，2005；Gobeil et al.，2001；Leonard et al.，1993），因此沉积物中 AVS 的含量具有明显的时空变化特点（陈茜等，2021；Jiang et al.，2021）。

沉积物中的 AVS 主要由硫酸盐的异化还原产生 [公式（1-1）～公式（1-4）]，产生过程主要受硫酸盐还原菌的调控，而硫酸盐还原菌在较低的氧化还原电位（ORP）下（Eh＜–100mV）活性较高（Canfield et al.，2005；Meysman and Middelburg，2005）。在自然条件下，FeS 具有热动力不稳定性，可再结晶生成 FeS_2。但 FeS 向 FeS_2 转化是一个较为缓慢的过程，因此沉积物中 FeS 的含量较高。当沉积物受到生物扰动、周期性干湿交替再悬浮等影响后，溶解氧含量增加、氧化还原电位升高，沉积物中的硫化物会被氧化 [公式（1-5）～公式（1-6）]（Meysman and Middelburg，2005；Wilkin and Barnes，1996；Bloomfleld and Coulter，1974）：

$$CH_2O + 1/2SO_4^{2-} + H^+ \longrightarrow CO_2 + 1/2H_2S + H_2O \tag{1-1}$$

$$Fe^{2+} + H_2S \longrightarrow FeS + 2H^+ \tag{1-2}$$

$$Fe^{2+} + HS^- \longrightarrow FeS + H^+ \tag{1-3}$$

$$4FeS + 1/2O_2 \longrightarrow Fe_3S_4 + FeO \tag{1-4}$$

$$FeS + 3/2O_2 + H_2O \longrightarrow Fe^{2+} + SO_4^{2-} + 2H^+ + 2e^- \tag{1-5}$$

$$FeS + 8Fe^{3+} + 4H_2O \longrightarrow 9Fe^{2+} + SO_4^{2-} + 8H^+ \tag{1-6}$$

由此可见，AVS 是沉积物硫循环过程中的一个过渡产物，氧化还原条件是影响其含量的关键因素。除了硫化物形成所需物质等控制因素，沉积速率等环境因素对无机硫化物的形成也具有重要的作用（Meysman and Middelburg，2005）。

研究表明，在沉积物-水界面附近，由于氧化还原电位较高，限制了硫酸盐的异化还原，且生成的 AVS 也易被氧化消耗，AVS 的含量往往较低（Kang et al.，2014）。但当沉积物的亚表层处在厌氧环境下时，硫酸盐还原菌的活性较高，硫酸盐还原速率上升，容易造成 AVS 的积累（Bottrell et al.，2009；Carlson et al.，1991）。而在沉积物深层，由于活性有机质的消耗，硫酸盐还原菌活性减弱，硫酸盐还原速率下降，同时在元素硫和 H_2S 的作用下，AVS 转化为稳定性更高的 CRS，因此 AVS 在沉积物深层的积累量较小（Burton et al.，2006b）。由此可知，沉积物中 AVS 含量的垂向分布具有一定的规律性，沉积物表层含量较低，次表层含量较高，随着深度的增加，AVS 的含量逐渐降低（Younis et al.，2014；van den Berg et al.，1998；Howard and Evans，1993）。此外，沉积物不同层次中硫的来源也是影响 AVS 垂向分布变化的一个重要因素。

AVS 在不同区域沉积物中的含量分布也不同，Wijsman 等（2001）的研究表明，AVS 的含量一般遵循河口＞近岸＞大陆架＞远海的规律。这主要是因为河口近岸地带陆源有机质输入量较大，能够为硫酸盐还原提供足够的活性有机质，所以这些区域 AVS 的积累量较高（Jørgensen，1982）。

另外，沉积物中 AVS 还与重金属的生物有效性有密切的联系（van Griethuysen et al.，2006；Allen et al.，1993）。在提取 AVS 时，与硫化物结合的重金属也同时被浸提出来，这部分重金属称为同步提取重金属（simultaneously extracted metal，SEM）（Simpson et al.，2012）。在沉积物中绝大多数的二价重金属可以与沉积物中的 AVS 发生反应，生成难溶性的金属硫化物，从而降低重金属的生物有效性和毒性（Ankley，1996；Bagarinao，1992）。研究表明，AVS 和 SEM 的物质的量浓度比值，能够一定程度上反映重金属的生物有效性和毒性。当 AVS/SEM＞1 时，沉积物中的 AVS 能将绝大多数重金属固定成难溶的重金属硫化物，降低了沉积物中重金属的生物有效性和毒性；当 AVS/SEM＜1 时，沉积物中的 AVS 不足以将重金属固定成难溶的重金属硫化物，因此沉积物中的重金属具有较高的生物有效性和毒性（Prica et al.，2008；Rickard，1995；Berner，1970）。

2）铬可还原性硫

CRS 是一类不溶于盐酸，但可以被还原性氯化铬提取的无机硫化物，是无机硫化物中最为稳定的形态，也是其他形态的无机硫和铁的最终保存形式，通常在无机硫化物中占比最大（通常＞60%）（姜明，2022；Shawar et al.，2018）。沉积物中 CRS 的含量可能受到可溶性硫酸盐、可利用性活性铁、活性有机质、元素硫等多种因素的影响（孙启耀，2016）。AVS 作为 CRS 形成的重要前驱体已被公认，但对 CRS 的形成方式仍存在争议。相关研究表明，CRS 的形成主要有多硫化方式、亚铁损失方式、H_2S 方式三种途径 [公式（1-7）～公式（1-10）]（Wang and Morse，1995；Rickard，1994；Berner，1984）。

$$FeS_{(s)} + S_{(s)}^0 \longrightarrow FeS_{2(s)} \tag{1-7}$$

$$FeS_{(s)} + S_n^{2-} \longrightarrow FeS_{2(s)} + S_{n-1}^{2-} \tag{1-8}$$

亚铁损失方式

$$2FeS_{(s)} + 1/2H_2O + 3/4O_2 \longrightarrow FeS_{2(s)} + FeOOH_{(s)} \tag{1-9}$$

H_2S 方式

$$FeS_{(aq)} + H_2S \longrightarrow FeS_{2(s)} + H_2 \tag{1-10}$$

由 CRS 的形成途径可知，多硫化方式是 AVS 与单质硫或多硫化物等元素硫反应生成 CRS；亚铁损失方式是 AVS 被氧化生成 CRS；而 H_2S 方式是 CRS 直接从溶解的硫化物和亚铁中析出。沉积物中活性有机质含量、可溶性硫酸盐和活性铁的含量、水动力条件等是 CRS 形成的控制因素，不同的沉积环境中这些因素起到的作用也不相同（Ding et al.，2014；Leventhal and Taylor，1990；Berner，1984）。第一种途径［公式（1-7）和公式（1-8）］需要还原态中间产物（多硫化物、单质硫、亚硫酸盐、硫代硫酸盐等），这些中间产物通常集中在沉积物-水界面，如果这种途径为 CRS 的主要生成途径，则该界面 CRS 的形成率最大，并且受到可利用氧化剂的限制；第二种途径［公式（1-9）］除了受到可利用氧化剂的限制，还受到活性铁的限制，甚至可能在以后的某个阶段受到溶解性硫化物的限制；第三种途径［公式（1-10）］如果是 CRS 形成的主要机制，即使是在高度还原的条件下，CRS 仍能继续生成并积聚（姜明，2022）。

3）元素硫

ES 是沉积物中无机硫化物被 O_2、铁锰氧化物、NO_3^- 等氧化剂不完全氧化的产物［公式（1-11）～公式（1-14）］（Amend et al.，2004；Fabbri et al.，2001；Boswell and Friesen，1993），可以反映硫循环的动态过程，用 S^0 或 S_n 来表示，其中 $n = 2$、4、6、8（曹爱丽，2010；Zhang and Millero，1993）。一般认为 ES 是浅层底泥中含量最高的硫酸盐短期中间产物，具有较高的反应活性，可以在硫酸盐还原菌的作用下，被铁锰氧化物氧化成硫酸盐或亚硫酸盐（Canfield and Thamdrup，1996），也可被硫酸盐还原菌还原为硫离子，或者同时生成硫离子、硫酸盐以及其他中间态硫化物。除此之外，ES 也可与间隙水中的硫离子耦合生成聚硫化物［以 S_n^{2-} 表示，见公式（1-15）］，从而促进 CRS 的生成（Rickard and Morse，2005；Luther，1991）：

$$2H_2S + O_2 \longrightarrow 2S^0 + 2H_2O \tag{1-11}$$

$$2FeOOH + 3H_2S \longrightarrow 2FeS + S^0 + 4H_2O \tag{1-12}$$

$$2H_2S + MnO_2 \longrightarrow S^0 + MnS + 2H_2O \tag{1-13}$$

$$5H_2S + 2NO_3^- + 2H^+ \longrightarrow N_2 + 5S^0 + 6H_2O \tag{1-14}$$

$$S^0 + S_{n-1}^{2-} \longrightarrow S_n^{2-} \tag{1-15}$$

研究表明，底泥表层的 ES 含量往往较高，这是因为底泥表层氧化剂与还原性溶解性无机硫离子的含量最为接近，有利于 AVS 被不完全氧化成 ES（Sullivan et al.，1999；Boswell and Friesen，1993）。质量平衡分析表明，硫酸盐异化还原产生的硫化物被埋藏在底泥中的量只占 10%～20%，并且以 CRS 为主，而剩余的 80%～90% 硫化物最终通过中间态硫循环重新变为硫酸盐（Burton et al.，2006a）。此外，ES 还是底泥-水体系中潜在的酸度来源，对水质评价具有极其重要的意义（Amend et al.，2004）。

3. 有机硫

有机硫是沉积物中硫的重要形态，尤其是在海洋沉积物中有机硫的含量仅次于 CRS，在一些富含活性有机质的海域，有机硫的含量甚至可占总硫的 35%～80%（Werne et al.，2008；Anderson and Pratt，1995）。沉积物中的有机硫与碳、硫、氧的生物地球化学循环、石油的形成和质量等有密切的联系，同时有机硫的形成与埋藏还可能会在地质时间尺度上影响大气的演变（郝晓晨，2012）。

有机硫按形成原因可划分为两种，一种是生物成因，即由硫酸盐同化作用形成的生物有机硫；另一种是成岩成因，即由硫酸盐异化还原作用形成的成岩有机硫（Werne et al.，2008）。虽然目前对于生物有机硫在成岩过程中保存的相关路径以及控制生物有机硫在成岩过程中的降解因素的研究较为有限，但在整体海洋沉积物中，生物有机硫并不是硫的主要赋存形态（陈良进，2014）。

成岩有机硫由一硫化物、二硫化物和多硫化物交联而成，分子结构较生物有机硫更为稳定，故海洋沉积物中的有机硫主要以成岩有机硫的形式埋藏保存（陈良进，2014；Werne et al.，2008）。目前对于有机质成岩硫化的路径和影响控制因素还不清楚，亲核加成机制［即硫化物与具有不饱和键的活性有机物进行亲核加成，生成较为稳定的硫醇，见公式（1-16）］和亲核置换机制［即硫化物与具有羟基的有机物进行亲核置换，生成具有更稳定价键巯基的硫醇，见公式（1-17）］是目前提出的两种有机质成岩硫化机制（Luther et al.，1986）：

$$RCH = CHR' + HS_X^- \longrightarrow RCHCH(SH)R' + S_{X-1} \tag{1-16}$$

$$RCOH + HS_X^- \longrightarrow RCSH + OH^- + S_{X-1} \tag{1-17}$$

1.3.3　海岸带大气中硫的赋存形态

海岸带大气中硫主要以含硫化合物的形态存在，主要包括：二氧化硫（SO_2）、三氧化硫（SO_3）、硫化氢（H_2S）、氧硫化碳（COS）、二硫化碳（CS_2）、二甲基硫（DMS）、甲硫醇（MT）、二甲基二硫醚（DMDS）、硫酸（H_2SO_4）和硫酸盐（MSO_4）等（盛彦清，2007；戴树桂，2006）。

1. SO_2

SO_2 是无色透明气体，有刺激性臭味，溶于水、乙醇和乙醚，是大气主要污染物之一。SO_2 的来源分为两种：人为来源和天然来源。其中，SO_2 的人为来源是含硫矿物的燃烧，将矿物中的有机硫或元素硫氧化为 SO_2 排放到大气中；SO_2 的天然来源是火山喷发，喷发出的硫化物大部分以 SO_2 的形式存在。SO_2 的本底值（体积分数）具有明显的地区变化和高度变化，在不同地区、不同高度 SO_2 的体积分数存在明显的差异（戴树桂，2006）。

2. SO_3

SO_3 是一种无色易升华的固体，有三种物相，它的气体形式是一种严重的污染物，是酸雨形成的主要来源之一。SO_2 在大气中（尤其是污染的大气中）易被氧化形成 SO_3。

3. H_2S

H_2S 是无色、有剧毒、酸性、有一种特殊的臭鸡蛋味的气体，能溶于水，易溶于醇类、石油溶剂和原油，与空气或氧气以适当的比例（4.3%～46%）混合就会爆炸。大气中 H_2S 的本底值（体积分数）一般为（0.2～20）×10^{-9}。H_2S 的天然来源包括火山喷射、生物活动等，其中火山喷射的含硫化合物仅有少量以 H_2S 的形式存在，而生物活动产生的含硫化合物主要以 H_2S、DMS 的形式存在。H_2S 的人为来源排放量并不大，天然来源是大气中 H_2S 的主要来源。H_2S 主要来自动植物机体的腐烂，即主要由植物机体中的硫酸盐经微生物厌氧还原产生。此外，H_2S 还可由 COS、CS_2 与 HO· 的反应产生（戴树桂，2006）：

$$HO·+COS \longrightarrow ·SH + CO_2 \tag{1-18}$$

$$HO·+CS_2 \longrightarrow COS+·SH \tag{1-19}$$

$$·SH+HO_2· \longrightarrow H_2S+O_2 \tag{1-20}$$

$$·SH+CH_2O \longrightarrow H_2S+HCO· \tag{1-21}$$

$$·SH+H_2O_2 \longrightarrow H_2S+HO_2· \tag{1-22}$$

$$·SH+·SH \longrightarrow H_2S+S \tag{1-23}$$

4. COS

COS 在常温常压下为具有不愉快的类似臭鸡蛋味的无色、可燃性有毒气体，是大气中分布最广和浓度最高的含硫挥发性气体（Engel and Schmidt，1994；Maroulis et al.，1977）。大气中的 COS 主要来源于生物质燃烧、CS_2 和 DMS 的光氧化、海洋排放、泥土排放、沼泽排放以及人类活动等（Wang et al.，2001；Watts，2000；Barnes et al.，1994；Fried et al.，1992；Sze and Ko，1979b）。生物质燃烧主要包括木材燃烧、农作物秸秆焚烧、森林大火及汽车燃油等，约 90% 的生物质燃烧是由人类活动引起的（Chin and Davis，1993）。CS_2、DMS 与羟自由基反应也可产生 COS。海洋排放是大气 COS 的主要来源，约占总数的 1/4，一般认为 COS 是由溶于表层海水中的含硫有机物光解产生（陈海涵，2008）。泥土和沼泽作为含硫有机物的天然储库，每年因微生物活动向大气排放 COS，COS 的排放量与该区域的温度、湿度及氮的含量密切相关（Goldan et al.，1987；Lamb et al.，1987；Steudler and Peterson，1985；Adams et al.，1981）。

5. CS_2

CS_2 为化学性质较稳定且易挥发的无色或淡黄色透明液体，有刺激性气味，易挥发，不溶于水，溶于乙醇、乙醚等多数有机溶剂。CS_2 主要为自然排放，在大气中的浓度较低且随时空变化较大（王艳君，2012）。CS_2 是 COS 的前驱物，在对流层中可以转化为 COS 和 SO_2，而 COS 是平流层气溶胶的重要来源，SO_2 可进一步被氧化成 H_2SO_4 导致酸雨形成，这两种物质均影响生态平衡和全球气候，因此虽然 CS_2 在硫循环中占比很小，但依然对全球气候和生态平衡产生影响（Chatfield and Crutzen，1984；Sze and Ko，1979a）。

6. DMS

DMS 是无色液体，具有不愉快的气味，溶于乙醇和乙醚，不溶于水。大气中的 DMS 主要来自海洋，是海洋排放的主要天然挥发性硫化物，约占海洋硫排放的 95%（黄昆，2013；王艳君，2012）。DMS 与全球气候变化、酸雨酸雾的形成有密切的关系。海洋排放的 DMS 主要由海洋中的藻类物质产生，海洋中的硫酸盐被浮游植物同化还原，然后合成 DMS 的前体物二甲巯基丙酸内盐（DMSP）并释放，虽然 DMSP 转化成 DMS 的机制尚不明确，但 DMS 的产量和 DMSP 的浓度有直接关系（黄昆，2013）。陆地植被对大气中的 DMS 也有贡献，很多植物（如红树林、某种欧洲橡树、水稻、小麦等）在生长过程中也有 DMS 的释放，并且 DMS 的释放量随温度的变化而变化（聂亚峰等，2001；Hines et al.，1993；Kanda and Minami，1992）。此外，陆地上的水域（如湖泊、沼泽等）也会产生少量的 DMS，产生机制与海洋相似（Hines et al.，1993）。人为源排放的 DMS 所占比重小于 1%，且与微生物源紧密相关，即由人为造成一些厌氧环境，加上微生物作用，会排放出一些还原性含硫化合物，其中包括少量的 DMS（Schäfer et al.，2010；Nriagu et al.，1987）。

7. MT

MT 在常温下是一种无色、易燃、有烂卷心菜气味的气体，不溶于水，易溶于乙醇、乙醚。MT 的来源广泛，主要可分为三类（何德东，2017）：①工业污染源，石油化工、医药、饲料等工业产品生产过程中会产生一定的 MT；②畜牧业污染源，屠宰场、养殖场宰杀禽畜过程中残留的动物体废弃物以及冲洗废水中含有大量的脂肪类及蛋白质类物质，这些物质在细菌等微生物作用下会分解形成 MT；③生活污染源，污水管道、泵站以及垃圾填埋场附近会释放 MT。

8. DMDS

DMDS 为无色或微黄色液体，不溶于水，可混溶于醇、醚等，遇明火、高温、氧化剂易燃，遇酸或高热会分解有毒氧化硫气体。

9. H_2SO_4

在大气对流层中 SO_2 与 OH 自由基发生反应生成 SO_3，SO_3 具有极强的活性，在有水汽的情况下直接生成硫酸分子。生产的硫酸分子饱和蒸气压非常低，经由气相生成之后，十分容易形成硫酸气溶胶，进而生成新粒子，因而硫酸是大气新粒子的最主要成分之一（谢郁宁，2017；Kulmala et al.，2001）。

$$SO_2 + HO\cdot + M \longrightarrow HOSO_2\cdot + M \tag{1-24}$$

$$HOSO_2\cdot + O_2 \longrightarrow HO_2\cdot + SO_3 \tag{1-25}$$

$$SO_3 + H_2O + M \longrightarrow H_2SO_4 + M \tag{1-26}$$

式中，M 为第三体分子，其作用是吸收反应产生的多余能量，从而使产物稳定下来。

10. MSO_4

MSO_4 由 H_2SO_4 与大气中的 NH_4^+ 等阳离子结合而产生，是大气可吸入颗粒物中的重要组分。MSO_4 气溶胶来源分为一次源和二次源，其中一次源分为海盐和煤灰，二次源分为外来源和本地源，本地源是本地 SO_2 转化为 MSO_4，是 MSO_4 气溶胶的主要来源，外来源是大气气流运动所携带的污染物（徐敏，2015）。

1.4　海岸带硫的环境行为

1.4.1　海岸带水体中硫的环境行为

1. 硫在水体中的迁移转化

水体中硫元素的化合价态为 $-2 \sim +6$ 价,按照存在形态硫可分为有机硫和无机硫。硫主要以硫酸盐和有机硫的形式进入水体,硫对于水环境的影响是通过其形态转化实现的。硫在水体中的迁移转化过程见图 1-2(李真等,2010)。

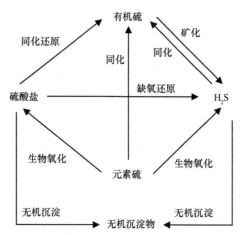

图 1-2　硫在水体中的迁移转化过程(李真等,2010)

水体中的有机硫一部分在微生物的作用下分解成简单的无机硫,如 H_2S、硫酸盐等,但主要以 H_2S 的形式存在,另一部分则沉降到沉积物中。水体中的硫酸盐在缺氧条件下,被硫酸盐还原菌还原成 H_2S。H_2S 向上扩散到水体的活性反应带和好氧带被氧化成硫酸盐及中间价态的硫类,也可以和碎屑矿物或水中的铁反应生成硫化亚铁,或进一步反应生成黄铁矿(FeS_2)进入沉积物中(罗莎莎和万国江,2000)。由于 H_2S 的存在,间隙水中的 Fe(Ⅱ)因生成 FeS 和 FeS_2 而很快被去除[公式(1-27)、公式(1-28)],影响铁离子的形态转化循环的正常进行(Taillefert et al.,2000)。当硫化物浓度较高时,铁的氢氧化物很快被还原溶解,并生成 $FeS_{(aq)}$、$FeS_{(s)}$ 和 FeS_2(Theberge and Luther,1997)。在缺氧条件下,H_2S 或 ES(如 S_8、$[S_n^{2-}]$)和 $FeS_{(aq)}$ 反应生成黄铁矿[公式(1-29)]的进程是很快的(Rickard and Luther,1997;Rickard,1997,1975;Luther,1991):

$$Fe^{2+} + HS^- \longrightarrow H^+ + FeS_{(aq)} \longrightarrow H^+ + FeS_{(s)} \tag{1-27}$$

$$FeS_{(aq)} + H_2S_{(aq)} \longrightarrow FeS_2 + H_{2(g)} \tag{1-28}$$

$$FeS_{(aq)} + S_n^{2-}[\text{或 } S_8] \longrightarrow FeS_2 + S_{(n-1)}^{2-}[\text{或 } 7/8S_8] \tag{1-29}$$

水体中硫形态的转化主要以矿化、同化、氧化、还原四种形式进行。硫素矿化主要是指蛋白质、含硫氨基酸等有机硫化物在异养微生物的作用下分解成简单的硫化物的过程。硫素同化是指微生物等将硫酸盐转化成含—S—S基或—SH基的蛋白质等有机物的过程。硫素氧化是指还原性无机硫在微生物作用下被氧化，最后形成硫酸盐的过程。硫素还原是指环境中的硫酸盐在厌氧条件下被还原生成H_2S的过程。其中，硫素还原和水体黑臭的关系最为密切。

2. 硫在水体中迁移转化的影响因素

1）Fe^{2+}

Fe^{2+}可以加速硫酸盐的去除，Fe^{2+}与H_2S结合生成FeS，降低了H_2S对硫酸盐还原菌的抑制作用，使得硫酸盐还原菌还原更多的生物硫酸盐，促进硫素还原的进行（盛彦清和李兆冉，2018）。

2）pH

pH可以影响硫酸盐还原菌去除硫酸盐的效果。孔淑琼和张宏涛（2006）通过研究得出，在pH为7.17左右，也就是弱碱性环境下，硫酸盐还原菌对硫酸盐的去除效果最佳。

3）温度

温度会影响硫酸盐还原菌的活性，在较高的温度下硫酸盐还原菌活性会增强，导致水中更多的硫酸盐被还原成H_2S。有研究证明，在10～30℃时，温度越高硫酸盐还原菌的繁殖越快（何国民等，1997）。

4）有机质

沉积物中有机质含量高，则硫酸盐还原速率大。有机物含量高，导致水体呈缺氧环境，氧化还原电位降低，硫酸盐还原菌利用硫酸盐作为电子受体使得有机质继续氧化（李真等，2010）。

1.4.2 海岸带沉积物中硫的环境行为

1. 硫在沉积物中的迁移转化

硫在沉积物中主要以硫酸盐、还原性无机硫和有机硫的形式存在，其中还原性无机硫包括AVS、CRS和ES。硫在沉积物中的迁移转化过程如图1-3所示。

硫在沉积物中的循环首先开始于厌氧环境中，硫酸盐还原菌利用有机质作为电子供体将SO_4^{2-}还原成H_2S，一部分H_2S继续与沉积物中的活性铁氧化物反应生成FeS，FeS进一步与元素硫、H_2S或多硫反应形成稳定的FeS_2（Rickard，1995；Luther，1991；Canfield and Berner，1987）；一部分H_2S再次被氧化为SO_4^{2-}和S^0等中间价态的硫（Wijsman et al.，2001；Fossing and Jørgensen，1990）；还有一部分H_2S与有机质结合形成有机硫。硫酸盐还原作用生成的硫化物通常被划分为两类，即CRS和AVS，一旦埋藏，黄铁矿在地质上是稳定的并作为主要的固体还原硫类型被保存，而AVS一般多存在于现代沉积物中，是硫酸盐中的硫向CRS转化的不稳定中间产物（蒲晓强，2005）。

此外，硫酸盐在细胞作用下被还原为可溶性硫化物，然后通过生物反应转化为氨基酸和其他含硫的有机物，最后以生物有机硫的形式保存在细胞内，但大多数生物有机硫高度不稳定，仅有极少的生物有机硫在成岩作用后永久保存（陈良进，2014；Francois，1987）。

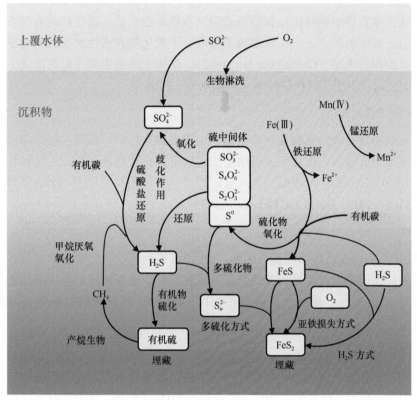

图 1-3 硫在沉积物中的迁移转化过程（Jørgensen et al.，2019）

有机硫除了由硫酸盐同化作用形成，还可由硫酸盐异化还原作用形成（成岩有机硫）。在厌氧条件下，硫酸盐异化还原产生 H_2S，产生的 H_2S 直接或先转化为中间态硫（多硫化物、硫代硫酸根、元素硫），再与活性有机质结合而形成有机硫（Amrani and Aizenshtat，2004；Filley et al.，2002；Adam et al.，1998；Anderson and Pratt，1995）。有机硫也可通过分解重新生成硫酸盐和 H_2S。

2. 硫在沉积物中迁移转化的影响因素

1）温度

沉积物中硫酸盐的氧化还原大多是在微生物的作用下进行的，而温度会影响微生物的活性。在大部分的水体沉积物中，温度为 2～30℃时，硫酸盐还原主要由最佳生长温度（T_{opt}）<45℃的细菌作用；而在一些特殊的热液沉积物中，硫酸盐还原则由 $T_{opt}>$45℃的细菌作用（罗莎莎，2001）。不完全硫酸盐还原菌在 7～13℃温度下促进硫酸盐还原，而完全硫酸盐还原菌在 7～13℃温度下抑制硫酸盐还原（叶焰焰，2017）。

2）有机质

有机质的供给和活性是影响硫酸盐还原的重要因素，有机质的含量与硫酸盐的还原速率呈正相关（康绪明，2015）。活性有机质的含量影响硫酸盐的还原，进而控制 H_2S 的生成速率及含量，从而对黄铁矿和有机硫的形成起制约作用（陈良进，2014）。

3）活性铁

活性铁含量直接影响铁硫化物的形态以及黄铁矿的形成。活性铁的有效性通常是形成黄铁矿的主要限制因子之一，铁限制主要取决于硫化物和活性铁反应的速率以及硫化物产生速率的相对大小（Canfield et al.，l992）。在淡水湖泊中黄铁矿的形成主要受硫酸盐控制，而在海洋中则受活性铁控制（尹洪斌等，2008）。

4）氧化还原电位

氧化还原电位是制约硫酸盐还原菌活性的重要因素之一。硫酸盐还原菌对沉积物的氧化还原电位十分敏感，在较低的氧化还原电位下进行硫酸盐还原，当沉积物的氧化还原电位为 $-240\sim-100mV$ 时硫酸盐均可被还原，当氧化还原电位为 $-240mV$ 时反应速率最大（叶焰焰，2017；Devai and Delaune，1995）。

5）pH

pH 也是影响硫酸盐还原的重要因素。pH 通过影响沉积物中微生物对营养基质的利用改变硫酸盐还原菌以及硫氧化菌的群落组成和活性，进而间接影响硫酸盐的还原（姜明，2022）。研究发现，硫酸盐还原菌在 pH 为 4.9～6.1 时都能很好地生存，最适宜的 pH 为 5.5（周桂平，2011）。

6）生物作用

微生物在沉积物中硫形态转化循环过程中扮演着重要角色，大多数硫的转化是在微生物的参与下进行的（叶焰焰，2017；周桂平，2011）。此外，生物的扰动（如底栖动物摄食、爬行、建管、筑穴等活动）会改变底质的理化环境并将相对稳定的铁硫化物带到氧化区域进入再循环，提高沉积物中硫的再循环能力（Aller and Rude，1988）。

7）盐度

海岸带是淡水与海洋盐水交汇和混合的地带，也是两类水域生态系统之间的交替区和过渡带，通常包含明显的盐度梯度。盐度过渡带的特点是氧化还原条件和硫酸盐含量的变化。在河口低盐度地区和淡水河流沉积物中，硫酸盐含量较低，导致硫酸盐还原速率降低，因此硫酸盐还原过程相对较弱。随着盐度增加，高硫酸盐含量会提高硫酸盐还原菌的相对丰度，这在很大程度上有利于硫酸盐还原过程的进行（Tang et al.，2020）。

8）潮汐

海岸带潮间带沉积物在周期性潮汐作用下出现淹没和暴露，不断经历干湿交替过程，进而改变沉积物的理化性质、水文情况、氧化还原状态，在暴露失水过程中，还原态硫化物被氧化成中间态硫，潮汐再淹水后会进一步生成硫酸盐。研究表明，干湿交替过程的盐度增加通过渗透压胁迫使沉积物群落由好氧型转变为厌氧型，极大激发了微生物活性，提高沉积物有机质分解速率，从而促进硫酸盐还原（Chambers et al.，2013）。

1.4.3 海岸带大气中硫的环境行为

1. 含硫化合物在大气中的形态转化循环

含硫化合物在大气中的含量并不高，其体积分数往往很难达到 1μl/L，更多的时候含硫化合物含量仅为痕量级别，但含硫化合物与其他大气成分（O_3、NO_2、OH 自由基）共同参与大气中纷繁复杂的物理、化学过程（谢郁宁，2017）。作为大气中反应较为活跃、循环过程较快的几种成分之一，含硫化合物本身对于大气化学过程、空气质量以及气候均有显著的影响（谢郁宁，2017；Seinfeld and Pandis，2016）。含硫化合物在大气中的形态转化循环过程如图 1-4 所示。

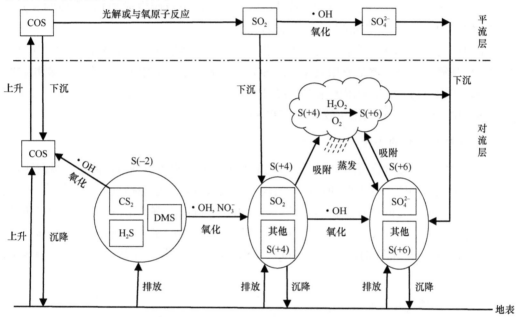

图 1-4 硫在大气中的形态转化循环过程（Seinfeld and Pandis，2016）

含硫化合物在大气中的形态转化循环过程主要包括含硫化合物的排放、化学转化以及从大气中被清除等。

1）含硫化合物的排放

大气中的硫主要来自自然源的硫和人为活动排放的硫。大气硫的主要自然来源是海洋、湿地、土壤、植物、淡水体系、火山等。其中，海洋是最主要的自然来源，海洋释放的硫以 DMS 为主，并伴有少量的 COS，海水中的硫酸盐在浪花喷射到海平面以上时可以气溶胶颗粒的形态释放到大气中，气溶胶颗粒可在大气中悬浮一段时间，并可通过海平面上气态的横向流动将大量的硫输送到陆地；湿地释放的含硫气体以 DMS 和 H_2S 为主，含硫气体的通量通常比内陆土壤高一个或几个数量级，且具有很强的时空变异性；土壤释放的含硫气体有 H_2S、COS、CS_2、DMS、MT 等，它们是细菌分解植物残茬以及厌氧条件下硫酸盐还原菌还原有机硫的产物，释放速率因土壤类型的不同而存在显著差异；植物释放最多的含硫气体为 DMS，还有 MT、COS、CS_2、H_2S 等；淡水体系（如河流、湖泊）释放的主要挥发性含硫气体为DMS；火山活动释放的硫主要以SO_2、H_2S、SO_4^{2-}为主，强烈的火山喷发能直接将含硫物质推入平流层（曹志洪等，2011）。

人为活动释放的含硫气体主要为SO_2，SO_2的主要来源是化石燃料（煤、石油）的燃烧和金属（钢铁及有色金属铜、锌、铅等）的冶炼，人为活动释放的硫具有明显的空间变化（曹志洪等，2011）。

2）含硫化合物的化学转化

含硫化合物进入大气以后，其化学过程是一个不断氧化、价态升高的过程（谢郁宁，2017）。在对流层，CS_2被·OH氧化成COS，或与H_2S、DMS一起被·OH或NO_3氧化成SO_2或其他S(+4)，S(+4)又被·OH、H_2O_2、O_2（需要金属催化剂的存在）氧化成SO_4^{2-}或其他S(+6)；在平流层，COS通过光解或与氧原子反应生成SO_2，生成的SO_2又可被·OH氧化成SO_4^{2-}（Seinfeld and Pandis，2016）。

S(+4)（主要是SO_2）的氧化可分为两类，一类是气相氧化，即SO_2直接发生光氧化和被自由基氧化；另一类是液相氧化，即SO_2溶于大气中的水中或被大气中的颗粒物吸附并溶解在颗粒物表面所吸附的水中，被H_2O_2、O_3氧化，或在金属离子（如Mn^{2+}、Fe^{3+}等）的催化作用下被O_2氧化（戴树桂，2006）。

3）含硫化合物的去除

大气中的含硫化合物可通过气流运动进行横向迁移，也可以通过沉降进行纵向迁移。大气中含硫化合物的去除主要通过沉降实现，大气硫沉降过程包括近地面大气硫与下垫面（地面、水面）之间进行气相的接触后被吸附、吸持或下沉的干沉降，以及大气硫随降水（如雨、云、雾、雪、冰、雹、露、霜等）降落到下垫面（地面、水面）的湿沉降（曹志洪等，2011）。干沉降的硫主要有SO_2、H_2S、SO_4^{2-}等形态，湿沉降的硫主要有SO_2、SO_4^{2-}等形态。

2. 硫形态转化循环的影响因素

1）风和湍流

含硫化合物在大气中的扩散、稀释和输移取决于大气的运动状况，而大气的运动则是由风和大气湍流来描述的。风对大气中的硫具有输送和稀释作用，风向决定硫的输送方向，风速决定近地面大气中硫的稀释速度。大气湍流对含硫化合物的扩散与稀释也起着十分重要的作用，且大气湍流扩散作用对含硫化合物的分散效果要比分子扩散大十万倍甚至百万倍。风速越快，湍流越强，含硫化合物被扩散和稀释得也越快，含硫化合物的浓度就越低。

2）温度

陆地生物的硫散发量与温度密切相关，因此热带地区的硫散发量比温带地区高，比寒带地区更高（曹志洪等，2011）。

3）光照

大气中的SO_2吸收来自太阳的紫外光后进行电子跃迁形成激发态SO_2分子，而激发态SO_2分子可与O_2反应生成SO_3。SO_2也可被各类有机污染物光解产生的各种自由基氧化，进而影响大气硫循环。

4）云和降水

云可为大气中S(+4)的液相氧化提供场所，且高空中的云阻挡了来自太阳的光，使地面温度迅速降低，相对湿度增大，易形成硫酸盐烟雾。降水可将大气中的含硫化合物带回地面，加快含硫化合物从大气中的清除速率，降水的类型、强度、持续时间、频率等，都会影响大气含硫化合物的沉降。

5）下垫面

硫化物沉降到下垫面的效率与下垫面的性质（如粗糙度、湿度、化学性质）有关，近地面大气硫可通过与下垫面之间进行气相的接触后被吸附、吸持或下沉。（曹志洪等，2011）。

1.4.4　海岸带硫的循环

1. 硫在海岸带的形态转化循环

海岸带硫的形态多种多样，各形态的转化反映了硫循环的复杂过程。硫在海岸带的形态转化循环主要有：陆地或海洋中的硫通过化石燃料燃烧、生物分解、海相蒸发等作用被释放，并以气态的形式进入大气中，而大气中的硫经降水和沉降等作用，回到陆地和海洋。硫形态转化循环过程涵盖分解、同化、氧化、还原等作用（曹爱丽，2010）。硫在海岸带的形态转化循环过程如图1-5所示。

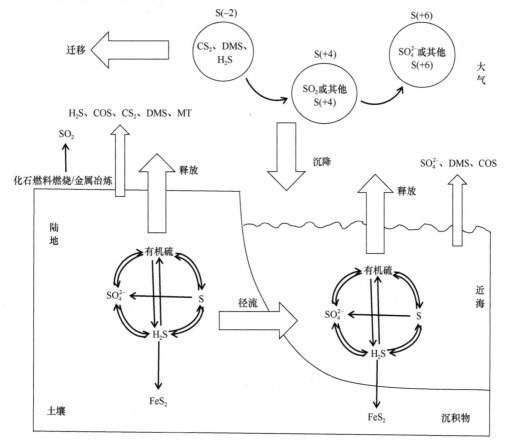

图 1-5　硫在海岸带的形态转化循环过程

海岸带硫循环过程形态变化复杂，循环方式既属于沉积型，也属于气体型。被束缚在有机沉积物和无机沉积物中的硫，通过风化和分解作用释放出来，以盐溶液的形式进入陆地和水体生态系统，参与循环；化石燃料燃烧、金属冶炼、生物分解、海平面散发等释放出的硫以气态形式进入大气，参与循环；进入大气的硫被氧化，再经过干沉降、湿沉降进入陆地和海洋，参与循环；地表径流携带的硫被输送到河流、海洋，部分被浮游植物和鱼类等吸收利用，其余在水-沉积物界面发生复杂的氧化还原反应，最终埋藏于海底（罗莎莎，2001；王娥叶，1996）。

2. 硫在海岸带形态转化循环的影响因素

水体、沉积物、大气中硫形态转化循环的影响因素均影响硫在海岸带的形态转化循环，此处不再赘述。此外，人类本身及生产活动大大加速了硫形态转化循环过程，如海岸带不断膨胀的人口和发达的畜牧业使通过动植物食品（如饲料）吸收的硫量可能超过自然界生物群体所吸收的硫量，吸收的硫通过生活污水和畜禽排泄物经由径流进入水体，同时向大气排放，大规模的生产活动向大气排放的硫以及农业生产中硫肥的投入等（曹志洪等，2011）。

参 考 文 献

曹爱丽. 2010. 长江口滨海沉积物中无机硫的形态特征及其环境意义. 上海: 复旦大学硕士学位论文.

曹志洪, 孟赐福, 胡正义. 2011. 中国农业与环境中的硫. 北京: 科学出版社.

陈海涵. 2008. 羰基硫与大气气溶胶典型氧化物的多相反应机理研究. 上海: 复旦大学硕士学位论文.

陈娟, 崔淑卿. 2012. 空气中二氧化硫对人体的危害及相关问题探讨. 内蒙古水利, (3): 174-175.

陈良进. 2014. 东海、胶州湾海洋沉积物有机硫形态的 XANES 研究. 青岛: 中国海洋大学硕士学位论文.

陈茜, 宁成武, 汪杰, 等. 2021. 巢湖沉积物磷铁硫形态记录及其环境变化指示. 中国环境科学, 41(6): 2853-2861.

戴树桂. 2006. 环境化学. 2 版. 北京: 高等教育出版社.

郭东明. 2001. 硫氮污染防治工程技术及其应用. 北京: 化学工业出版社.

国家环境保护总局《空气和废气监测分析方法》编委会. 2003. 空气和废气监测分析方法. 4 版. 北京: 中国环境科学出版社.

国家环境保护总局《水和废水监测分析方法》编委会. 2002. 水和废水监测分析方法. 4 版. 北京: 中国环境科学出版社.

郝晓晨. 2012. 东海陆架泥质沉积物黄铁矿硫、有机硫及其硫同位素地球化学. 青岛: 中国海洋大学硕士学位论文.

何德东. 2017. 稀土复合氧化物的合成、表征及其对甲硫醇催化分解性能的研究. 昆明: 昆明理工大学博士学位论文.

何国民, 卢婉娴, 刘豫广, 等. 1997. 海湾网箱渔场老化特征分析. 中国水产科学, 4(5): 78-79.

胡明成. 2012. 硫酸盐的环境危害及含硫酸盐废水处理技术. 成都大学学报 (自然科学版), 31(2): 181-184.

胡姝. 2012. 江苏滨海潮滩沉积物中还原无机硫和重金属的形态特征. 上海: 复旦大学硕士学位论文.

黄昆. 2013. 大气中二甲基硫在线监测技术研发. 北京: 北京大学硕士学位论文.

姜明. 2022. 胶东半岛滨海沉积物中硫的迁移转化及其与铁的耦合机制. 北京: 中国科学院大学博士学位论文.

康绪明. 2015. 黄东海沉积物中还原无机硫的形态特征及影响因素研究. 青岛: 中国海洋大学博士学位论文.

孔淑琼, 张宏涛. 2006. SRB 处理硫酸盐废水的静态试验研究. 长江大学学报 (自然科版), 3(3): 34-37.

李真, 黄民生, 何岩, 等. 2010. 铁和硫的形态转化与水体黑臭的关系. 环境科学与技术, 33(6E): 1-3.

罗莎莎. 2001. 云贵高原湖泊近代沉积作用的 Fe、Mn、S 指示. 贵阳: 中国科学院研究生院 (地球化学研究所) 博士学位论文.

罗莎莎, 万国江. 2000. 湖泊沉积物中硫的地球化学循环机制研究. 四川环境, 19(3): 1-3.

聂亚峰, 张晋华, 席淑琪, 等. 2001. 小麦田中有机硫气体的释放. 环境科学, 22(4): 25.

聂亚峰, 张晋华, 杨震. 2000. 挥发性有机硫化合物释放及对全球环境的影响. 上海环境科学, (10): 466-468.

蒲晓强. 2005. 中国边缘海典型海域沉积物早期成岩过程中硫的循环. 青岛: 中国科学院研究生院 (海洋研究所) 博士学位论文.

蒲晓强, 钟少军, 刘飞, 等. 2006. 冷扩散法提取沉积物中的酸可溶硫化物及其在中国边缘海区的应用. 海洋科学, 30(11): 93-96.

盛彦清. 2007. 广州市典型污染河道与城市污水处理厂中恶臭有机硫化物的初步研究. 广州: 中国科学院研究生院 (广州地球化学研究所) 博士学位论文.

盛彦清, 李兆冉. 2018. 海岸带污染水体水质修复理论及工程应用. 北京: 科学出版社.

孙启耀. 2016. 河口沉积物硫的地球化学特征及其与铁和磷的耦合机制初步研究. 北京: 中国科学院大学博士学位论文.

王娥叶. 1996. 硫循环图的设计. 生物学通报, (5): 26.

王维宗, 贾鹏林, 许适群. 2001. 湿硫化氢环境中腐蚀失效实例及对策. 石油化工腐蚀与防护, 18(2): 7-13.

王艳君. 2012. 大气和水体中的挥发性有机硫化物检测方法及系统设计. 青岛: 国家海洋局第一海洋研究所硕士学位论文.

吴晓丹. 2012. 长江口及其邻近海域 Se、Te、As、Sb、Bi 及硫化物的环境地球化学特征. 青岛: 中国科学院研究生院 (海洋研究所) 博士学位论文.

谢郁宁. 2017. 长江三角洲西部地区细颗粒硫酸盐变化特征及形成机制研究. 南京: 南京大学博士学位论文.

徐敏. 2015. 南昌市 $PM_{2.5}$ 中硫酸盐和硝酸盐的分布特征与形成机制. 南昌: 南昌大学硕士学位论文.

叶焰焰. 2017. 罗源湾滨海湿地沉积物中还原性无机硫的分布特征及影响研究. 北京: 中国地质大学 (北京) 硕士学位论文.

尹洪斌. 2008. 太湖沉积物形态硫赋存及其与重金属和营养盐关系研究. 北京: 中国科学院研究生院博士学位论文.

尹洪斌, 范成新, 丁士明, 等. 2008. 太湖沉积物中无机硫的化学特性. 中国环境科学, 28(2): 183-187.

周学勤, 傅迎春, 寇建朝, 等. 2014. 硫化氢职业危害防护导则: GBZ/T 259—2014. 北京: 中华人民共和国国家卫生和计划生育委员会.

周桂平. 2011. 崇明东滩沉积物中还原无机硫 (RIS) 的形态特征及其转化机制研究. 上海: 复旦大学硕士学位论文.

朱济成. 1982. 硫对人类的利弊. 地球, (4): 4-5.

Adam P, Philippe E, Albrecht P. 1998. Photochemical sulfurization of sedimentary organic matter: a widespread process occurring at early diagenesis in natural environments? Geochimica et Cosmochimica Acta, 62(2): 265-271.

Adams D F, Farwell S O, Pack M R, et al. 1981. Biogenic sulfur gas emissions from soils in eastern and southeastern United States. Journal of the Air Pollution Control Association, 31(10): 1083-1089.

Al-Farawati R, van den Berg C M G. 1997. The determination of sulfide in seawater by flow-analysis with voltammetric detection. Marine Chemistry, 57(3-4): 277-286.

Allen H E, Fu G, Deng B. 1993. Analysis of acid-volatile sulfide (AVS) and simultaneously extracted metals (SEM) for the estimation of potential toxicity in aquatic sediments. Environmental Toxicology and Chemistry, 12(8): 1441-1453.

Aller R C, Rude P D. 1988. Complete oxidation of solid phase sulfides by manganese and bacteria in anoxic marine sediments. Geochimica et Cosmochimica Acta, 52(3): 751-765.

Amend J P, Edwards K J, Lyons T W. 2004. Sulfur biogeochemistry: past and present. Washington, DC: Geological Society of America.

Amrani A, Aizenshtat Z. 2004. Mechanisms of sulfur introduction chemically controlled: δ^{34}S imprint. Organic Geochemistry, 35(11-12): 1319-1336.

Anderson T F, Pratt L M. 1995. Isotopic evidence for the origin of organic sulfur and elemental sulfur in marine sediments//Vairavamurthy M, Schoonen M, Eglinton T, et al. Geochemical Transformations of Sedimentary Sulfur: An Introduction. Washington, DC: American Chemical Society: 378-396.

Ankley G T. 1996. Evaluation of metal/acid-volatile sulfide relationships in the prediction of metal bioaccumulation by benthic macroinvertebrates. Environmental Toxicology and Chemistry, 15(12): 2138-2146.

Bagarinao T. 1992. Sulfide as an environmental factor and toxicant: tolerance and adaptations in aquatic organisms. Aquatic Toxicology, 24(1-2): 21-62.

Barnes I, Becker K H, Patroescu I. 1994. The tropospheric oxidation of dimethyl sulfide: a new source of carbonyl sulfide. Geophysical Research Letters, 21(22): 2389-2392.

Berner R A. 1970. Sedimentary pyrite formation. American Journal of Science, 268(1): 1-23.

Berner R A. 1984. Sedimentary pyrite formation: an update. Geochimica et Cosmochimica Acta, 48(4): 605-615.

Bloomfleld C, Coulter J K. 1974. Genesis and management of acid sulfate soils. Advances in Agronomy, 25(6): 265-326.

Boswell C C, Friesen D K. 1993. Elemental sulfur fertilizers and their use on crops and pastures. Fertilizer Research, 35(1-2): 127-149.

Bottrell S H, Mortimer R J G, Davies I M, et al. 2009. Sulphur cycling in organic-rich marine sediments from a Scottish fjord. Sedimentology, 56(4): 1159-1173.

Burton E D, Bush R T, Johnston S G, et al. 2011. Sulfur biogeochemical cycling and novel Fe-S mineralization pathways in a tidally re-flooded wetland. Geochimica et Cosmochimica Acta, 75(12): 3434-3451.

Burton E D, Bush R T, Sullivan L A. 2006a. Elemental sulfur in drain sediments associated with acid sulfate soils. Applied Geochemistry, 21(7): 1240-1247.

Burton E D, Bush R T, Sullivan L A. 2006b. Acid-volatile sulfide oxidation in coastal flood plain drains: iron-sulfur cycling and effects on water quality. Environmental Science & Technology, 40(4): 1217-1222.

Burton E D, Sullivan L A, Bush R T, et al. 2008. A simple and inexpensive chromium-reducible sulfur method for acid-sulfate soils. Applied Geochemistry, 23(9): 2759-2766.

Canfield D E, Berner R A. 1987. Dissolution and pyritization of magnetite in anoxie marine sediments. Geochimica et Cosmochimica Acta, 51(3): 645-659.

Canfield D E, Kristensen E, Bo T. 2005. The sulfur cycle. Advances in Marine Biology, 48: 313-381.

Canfield D E, Raiswell R, Bottrell S H. 1992. The reactivity of sedimentary iron minerals toward sulfide. American Journal of Science, 292(9): 659-683.

Canfield D E, Thamdrup B. 1996. Fate of elemental sulfur in an intertidal sediment. Fems Microbiology Ecology, 19(2): 95-103.

Carlson A R, Phipps G L, Mattson V R, et al. 1991. The role of acid-volatile sulfide in determining cadmium bioavailability and toxicity in freshwater sediments. Environmental Toxicology and Chemistry, 10(10):

1309-1319.

Chambers L G, Osborne T Z, Reddy K R. 2013. Effect of salinity-altering pulsing events on soil organic carbon loss along an intertidal wetland gradient: a laboratory experiment. Biogeochemistry, 115(1): 363-383.

Chatfield R B, Crutzen P J. 1984. Sulfur dioxide in remote oceanic air: cloud transport of reactive precursors. Journal of Geophysical Research: Atmospheres, 89(D5): 7111-7132.

Chin M, Davis D D. 1993. Global sources and sinks of OCS and CS_2 and their distributions. Global Biogeochemical Cycles, 7(2): 321-337.

Crill P M, Martens C S. 1987. Biogeochemical cycling in an organic-rich coastal marine basin. 6. Temporal and spatial variations in sulfate reduction rates. Geochimica et Cosmochimica Acta, 51(5): 1175-1186.

Devai I, Delaune R D. 1995. Formation of volatile sulfur compounds in salt marsh sediment as influenced by soil redox condition. Organic Geochemistry, 23(4): 283-287.

Ding H, Yao S, Chen J. 2014. Authigenic pyrite formation and re-oxidation as an indicator of an unsteady-state redox sedimentary environment: evidence from the intertidal mangrove sediments of Hainan Island, China. Continental Shelf Research, 78: 85-99.

Engel A, Schmidt U. 1994. Vertical profile measurements of carbonylsulfide in the stratosphere. Geophysical Research Letters, 21(20): 2219-2222.

Fabbri D, Locatelli C, Snape C E, et al. 2001. Sulfur speciation in mercury-contaminated sediments of a coastal lagoon: the role of elemental sulfur. Journal of Environmental Monitoring, 3(5): 483-486.

Filley T R, Freeman K H, Wilkin R T, et al. 2002. Biogeochemical controls on reaction of sedimentary organic matter and aqueous sulfides in Holocene sediments of Mud Lake, Florida. Geochimica et Cosmochimica Acta, 66(6): 937-954.

Fossing H, Jørgensen B B. 1989. Measurement of bacterial sulfate reduction in sediments: evaluation of a single-step chromium reduction method. Biogeochemistry, 8(3): 205-222.

Fossing H, Jørgensen B B. 1990. Oxidation and reduction of radiolabeled inorganic sulfur compounds in an estuarine sediment, Kysing Fjord, Denmark. Geochimica et Cosmochimica Acta, 54(10): 2731-2742.

Francois R. 1987. A study of sulphur enrichment in the humic fraction of marine sediments during early diagenesis. Geochimica et Cosmochimica Acta, 51(1): 17-27.

Fried A, Henry B, Ragazzi R A, et al. 1992. Measurements of carbonyl sulfide in automotive emissions and an assessment of its importance to the global sulfur cycle. Journal of Geophysical Research: Atmospheres, 97(D13): 14621-14634.

Gobeil C, Sundby B, Macdonald R W, et al. 2001. Recent change in organic carbon flux to Arctic Ocean deep basins: evidence from acid volatile sulfide, manganese and rhenium discord in sediments. Geophysical Research Letters, 28(9): 1743-1746.

Goldan P D, Kuster W C, Albritton D L, et al. 1987. The measurement of natural sulfur emissions from soils and vegetation: three sites in the eastern United States revisited. Journal of Atmospheric Chemistry, 5(4): 439-467.

Goldhaber M B, Kaplan I R. 1975. Apparent dissociation constants of hydrogen sulfide in chloride solutions. Marine Chemistry, 3(2): 83-104.

Gröger J, Franke J, Hamer K, et al. 2009. Quantitative recovery of elemental sulfur and improved selectivity in a chromium-reducible sulfur distillation. Geostandards and Geoanalytical Research, 33(1): 17-27.

Habicht K S, Canfield D E. 1997. Sulfur isotope fractionation during bacterial sulfate reduction in organic-rich sediments. Geochimica et Cosmochimica Acta, 61(24): 5351-5361.

Hines M E, Pelletier R E, Crill P M. 1993. Emissions of sulfur gases from marine and freshwater wetlands of the Florida Everglades: rates and extrapolation using remote sensing. Journal of Geophysical Research: Atmospheres, 98(D5): 8991-8999.

Howard D E, Evans R D. 1993. Acid-volatile sulfide (AVS) in a seasonally anoxic mesotrophic lake: seasonal and spatial changes in sediment AVS. Environmental Toxicology and Chemistry, 12(6): 1051-1057.

Hsieh Y P, Shieh Y N. 1997. Analysis of reduced inorganic sulfur by diffusion methods: improved apparatus and evaluation for sulfur isotopic studies. Chemical Geology, 137(3-4): 255-261.

Hsieh Y P, Yang C H. 1989. Diffusion methods for the determination of reduced inorganic sulfur species in sediments. Limnology and Oceanography, 34(6): 1126-1130.

Jiang M, Sheng Y, Liu Q, et al. 2021. Conversion mechanisms between organic sulfur and inorganic sulfur in surface sediments in coastal rivers. Science of the Total Environment, 752: 141829.

Jørgensen B B. 1982. Mineralization of organic matter in the sea bed—the role of sulphate reduction. Nature, 296(5858): 643-645.

Jørgensen B B, Findlay A J, Pellerin A. 2019. The biogeochemical sulfur cycle of marine sediments. Frontiers in Microbiology, 10: 849.

Kanda K, Minami K. 1992. Measurement of dimethyl sulfide emission from lysimeter paddy fields. Ecological Bulletins, (42): 195-198.

Kang X, Liu S, Zhang G. 2014. Reduced inorganic sulfur in the sediments of the Yellow Sea and East China Sea. Acta Oceanologica Sinica, 33(9): 100-108.

Kulmala M, Maso M D, Mäkelä J M, et al. 2001. On the formation, growth and composition of nucleation mode particles. Tellus B: Chemical and Physical Meteorology, 53(4): 479-490.

Lamb B, Westberg H, Allwine G, et al. 1987. Measurement of biogenic sulfur emissions from soils and vegetation: application of dynamic enclosure methods with Natusch filter and GC/FPD analysis. Journal of Atmospheric Chemistry, 5(4): 469-491.

Leonard E N, Mattson V R, Benoit D A, et al. 1993. Seasonal variation of acid volatile sulfide concentration in sediment cores from three northeastern Minnesota lakes. Hydrobiologia, 271(2): 87-95.

Leventhal J, Taylor C. 1990. Comparison of methods to determine degree of pyritization. Geochimica et Cosmochimica Acta, 54(9): 2621-2625.

Li Z, Ma T, Sheng Y. 2022. Ecological risks assessment of sulfur and heavy metals in sediments in a historic mariculture environment, North Yellow Sea. Marine Pollution Bulletin, 183: 114083.

Luther G W. 1991. Pyrite synthesis via polysulfide compounds. Geochimica et Cosmochimica Acta, 55(10): 2839-2849.

Luther G W, Church T M, Scudlark J R, et al. 1986. Inorganic and organic sulfur cycling in salt-marsh pore waters. Science, 232(4751): 746-749.

Maroulis P J, Torres A L, Bandy A R. 1977. Atmospheric concentrations of carbonyl sulfide in the southwestern and eastern United States. Geophysical Research Letters, 4(11): 510-512.

Mcallister S M, Barnett J M, Heiss J W, et al. 2015. Dynamic hydrologic and biogeochemical processes drive microbially enhanced iron and sulfur cycling within the intertidal mixing zone of a beach aquifer. Limnology & Oceanography, 60(1): 329-345.

Meysman F J R, Middelburg J J. 2005. Acid-volatile sulfide (AVS)—A comment. Marine Chemistry, 97(3-4): 206-212.

Morse J W, Rickard D. 2004. Chemical dynamics of sedimentary acid volatile sulfide. Environmental Science & Technology, 38(7): 131A-136A.

Newton R J, Bottrell S H, Dean S P, et al. 1995. An evaluation of the use of the chromous chloride reduction method for isotopic analyses of pyrite in rocks and sediment. Chemical Geology, 125(3): 317-320.

Nriagu J O, Holdway D A, Coker R D. 1987. Biogenic sulfur and the acidity of rainfall in remote areas of Canada. Science, 237(4819): 1189-1192.

Oueslati W, Added A, Abdeljaoued S. 2010. Vertical profiles of simultaneously extracted metals (SEM) and acid-volatile sulfide in a changed sedimentary environment: Ghar El Melh Lagoon, Tunisia. Soil and Sediment Contamination, 19(6): 696-706.

Prica M, Dalmacija B, Rončević S, et al. 2008. A comparison of sediment quality results with acid volatile sulfide (AVS) and simultaneously extracted metals (SEM) ratio in Vojvodina (Serbia) sediments. Science of the Total Environment, 389(2-3): 235-244.

Rickard D. 1975. Kinetics and mechanism of pyrite formation at low temperatures. American Journal of Science, 275(6): 636-652.

Rickard D. 1994. A new sedimentary pyrite formation model. Mineralogical Magazine, 58: 772-773.

Rickard D. 1995. Kinetics of FeS precipitation: Part 1. Competing reaction mechanisms. Geochimica et Cosmochimica Acta, 59(21): 4367-4379.

Rickard D. 1997. Kinetics of pyrite formation by the H_2S oxidation of iron (II) monosulfide in aqueous solutions between 25 and 125 degrees C: the rate equation. Geochimica et Cosmochimica Acta, 61(1): 115-134.

Rickard D T, Luther G W. 1997. Kinetics of pyrite formation by the H_2S oxidation of iron (II) monosulfide in aqueous solutions between 25 and 125 degrees C: the mechanism. Geochimica et Cosmochimica Acta, 61(1):135-147.

Rickard D, Morse J W. 2005. Acid volatile sulfide (AVS). Marine Chemistry, 97(3-4): 141-197.

Schäfer H, Myronova N, Boden R. 2010. Microbial degradation of dimethylsulphide and related C1-sulphur compounds: organisms and pathways controlling fluxes of sulphur in the biosphere. Journal of Experimental Botany, 61(2): 315-334.

Seinfeld J H, Pandis S N. 2016. Atmospheric Chemistry and Physics: From Air Pollution to Climate Change. Hoboken: John Wiley & Sons.

Shawar L, Halevy I, Said-Ahmad W, et al. 2018. Dynamics of pyrite formation and organic matter sulfurization in organic-rich carbonate sediments. Geochimica et Cosmochimica Acta, 241: 219-239.

Sheng Y, Sun Q, Bottrell S H, et al. 2013. Anthropogenic impacts on reduced inorganic sulfur and heavy metals in coastal surface sediments, north Yellow Sea. Environmental Earth Sciences, 68(5): 1367-1374.

Sheng Y, Sun Q, Shi W, et al. 2015. Geochemistry of reduced inorganic sulfur, reactive iron, and organic carbon in fluvial and marine surface sediment in the Laizhou Bay region, China. Environmental Earth Sciences, 74(2): 1151-1160.

Simpson S L, Ward D, Strom D, et al. 2012. Oxidation of acid-volatile sulfide in surface sediments increases the release and toxicity of copper to the benthic amphipod *Melita plumulosa*. Chemosphere, 88(8): 953-961.

Steudler P, Peterson B. 1985. Annual cycle of gaseous sulfur emissions from a New England Spartina alterniflora marsh. Atmospheric Environment, 19(9): 1411-1416.

Sullivan L A, Bush R T, Mcconchie D M. 2000. A modified chromium-reducible sulfur method for reduced inorganic sulfur: optimum reaction time for acid sulfate soil. Soil Research, 38(3): 729-734.

Sullivan L A, Bush R T, McConchie D M, et al. 1999. Comparison of peroxide-oxidisable sulfur and chromium-reducible sulfur methods for determination of reduced inorganic sulfur in soil. Soil Research, 37(2): 255-266.

Sze N D, Ko M K W. 1979a. CS_2 and COS in the stratospheric sulphur budget. Nature, 280(5720): 308-310.

Sze N D, Ko M K W. 1979b. Is CS_2 a precursor for atmospheric COS? Nature, 278(5706): 731-732.

Taillefert M, Bono A B, Luther G W. 2000. Reactivity of freshly formed Fe(III) in synthetic solutions and (pore) waters: voltammetric evidence of an aging process. Environmental Science & Technology, 34(11): 2169-

2177.

Tang X, Li L, Wu C, et al. 2020. The response of arsenic bioavailability and microbial community in paddy soil with the application of sulfur fertilizers. Environmental Pollution, 264: 114679.

Theberge S M, Luther G W. 1997. Determination of the electrochemical properties of a soluble aqueous FeS species present in sulfidic solutions. Aquatic Geochemistry, 3(3): 191-211.

van den Berg G A, Loch J P, van der Heijdt L M, et al. 1998. Vertical distribution of acid-volatile sulfide and simultaneously extracted metals in a recent sedimentation area of the river Meuse in the Netherlands. Environmental Toxicology and Chemistry, 17(4): 758-763.

van Griethuysen C, de Lange H J, van den Heuij M, et al. 2006. Temporal dynamics of AVS and SEM in sediment of shallow freshwater floodplain lakes. Applied Geochemistry, 21(4): 632-642.

Wang L, Zhang F, Chen J. 2001. Carbonyl sulfide derived from catalytic oxidation of carbon disulfide over atmospheric particles. Environmental Science & Technology, 35(12): 2543-2547.

Wang Q, Morse J W. 1995. Laboratory simulation of pyrite formation in anoxic sediments//Vairavamurthy M, Schoonen M, Eglinton T, et al. Geochemical Transformations of Sedimentary Sulfur. Washington, DC: American Chemical Society: 206-223.

Watts S F. 2000. The mass budgets of carbonyl sulfide, dimethyl sulfide, carbon disulfide and hydrogen sulfide. Atmospheric Environment, 34(5): 761-779.

Werne J P, Lyons T W, Hollander D J, et al. 2003. Reduced sulfur in euxinic sediments of the Cariaco Basin: sulfur isotope constraints on organic sulfur formation. Chemical Geology, 195(1): 159-179.

Werne J P, Lyons T W, Hollander D J, et al. 2008. Investigating pathways of diagenetic organic matter sulfurization using compound-specific sulfur isotope analysis. Geochimica et Cosmochimica Acta, 72(14): 3489-3502.

Wijsman J W M, Middelburg J J, Herman P M J, et al. 2001. Sulfur and iron speciation in surface sediments along the northwestern margin of the Black Sea. Marine Chemistry, 74(4): 261-278.

Wilkin R T, Barnes H L. 1996. Pyrite formation by reactions of iron monosulfides with dissolved inorganic and organic sulfur species. Geochimica et Cosmochimica Acta, 60(21): 4167-4179.

Wilkin R T, Bischoff K J. 2006. Coulometric determination of total sulfur and reduced inorganic sulfur fractions in environmental samples. Talanta, 70(4): 766-773.

Younis A M, El-Zokm G M, Okbah M A. 2014. Spatial variation of acid-volatile sulfide and simultaneously extracted metals in Egyptian Mediterranean Sea lagoon sediments. Environmental Monitoring and Assessment, 186(6): 3567-3579.

Zhang J Z, Millero F J. 1993. The products from the oxidation of H_2S in seawater. Geochimica et Cosmochimica Acta, 57(8): 1705-1718.

Zhu M X, Shi X N, Yang G P, et al. 2013. Formation and burial of pyrite and organic sulfur in mud sediments of the East China Sea inner shelf: constraints from solid-phase sulfur speciation and stable sulfur isotope. Continental Shelf Research, 54(1): 24-36.

第 2 章

海岸带无机硫的地球化学特征

2.1 入海河流无机硫的地球化学特征

海岸带水体主要是指海岸带各种类型的水体,根据广义海岸带的定义,径流或漫流直接入海的流域地区,海岸线附近较窄的、狭长的沿岸陆地和近岸水域(狭义海岸带),以及大陆架范围内的水体都属于海岸带水体(盛彦清和李兆冉,2018)。入海河流是典型的海岸带水体,因其能够将营养盐及污染物输送到海洋中,引起近海水质的变化而受到更多关注。与内陆河道不同,入海河流流域经济发达、工农业污染较重,同时受潮汐、盐度的影响,具有水质水文条件复杂、高负荷污染汇集、高悬浮物聚集沉积等显著特征,而这些特征又恰是影响无机硫迁移转化的重要因素。但目前对入海河流无机硫的分布特征、迁移转化等尚缺乏系统的认识,本节以典型的入海河流为研究区域,揭示无机硫的地球化学特征。

2.1.1 入海河流水体和沉积物的理化性质

选取存在潜在工业污染的胶莱河、作为饮用水水源地的夹河以及实施河床硬化的逛荡河等不同沉积类型的滨海河流作为研究区域(图 2-1)。胶莱河全长约 130km,流域面积约为 5478.6km²,注入渤海,为约 3900km² 的流域提供灌溉和工业用水。胶莱河沿岸有许多潜在的工业园和盐田区,其沉积物长期遭受盐田卤水排放和工业废水输入的影响。夹河全长约 140km,流域面积约为 1224km²,发源于门楼水库,是饮用水水源一级保护区,其位置远离工业区,人为干扰相对较少,向北注入北黄海,干流中建造了一系列橡胶坝,以提供饮用水和防止海水入侵。作为饮用水源地,夹河的沉积物几乎可以看作未污染的沉积物。逛荡河为市政排洪河流,注入北黄海,全长约 8km,主要受生活污水和少量潜在工业废水的影响。为了提供城市滨水景观,逛荡河的河床是多年前用混凝土建造的,而不是自然沉积形成的。此外,逛荡河还修建了许多低混凝土坝以维持水位。作为一条人工城市河流,逛荡河的沉积物较浅(<10cm),河流底部硬化,下渗减少,切断了生物底泥的净化通道,净化能力很弱。

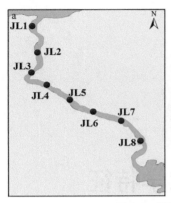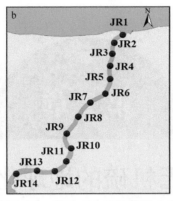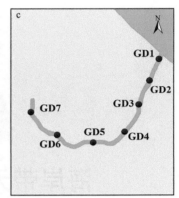

图 2-1　胶莱河（a）、夹河（b）和逛荡河（c）采样站位图

　　胶莱河、夹河和逛荡河表层沉积物和上覆水体的理化性质如图 2-2 和表 2-1 所示。三条河流表层沉积物的粒径组成均以砂为主，其次是粉砂和黏土。这主要是由于三条河流地处丘陵地带，在降雨侵蚀的影响下，丘陵的砂质沉积物很容易被冲刷到河流中，然后经河流搬运沉降到表层沉积物中。有机碳（TOC）和总氮（TN）的含量在逛荡河表层沉积物中最高，均值分别为 2.62% 和 0.27%，其次为夹河（1.17% 和 0.17%）和胶莱河（0.25% 和 0.04%）。总的来说，除逛荡河外，胶莱河和夹河的 TOC 含量从上游到河口整体呈现下降趋势。表层沉积物的碳氮摩尔比（C/N）均值在胶莱河为 8.5，接近夹河（8.4），但小于逛荡河（10.5）。胶莱河、夹河和逛荡河上覆水体的 pH 分别为 2.79~8.28、6.42~8.61 和 8.03~8.85，均值分别为 6.14、7.69 和 8.34。可以发现，胶莱河的 pH 低于夹河和逛荡河，这可能与沿岸工业酸性废水的排放有关。除河口外，胶莱河盐度（6.41‰）高于夹河（0.47‰）和逛荡河（0.50‰）。三条河流的溶解氧（DO）含量和氧化还原电位（ORP）分别大于 5.88mg/L 和 107mV。夹河的电导率（EC）均值为 6.8mS/cm，低于胶莱河（17.9mS/cm）和逛荡河（19.2mS/cm）。

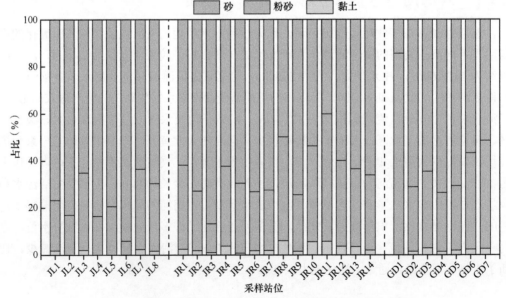

图 2-2　胶莱河、夹河和逛荡河表层沉积物的粒径组成分布图

表 2-1　胶莱河、夹河和逛荡河表层沉积物和上覆水体的理化参数

采样站位	DO（mg/L）	EC（mS/cm）	盐度（‰）	pH	ORP（mV）	TN（%）	TOC（%）	C/N
JL1	7.10	49.30	26.40	6.59	263	0.01	0.17	15.08
JL2	8.08	16.69	4.60	6.30	254	0.02	0.10	7.29
JL3	8.84	10.08	2.80	6.63	208	0.07	0.39	6.73
JL4	8.42	50.00	27.80	5.92	231	0.03	0.14	6.39
JL5	7.81	7.60	4.30	6.61	197	0.04	0.14	4.04
JL6	8.03	5.10	2.80	5.98	284	0.02	0.20	14.22
JL7	6.94	3.07	1.70	2.79	492	0.03	0.18	6.29
JL8	8.01	1.70	0.90	8.28	147	0.10	0.71	8.13
JR1	8.63	40.32	31.73	7.54	118	0.12	0.88	8.44
JR2	8.83	38.91	29.71	7.63	164	0.10	0.71	8.62
JR3	8.48	0.90	0.51	8.61	107	0.10	0.65	7.48
JR4	8.19	7.62	0.69	8.47	183	0.15	0.90	6.97
JR5	5.88	0.64	0.36	8.61	204	0.18	1.22	7.80
JR6	7.37	0.73	0.41	8.21	224	0.13	1.03	9.55
JR7	8.84	0.77	0.45	8.24	220	0.16	1.08	8.08
JR8	8.43	0.71	0.41	8.17	230	0.14	1.08	8.79
JR9	8.75	0.74	0.45	6.42	250	0.17	1.19	7.97
JR10	8.60	0.75	0.46	6.80	236	0.29	1.97	7.83
JR11	10.29	0.76	0.45	7.24	229	0.26	1.95	8.71
JR12	11.29	0.74	0.45	7.07	225	0.17	1.67	11.45
JR13	11.22	0.81	0.47	7.19	229	0.26	0.92	4.13
JR14	10.22	0.82	0.47	7.55	200	0.10	1.10	12.43
GD1	6.84	47.23	31.97	8.03	123	0.03	0.15	5.87
GD2	6.43	46.05	31.24	8.16	185	0.28	2.53	10.55
GD3	7.95	37.56	24.64	8.04	223	0.34	3.28	11.11
GD4	9.82	0.89	0.47	8.78	117	0.26	2.36	10.45
GD5	9.86	0.87	0.45	8.85	226	0.49	5.10	12.11
GD6	11.08	0.96	0.53	8.29	212	0.22	2.51	13.18
GD7	11.85	0.94	0.54	8.20	263	0.28	2.43	10.02

C/N 被广泛用于反映沉积有机质的历史来源，并可指示流域内是否受人类活动的影响（Nasir et al.，2016；Meyers，1994）。当沉积有机质主要来源于含有丰富水生蛋白质和缺乏纤维素的内源物质时（如藻类和浮游植物），C/N 通常介于 4～10。当沉积有机质主要来源于蛋白质贫乏、纤维素丰富的沉水植物或陆生植物时，C/N 通常介于 10～20。C/N 较高时，沉积有机质来源主要为陆源输入，而 C/N 较低时，则表示自身生产力提高或者陆源输入的有机质减少（强柳燕等，2021）。本研究发现，在胶莱河部分站位（JL1，

15.08；JL6，14.22）和逛荡河的大多数站位（除 GD1 外）观察到了较高的 C/N（＞10），接近典型陆地来源的范围值。这一结果表明，外源输入显著影响胶莱河和逛荡河。较高的 TOC 含量分布在胶莱河的 JL3、JL8 和逛荡河的河口向上区域，这些站位流经城区（包括一些特殊工业园区），因此水质可能受到工业和生活来源污染物输入的影响，在胶莱河和逛荡河分别产生较低 pH（低至 2.79）和较高 pH（高达 8.85）。此外，胶莱河的低 C/N 可能归因于频繁的人为干扰沉积物，如疏浚和挖沙，导致 TOC 沉积较少（Liu et al.，2020）。然而，夹河的 C/N 介于 4.13～12.43，接近水生藻类的范围值，表明自生源对夹河的有机质有较大贡献。这可能主要与夹河修建的橡胶坝使河道水力条件发生了较大改变有关（Bao et al.，2020），缓慢的水流沉积了大量的细颗粒，从而导致夹河中游高 TOC 沉积和细颗粒组分（黏土）增加（图 2-2，表 2-1）。筑坝的河道通常会加速浮游植物群落交替，从而导致水华频繁（Bao et al.，2020）。这一过程中，沉降的浮游植物碎屑的分解造成藻类有机质颗粒沉入表层沉积物。因此，水生环境中的腐殖化或矿化过程会进一步通过有机质降解，引起 C/N 降低。

2.1.2　入海河流无机硫的形态与分布

逛荡河表层沉积物中的无机硫含量（AVS、CRS 和 ES 的含量之和）分别是胶莱河和夹河的 4 倍和 3 倍。胶莱河（17.08μmol/g）和逛荡河（60.11μmol/g）表层沉积物中的 AVS 含量均值高于夹河（10.48μmol/g）。在胶莱河和逛荡河的表层沉积物中，AVS 是无机硫的主要组分（图 2-3），分别占无机硫的 65% 和 70%。胶莱河和逛荡河河流上游 AVS 含量呈现相似的空间分布趋势，其中异常高值出现在 JL3（61.25μmol/g）和 GD3（107.92μmol/g）。然而，夹河的表层沉积物中无机硫以 CRS 为主（占无机硫的 70%），含量均值为 25.10μmol/g，较胶莱河（6.71μmol/g）高，但低于逛荡河（42.90μmol/g）。在这三条河流的表层沉积物中，ES 在无机硫中占比最低，分别为 1.4%、0.03% 和 1.7%，含量均值分别为 2.51μmol/g、0.09μmol/g 和 6.87μmol/g。

黄铁矿化度（DOP）和硫化程度（DOS）是评估沉积物中黄铁矿和铁硫化物的形成是主要受有机质控制还是铁控制的两个重要参数（Sheng et al.，2015a）。DOP 是表征沉

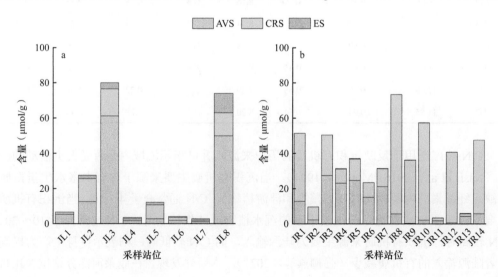

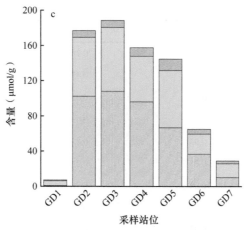

图 2-3　胶莱河、夹河和逛荡河表层沉积物中无机硫的含量

积物氧化还原环境的良好指标，也能辨别出黄铁矿形成的限制因素。由于自然界中存在大量的 FeS，DOP 并不能完全代表铁与硫化物反应的程度，而 DOS 代表沉积物中铁转化为硫化物的程度，因此 DOS 可以更好地表征铁对硫化物的限制程度。AVS/CRS（物质的量的比）代表沉积物中 AVS 转化为黄铁矿的程度，反映沉积物中硫化物的活性和生物有效性，比值越高表明硫化物的活性和生物有效性越高（Sheng et al.，2015b；Amend et al.，2004）。胶莱河、夹河和逛荡河表层沉积物的 DOP、DOS 和 AVS/CRS 如表 2-2 所示。胶莱河的 AVS/CRS 为 0.34～4.78，均值为 2.29，夹河的 AVS/CRS 为 0.01～2.89，均值为 0.78，逛荡河的 AVS/CRS 为 0.12～1.86，均值为 1.18。胶莱河的 DOP 和 DOS 均值分别为 0.13 和 0.68，夹河分别为 0.31 和 0.61，逛荡河分别为 0.39 和 1.34。

表 2-2　胶莱河、夹河和逛荡河表层沉积物的 DOP、DOS 和 AVS/CRS

站位	DOP	DOS	AVS/CRS
JL1	0.06	0.68	4.78
JL2	0.21	0.61	0.97
JL3	0.13	1.17	4.00
JL4	0.23	0.38	0.34
JL5	0.04	0.15	1.65
JL6	0.08	0.24	1.32
JL7	0.04	0.16	1.39
JL8	0.23	0.73	3.83
JR1	0.44	0.12	0.33
JR2	0.08	0.74	0.30
JR3	0.22	0.88	1.19
JR4	0.13	0.82	2.89
JR5	0.16	0.85	2.05
JR6	0.18	0.83	1.84

站位	DOP	DOS	AVS/CRS
JR7	0.16	0.78	2.10
JR8	0.67	0.41	0.08
JR9	0.40	0.65	0.01
JR10	0.60	0.09	0.04
JR11	0.03	0.75	1.15
JR12	0.73	0.25	0.01
JR13	0.04	0.58	2.72
JR14	0.46	0.73	0.14
GD1	0.37	0.46	0.12
GD2	0.46	1.87	1.53
GD3	0.52	2.06	1.49
GD4	0.39	1.86	1.86
GD5	0.43	1.30	1.03
GD6	0.26	1.10	1.61
GD7	0.31	0.72	0.65

2.1.3 入海河流无机硫的转化机制

胶莱河、夹河（中下游，JR1～JR7）和逛荡河（除 GD1 外）采样站位的 AVS/CRS 均不低于 0.3，与 Sheng 等（2015b）对该研究区域的莱州湾沿岸河流（均值为 1.27）和 Yang 等（2020）对黄海沿岸盐沼湿地（均值为 1）的研究结果相当，说明三条河流表层沉积物中无机硫的活性和生物有效性较高，AVS 向 CRS 转化率较低。这与三条河流表层沉积物较低的 DOP（胶莱河均值为 0.13；夹河均值为 0.31；逛荡河均值为 0.39）一致。研究表明，沉积物的硫化程度越高，高活性铁（LFe）中剩余的可作为氧化硫化物的 LFe(Ⅲ) 含量就越低，LFe(Ⅲ) 的缺乏可能抑制 AVS 向 CRS 的转化，从而使 DOP 降低（Jørgensen et al.，2019）。三条河流表层沉积物的 DOS 较高，且 LFe(Ⅱ) 的含量明显高于 LFe(Ⅲ)。大量 LFe(Ⅱ) 的存在能够将硫酸盐还原生成的溶解态 H_2S 沉淀下来，抑制 H_2S 向氧化还原边界扩散后被氧化生成 ES，H_2S 和 ES 的缺乏抑制了 AVS 以 H_2S 方式和多硫化方式［公式（2-1），公式（2-2）］向 CRS 的转化，导致 AVS 大量积累。胶莱河两岸盐场排放的卤水和逛荡河沿岸排放的生活废水导致上覆水体的 ORP 较高（表 2-1），CRS 的形成可能以亚铁损失方式［公式（2-3）］进行，即 CRS 形成过程只消耗 AVS，但这一过程较为缓慢。由于胶莱河盐跃层的分层作用，沉积物往往变得缺氧（Zhao et al.，2019b），Fe(Ⅲ) 氧化物在胶莱河中的快速输入和/或富集将导致异化铁还原而不是硫酸盐还原为主导［公式（2-4）］（Yang et al.，2020）。这可能是由于胶莱河在低 pH（低至 2.79）环境下的硫酸盐还原反应并不完全，因为酸性条件下 H^+ 会促进 Fe(Ⅱ) 生成，但会抑制 H_2S 方式生成 CRS（Giuffrè and Vicente，2018）。这些过程有利于胶莱河表层沉积物中 AVS 的积累。Gagnon 等（1995）的研究表明，快速沉积环境下通常观察到较高的 AVS/CRS，因为快速沉积埋藏通常伴随较高含量的活性有机质，导致硫酸盐还原速率较高，在一定程度上影响了铁的可用性，促进了表层沉积物中 AVS 的富集。逛荡河的混凝土坝和夹河的橡胶坝改变了水力停留时间，增加了河流的沉积速率，促进了表层沉积物中 TOC 的富集（表 2-1），增强了硫酸盐还原作用，加之沉积物以砂质沉积物为主，孔隙度高，有利于 ES 的生成，从而促进了表层沉积物 AVS 的快速积累和 CRS 的缓慢形成。因此，夹河（中下游）和逛荡河表层沉积物中无机硫以 AVS 为主，而在夹河中上游（JR8～JR14），大部分站位沉积物中的 CRS 含量较高，且 AVS/CRS 低于 0.3，说明 AVS 向 CRS 转化率较高。造成这一现象可能是由于夹河中上游站位沉积物细颗粒组分的含量相对较高（约 42%），孔隙度相对下游站位低，加之自生源输入明显（C/N＜10），有利于硫酸盐还原菌富集消耗有机质以消除铁硫化物形成的竞争抑制，H_2S 向氧化还原边界的扩散减弱，这使得大部分 AVS 或铁的氢氧化物以 H_2S 方式转化为 CRS，导致 CRS 的快速埋藏，LFe(Ⅲ) 的含量降低。夹河中上游站位较高的 DOP（高达 0.67）进一步表明，CRS 的形成受 LFe(Ⅲ) 含量的限制。综上所述，夹河中下游、胶莱河和逛荡河表层沉积物中 CRS 的形成主要受 H_2S 和 ES 含量的限制，简单来说，就是主要受活性有机质含量的限制，而夹河中上游 CRS 的形成主要受 LFe(Ⅲ) 含量的限制。

2.2　河口无机硫的地球化学特征

入海河口是淡水径流、泥沙和化学物质从河流进入海洋的重要通道，据估算，每年由陆地进入海洋的物质约有 85% 经由河口入海（盛彦清和李兆冉，2018）。由于陆海物质交汇、咸淡水混合、径流和潮流的相互作用，河口海岸带形成了高度变异的多种环境梯度，显著影响无机硫的环境行为。当前，对氮、磷营养盐的环境行为给予了较多的关注（Zhao et al.，2020，2019a），而对于河口硫分布特征、迁移转化等的认识尚不明朗，由于水动力条件不同，其沉积环境也有所不同，河道中心水流流速较大，并且在潮汐的共同作用下，沉积物以大颗粒的砂砾为主，而在水流较缓的两侧平坦地带，沉积物以细颗粒淤泥和粉砂为主。因此，选取河口区域常见的这两种沉积物类型作为研究对象，探讨河口无机硫的地球化学特征。

2.2.1　河口水体和沉积物的理化性质

选取鱼鸟河河口作为研究区域。鱼鸟河河口基本水质参数见表 2-3，淡水 COD_{Cr} 和 NH_4^+-N 的含量分别为 63.2mg/L 和 6.82mg/L，潮间带水体 COD_{Cr} 和 NH_4^+-N 的含量分别为 179.2mg/L 和 2.71mg/L，鱼鸟河河口潮间带水体及淡水 COD_{Cr} 和 NH_4^+-N 的含量均高于我国地表水水质标准的 V 类标准（COD_{Cr} 为 40mg/L，NH_4^+-N 为 2mg/L）。较低的 DO 含量（淡水 5.76mg/L，潮间带水体 5.43mg/L）和 ORP（淡水 170mV，潮间带水体 164mV）说明河流在遭受较为严重的污染后，水体中的溶解氧含量下降，水体自净能力较低。淡水和潮间带水体的 NO_3^--N 含量分别为 0.13mg/L 和 0.11mg/L，PO_4^{3-}-P 含量分别为 0.01mg/L 和 0.03mg/L，TP 含量分别为 0.28mg/L 和 0.29mg/L，说明鱼鸟河河口的营养盐指标不高，暴发富营养化的风险较低。

表 2-3　鱼鸟河河口基本水质参数

项目	淡水	潮间带水体
温度（℃）	31.8	29.9
COD_{Cr}（mg/L）	63.2	179.2
碱性 COD_{Mn}（mg/L）	25	6
NH_4^+-N（mg/L）	6.82	2.71
NO_3^--N（mg/L）	0.13	0.11
PO_4^{3-}-P（mg/L）	0.01	0.03
TP（mg/L）	0.28	0.29
DO（mg/L）	5.76	5.43
SO_4^{2-}（mg/L）	50.07	1965.53
Cl^-（mg/L）	272.94	15311.43
电导率（mS/cm）	2.45	29.75
盐度（‰）	1.09	16.26
pH	8.15	7.87
ORP（mV）	170	164

注：TP 为总磷，COD_{Cr} 为化学需氧量（重铬酸钾法），COD_{Mn} 为碱性高锰酸盐指数

　　鱼鸟河河口夏冬两季沉积物的粒度组成如图 2-4 所示。夏季泥质沉积物柱 0～18cm 以粉砂为主，18cm 以下则以砂为主。而冬季泥质沉积物柱除 18～22cm 以砂为主之外，其余基本以粉砂为主，约占 80% 以上，其次为黏土（占 8.9%～29.5%），而砂所占比例较小。泥质沉积物柱不同深度的粒度组成不同，说明河口沉积物沉积的不同阶段具有明

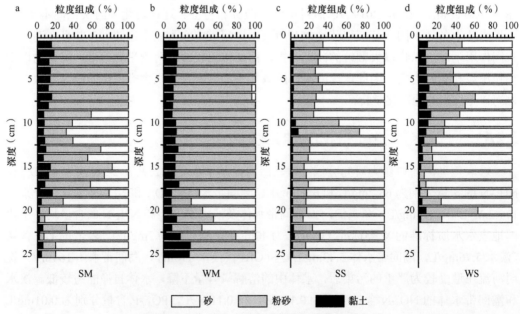

图 2-4　鱼鸟河河口夏冬两季沉积物的粒度组成

SM-夏季泥质沉积物柱；WM-冬季泥质沉积物柱；SS-夏季砂质沉积物柱；WS-冬季砂质沉积物柱

显的不同沉积过程，近期由于河道径流量减小，河道两侧流速较缓，以淤泥沉积为主，而更早阶段河道径流量较大，流速较急，在河流和潮汐共同冲刷搬运作用下，只有颗粒较大的砂沉积下来。夏季和冬季的泥质沉积物柱在9cm以下区别较为明显，相比之下夏季沉积物柱在9cm以下沉积物粒径更大。虽然夏冬两季的沉积物柱在采样时尽可能地选取在同一地点，但是由于河口的水动力条件较为复杂和人为活动的干扰，同一地点沉积物柱的粒径组成在夏冬两季可能仍存在明显差异。本次研究的河流中心区域的砂质沉积物柱在夏冬两季的差异较小，以砂为主，其次是粉砂，表明细颗粒物在河道中心的沉降过程并不明显。

　　鱼鸟河河口夏冬两季沉积物中有机质的垂向分布如图2-5所示，夏季泥质沉积物柱有机质含量范围为0.6%～9.4%，冬季泥质沉积物柱有机质含量范围为0.7%～9.5%，夏季砂质沉积物柱有机质含量范围为0.5%～3.3%，冬季砂质沉积物有机质含量范围为0.5%～3.1%。泥质沉积物柱的有机质含量明显高于砂质沉积物柱。泥质沉积物柱表层（0～10cm）有机质含量较高（平均占沉积物干重的5%），而在10cm以下，随着微生物的降解和矿化作用加强，有机质含量明显随深度增加而呈现降低趋势，并在15cm以下基本趋于稳定。砂质沉积物柱表层（0～10cm）有机质含量略高，而10cm以下有机质含量则较低。冬季泥质沉积物柱次表层（5～15cm）的有机质含量显著高于夏季沉积物柱。有机质含量明显降低一般出现在沉积物柱表层，一方面是因为沉积物表层有机质活性较高，可以被微生物迅速降解，另一方面从经典成岩反应序列看，表层和次表层的电子受体对有机质的氧化能力比深层更强，因此在沉积物深层有机质含量随深度增加而逐渐降低，最后基本稳定（Lin et al.，2000；张生银等，2013）。沉积物的粒径大小在沉积物有机质积累过程中起着非常重要的作用，有机质的分布和粒度组成具有很好的相关性，因为有机质倾向于在细颗粒沉积物区域积累，即有机质的分布具有粒控性（Kenworthy et al.，2013；Hammerschmidt et al.，2008），这正是泥质沉积物柱有机质含量高于砂质沉积物柱的主要原因。

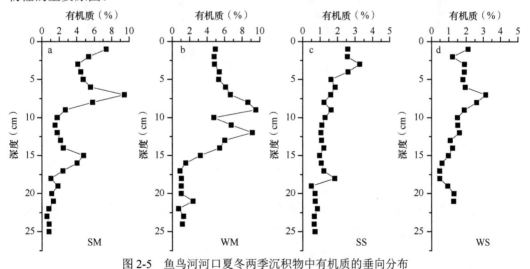

图 2-5　鱼鸟河河口夏冬两季沉积物中有机质的垂向分布

SM-夏季泥质沉积物柱；WM-冬季泥质沉积物柱；SS-夏季砂质沉积物柱；WS-冬季砂质沉积物柱

2.2.2 河口无机硫的形态与分布

1. 溶解态 S^{2-} 的季节性变化

梯度薄膜扩散技术（DGT）测得的鱼鸟河河口夏冬两季沉积物中溶解态 S^{2-} 的垂向分布如图 2-6 所示。夏季泥质沉积物柱的溶解态 S^{2-} 含量范围为 $0.20\sim48.23\mu mol/L$，均值为（25.17 ± 12.11）$\mu mol/L$，在泥质沉积物-水界面以下含量急剧升高，并在 2cm 处达到约 $25\mu mol/L$，之后随深度增加而缓慢增加。冬季泥质沉积物柱的溶解态 S^{2-} 含量范围为 $0.002\sim50.69\mu mol/L$，均值为（23.84 ± 14.36）$\mu mol/L$，在泥质沉积物-水界面之下含量急剧升高，在 1cm 处达到最大值 $50.69\mu mol/L$，之后随深度增加而降低。夏季砂质沉积物柱的溶解态 S^{2-} 含量范围为 $0.02\sim19.97\mu mol/L$，均值为（12.16 ± 4.67）$\mu mol/L$，在砂质沉积物-水界面含量急剧增加，之后随深度增加基本趋于稳定。冬季砂质沉积物柱的溶解态 S^{2-} 含量范围为 $0.0001\sim22.68\mu mol/L$，均值为（7.29 ± 6.45）$\mu mol/L$，其随深度变化的趋势和冬季泥质沉积物柱较为相似，均在沉积物-界面之下急剧增至最高，然后随深度增加而逐渐降低，但砂质沉积物柱的溶解态 S^{2-} 含量降低幅度较大，在 6cm 以下趋于稳定在约 $2.5\mu mol/L$。

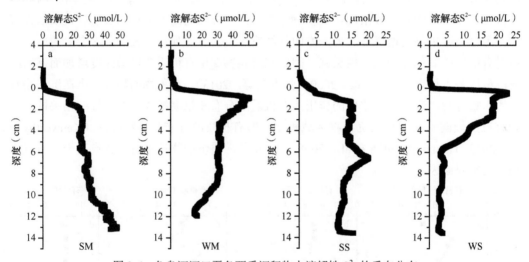

图 2-6　鱼鸟河河口夏冬两季沉积物中溶解性 S^{2-} 的垂向分布

SM-夏季泥质沉积物柱；WM-冬季泥质沉积物柱；SS-夏季砂质沉积物柱；WS-冬季砂质沉积物柱

泥质沉积物中溶解态 S^{2-} 含量显著高于砂质沉积物，平均含量约为砂质沉积物的 2 倍，这与沉积物中有机质的含量分布相吻合。沉积物中溶解态 S^{2-} 为游离态的无机硫化物，主要为硫酸盐还原菌作用下硫酸盐还原产生的 H_2S。研究表明，在河口海湾等沉积环境中，硫酸盐还原是沉积物早期成岩有机质矿化的主要途径，可占有机质降解的 $10\%\sim90\%$（Zhu et al., 2013；Hammerschmidt et al., 2008）。河口地区富含有机质的泥沙输入加强了沉积物中硫的还原。由此可知，在富含有机质的鱼鸟河河口沉积物中，硫酸盐的还原作用较强，且硫酸盐还原的强度与有机质的含量有较高的相关性，即有机质含量较高的泥质沉积物中硫酸盐还原强度高于有机质含量较低的砂质沉积物。

沉积物中溶解态 S^{2-} 的季节性变化较为显著，冬季的泥质和砂质沉积物-水界面之下

（0～3cm）溶解态 S^{2-} 含量均高于夏季同一深度，且冬季其含量随深度增加而逐渐降低，而夏季其含量却随深度增加而逐渐升高或趋于稳定。硫酸盐的还原受氧化还原条件、活性有机质、可利用硫酸盐和硫酸盐还原菌的活性等因素控制（Amend et al., 2004）。鱼鸟河河口沉积物富含有机质和硫酸盐，二者可能不是控制硫酸盐还原的主要因素，而氧化还原条件和硫酸盐还原菌的活性可能是鱼鸟河河口沉积物中硫酸盐还原季节性变化的主要控制因素。在夏秋季节，硫酸盐还原菌活性较高，硫酸盐还原速率升高，沉积物中溶解性 S^{2-} 大量积累，造成了冬季（12 月）沉积物中溶解性 S^{2-} 含量较高。而在冬春季节，硫酸盐还原菌的活性较低，硫酸盐还原速率显著降低，沉积物中积累的溶解性 S^{2-} 持续与活性铁反应生成 FeS 和 FeS_2 而被消耗，造成了夏季（7 月）溶解性 S^{2-} 含量较低，与 Rozan 等（2002）在美国特拉华州里霍博斯（Rehoboth）湾的研究结果一致。夏冬季节鱼鸟河河口沉积物中溶解性 S^{2-} 含量始终维持在较高水平，无机还原剂 S^{2-} 可能会优先与铁氧化物反应，抑制铁氧化物的异化还原过程，即鱼鸟河河口沉积物中铁氧化物的还原以化学还原为主。

2. 还原性无机硫的形态季节性变化

鱼鸟河河口沉积物中还原性无机硫（RIS）的季节性分布如图 2-7 所示。夏季泥质沉积物柱的 RIS 含量随深度增加而降低，表层 2cm 处 RIS 含量最高（389.74μmol/g），而在 19cm 处降低至 100μmol/g 以下。在 0～8cm，AVS 是 RIS 的主要形态，占 50% 以上，随着深度增加 AVS 所占比例逐渐降低，而 CRS 所占比例则显著升高。AVS 在夏季泥质沉积物柱表层的含量较高，表明夏季泥质沉积物中硫酸盐还原作用较强，硫酸盐还原产生的 H_2S 迅速与铁氧化物反应转化为 FeS，在 ES 存在的情况下，继续发生反应生成稳定的 CRS（Rickard, 1994）。在 10cm 以下，随着活性有机质的降解消耗，硫酸盐还原过程减弱，在长期的埋藏过程中硫化物最终主要以 CRS 的形式存在（Hyacinthe et al., 2006）。夏季泥质沉积物中 ES 的含量在次表层（5～10cm）最高，并随深度增加而逐渐降低。

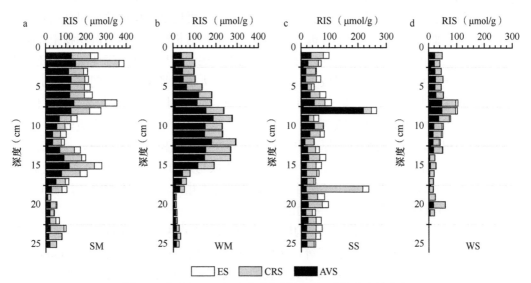

图 2-7　鱼鸟河河口沉积物中还原性无机硫的季节性分布

SM-夏季泥质沉积物柱；WM-冬季泥质沉积物柱；SS-夏季砂质沉积物柱；WS-冬季砂质沉积物柱

冬季泥质沉积物柱的 RIS 形态与夏季具有明显不同的分布特征，在沉积物表层（0～5cm）RIS 含量相对较低且以 CRS 为主，表明在沉积物表层还原性无机硫的黄铁矿化度较高。在 5～15cm，AVS 含量显著升高，占 RIS 的比例均大于 50%，即 AVS 是 RIS 的主要形态。冬季表层沉积物温度低导致硫酸盐还原菌的活性较低，硫酸盐还原程度较弱，在一定深度下沉积物的温度高于表层，硫酸盐还原菌的活性也比表层高，且处在厌氧条件下，而在沉积物深层硫酸盐还原程度较强，AVS 含量显著升高。由于缺少活性铁与 AVS 进一步反应，黄铁矿生成受到限制，因此在 5～15cm RIS 以 AVS 为主，而 CRS 所占比例较低。在 20cm 以下，RIS 的分布与有机质的分布趋于一致，均处在较低的含量水平，说明在这一沉积时期鱼鸟河的有机污染较轻，硫酸盐还原程度较弱，AVS 和 CRS 均处在较低含量水平。冬季泥质沉积物中 ES 含量要显著低于夏季，表明冬季泥质沉积物中还原性无机硫的氧化过程较弱，所以还原性无机硫氧化不完全产物 ES 的产生的量较少。

夏季砂质沉积物中 AVS、CRS 和 ES 占 RIS 的比例范围分别为 7.76%～82.77%、10.43%～83.51% 和 1.28%～30.53%，均值分别为（35.77±13.57）%、（45.86±13.56）% 和（18.37±8.38）%。RIS 含量的变化幅度较小，仅在 8cm 和 18cm 处有两个较大的值。夏季砂质沉积物的 RIS 以 CRS 为主，AVS 占 RIS 的比例显著低于泥质沉积物。

冬季砂质沉积物中 AVS、CRS 和 ES 占 RIS 的比例范围分别为 4.84%～52.50%、46.09%～93.03% 和 1.09%～10.67%，均值分别为（34.38±14.55）%、（61.31±14.54）% 和（4.31±2.94）%。冬季砂质沉积物中 RIS 含量虽然低于冬季泥质沉积物，但随深度变化的趋势基本一致，即在表层和次表层随深度增加 RIS 含量升高，并在 7～8cm 处达到最高值，随后又随深度增加而降低。冬季砂质沉积物中 RIS 以 CRS 为主，平均比例为 61.30%，其次为 AVS，ES 所占比例较低，与冬季泥质沉积物相似，ES 的生成受季节变化的影响较为显著。

由不同类型的沉积物中溶解性 S^{2-} 和 RIS 的分布可知，泥质沉积物中 RIS 含量显著高于砂质沉积物，与溶解性 S^{2-} 的分布高度一致，这主要是由沉积物粒径和有机质分布决定的。一方面，砂质沉积物中有机质含量较低，活性有机质成为砂质沉积物中控制硫酸盐还原的主要因素，由于缺少活性有机质，硫酸盐还原作用较弱，因此硫酸盐还原产物 H_2S 在砂质沉积物中的积累量较少。另一方面，较大的粒径使沉积物间隙水与上覆水体的交换通量增大，硫酸盐还原产生的 H_2S 溶入沉积物间隙水并迁移扩散至上覆水体中，导致砂质沉积物中 AVS 的积累量减少。而在泥质沉积物中，活性有机质含量较高，硫酸盐还原作用相应较强，硫酸盐还原产生的 H_2S 能够在泥质沉积物中大量积累，与活性铁反应生成 FeS，并在 ES 或 H_2S 的作用下继续反应生成稳定的 FeS_2，使 CRS 积累量增加。因此，鱼鸟河不同类型沉积物中还原性无机硫含量各不相同，活性有机质是控制不同类型沉积物中还原性无机硫积累最重要的因素。

鱼鸟河河口沉积物中 AVS 含量与其他富硫化物沉积物中 AVS 含量基本一致，如胶州湾（均值约 198μmol/g）（吕仁燕等，2011）、巴西瓜纳巴拉湾（最高值为 245μmol/g）（Machado et al.，2004）等。这些富含硫化物的区域都有一个共性，就是基本都位于河口海湾等区域。河口区域沉积物一方面富含可利用性硫酸盐，另一方面接收了大量的陆源有机质，为硫酸盐还原提供了必要条件。河口区域由于水动力条件复杂，受到河流、波浪、潮汐和人为干扰等影响，有机质在沉积物表层被氧气、硝酸根和铁锰氧化物等氧化剂氧化消耗，有机质被氧化的同时消耗了沉积物表层的氧，导致氧化还原电位降低，使硫酸盐还原速率提高，因此一般河口沉积物的次表层硫酸还原作用最强（Machado et al.，2004）。鱼鸟河河口沉积物中 AVS 含量与溶解性 S^{2-} 含量的分布也高度相关，泥质沉积物中的含量显著高于砂质沉积物，约为砂质沉积物的 2 倍。溶解性 S^{2-} 的含量分布一定程度上反映了硫酸盐还原程度的强弱，AVS 还包含除溶解性 S^{2-} 之外与活性铁或其他金属的反应产物，如非晶质 FeS、结晶马基诺矿、硫复铁矿和其他二价金属硫化物。鱼鸟河河口沉积物中由于活性有机质和可利用性硫酸盐的供应充足，硫酸盐还原作用较强，生成了大量的 H_2S，由于可利用的活性铁有限，H_2S 不能被全部固定，多余的 H_2S 在沉积物间隙水中大量积累并向上覆水体扩散，被水体中的氧和铁锰氧化物所氧化，形成黑色铁锰硫化物，进一步加剧了水体的缺氧和黑臭状况。

　　鱼鸟河河口沉积物中 CRS 占 RIS 的比例较低，而 AVS 占 RIS 的比例较高，表明鱼鸟河河口沉积物中富含活性有机质和硫酸盐，硫酸盐还原作用较强，活性铁可能成为限制 AVS 向 CRS 转化的主要因素。夏季鱼鸟河河口沉积物中 CRS 含量显著高于冬季，可能是较高含量的 ES 存在，使夏季沉积物 AVS 通过多硫化方式转化为 CRS。

　　夏季鱼鸟河河口沉积物中 ES 含量显著高于冬季，表明夏季硫酸盐的还原过程和还原性无机硫的氧化过程同时存在，也指示了夏季沉积物在人为干扰（夏季经常有周围居民在河口区域采挖海蚯蚓和贝类，一定程度上改变了沉积物的氧化还原条件）的影响下可能为弱氧化环境，使 AVS 被 O_2、NO_3^- 或铁氧化物不完全氧化生成 ES，而在冬季没有了人为活动的干扰，沉积物氧化还原电位低于夏季，还原性无机硫无法被氧化，不利于 ES 的生成。夏季鱼鸟河河口沉积物中高含量的 ES，促进 AVS 通过多硫化方式转化为 CRS，这也是夏季 CRS 含量高于冬季的主要原因。由夏冬季节鱼鸟河河口沉积物中 ES 含量分布可以得知，在人类活动的干扰下，夏季沉积物为弱氧化环境，而冬季沉积物为还原环境，这与 Rozan 等（2002）在美国特拉华州里霍博斯湾的研究结果存在显著差异。

2.2.3　河口无机硫的转化机制

　　夏季鱼鸟河河口沉积物的 DOP、DOS 和 AVS/CRS 如表 2-4 所示。夏季泥质沉积物过半数 DOP 小于 0.45，表明还原性无机硫的黄铁矿化度较低，较高的 DOS 同样表明，夏季泥质沉积物中铁转化为硫化物的程度较高，活性铁是泥质沉积物中黄铁矿化的限制因素。夏季泥质沉积物较高的 AVS/CRS（均值为 1.026）表明，未转化为稳定 CRS 形态的 AVS 含量较高，还原性无机硫的活性及生物有效性较高。较高的 AVS/CRS 同样表明，在富含活性有机质的河口沉积物中，硫酸盐还原的速率较高，有足量的活性 AVS 存在，而活性铁的量有限，限制了 AVS 进一步转化为 CRS。夏季泥质沉积物中高含量的溶解性 S^{2-} 同样证明了这一观点。

表 2-4　夏季鱼鸟河河口沉积物的 DOP、DOS 和 AVS/CRS

深度（cm）	泥质沉积物			砂质沉积物		
	DOP	DOS	AVS/CRS	DOP	DOS	AVS/CRS
1	0.341	0.809	1.370	0.403	0.732	0.816

深度（cm）	泥质沉积物			砂质沉积物		
	DOP	DOS	AVS/CRS	DOP	DOS	AVS/CRS
2	0.395	0.667	0.689	0.377	0.628	0.665
3	0.272	0.695	1.552	0.376	0.568	0.512
4	0.248	0.711	1.870	0.435	0.630	0.447
5	0.271	0.742	1.737	0.223	0.596	1.673
6	0.250	0.666	1.666	0.357	0.704	0.976
7	0.405	0.776	0.915	0.382	0.866	1.270
8	0.385	0.907	1.353	0.387	3.454	7.935
9	0.377	0.829	1.199	0.261	0.657	1.519
10	0.473	1.139	1.409	0.411	1.031	1.512
11	0.470	0.901	0.914	0.379	0.713	0.882
12	0.449	0.824	0.835	0.424	0.611	0.440
13	0.484	0.965	0.993	0.338	0.624	0.845
14	0.471	0.971	1.063	0.422	0.717	0.700
15	0.385	0.745	0.936	0.483	0.757	0.566
16	0.351	0.657	0.873	0.444	0.681	0.534
17	0.221	0.472	1.129	0.346	0.654	0.890
18	0.517	0.790	0.528	0.858	0.938	0.093
19	0.320	0.551	0.720	0.501	0.822	0.639
20	0.559	1.030	0.842	0.595	0.903	0.517
21	0.469	0.999	1.130	0.410	0.707	0.725
22	0.644	1.097	0.705	0.390	0.730	0.870
23	0.732	0.979	0.338	0.443	0.706	0.595
24	0.733	0.911	0.244	0.487	0.724	0.486
25	0.623	1.020	0.637	0.386	0.699	0.813

夏季砂质沉积物 DOP 和 DOS 与泥质沉积物相差不大，表明砂质沉积物黄铁矿化度也较低，活性铁也是砂质沉积物中黄铁矿化的限制因素（Sheng et al.，2015a；Wijsman et al.，2001）。砂质沉积物较高的 AVS/CRS（均值为 1.077）同样表明，硫酸盐还原的速率较高，有足量的活性 AVS 大量积累，还原性无机硫的活性及生物有效性较高（Sheng et al.，2015b）。

夏季泥质沉积物和砂质沉积物 DOP 均较低，且随深度增加而升高，说明 AVS 向 CRS 转化的程度随深度增加而升高，硫酸盐还原一般在沉积物的表层或次表层较为活跃，造成 AVS 大量积累，由于活性铁的限制，AVS 向 CRS 转化受到限制，因此沉积物表层和次表层的 DOP 较低。

冬季鱼鸟河河口沉积物的 DOP、DOS 和 AVS/CRS 如表 2-5 所示。冬季泥质沉积物的 DOP 低于夏季，即冬季泥质沉积物的黄铁矿化度低于夏季；DOS 同样低于夏季，表明冬季泥质沉积物中铁转化为硫化物的程度有所下降；较高的 AVS/CRS 表明冬季泥质沉积物中还原性无机硫的活性和生物有效性较高，仍有较高含量的活性 AVS 未形成 CRS。

表 2-5　冬季鱼鸟河河口沉积物的 DOP、DOS 和 AVS/CRS

深度（cm）	泥质沉积物			砂质沉积物		
	DOP	DOS	AVS/CRS	DOP	DOS	AVS/CRS
1	0.256	0.437	0.789	0.244	0.476	0.856
2	0.198	0.486	1.024	0.240	0.424	1.139
3	0.217	0.410	0.852	0.221	0.450	1.071
4	0.252	0.425	0.856	0.229	0.491	0.953
5	0.228	0.523	0.869	0.280	0.478	1.098
6	0.260	0.762	2.012	0.253	0.531	1.038
7	0.267	0.704	1.722	0.259	0.525	0.967
8	0.249	0.801	1.898	0.276	0.499	1.008
9	0.194	1.007	2.151	0.319	0.383	0.979
10	0.167	0.691	1.913	0.237	0.278	0.662
11	0.270	0.669	1.785	0.240	0.418	0.549
12	0.264	0.762	1.592	0.294	0.458	0.732
13	0.330	0.673	1.323	0.290	0.516	0.563
14	0.314	0.637	1.227	0.286	0.375	0.197
15	0.307	0.510	1.537	0.201	0.404	0.316
16	0.313	0.347	1.279	0.152	0.387	0.236
17	0.380	0.364	1.667	0.137	0.445	0.171
18	0.476	0.384	1.467	0.156	0.570	0.199
19	0.540	0.170	1.305	0.074	0.568	0.052
20	0.657	0.187	1.205	0.085	0.928	0.413
21	0.285	0.315	1.892	0.109	0.374	0.314
22	0.256	0.279	1.534	/	/	/
23	0.198	0.303	1.047	/	/	/
24	0.217	0.390	1.133	/	/	/
25	0.252	0.297	1.187	/	/	/

注：/表示未取到样品

冬季砂质沉积物的 DOP 和泥质沉积物类似，黄铁矿化度均较低；DOS 同样处在较低水平，说明冬季砂质沉积物中铁转化为硫化物的程度同样下降；AVS/CRS 低于冬季泥质沉积物，表明砂质沉积物活性 AVS 较低。

通过对夏冬两季鱼鸟河河口沉积物 DOP、DOS 和 AVS/CRS 的分析得知，由于沉积物富含活性有机质，硫酸盐还原速率较高，有较多的 H_2S 生成。H_2S 在缺氧条件下与活性铁氧化物反应生成 FeS，进而转化为稳定的黄铁矿。鱼鸟河河口沉积物黄铁矿化度较低，活性铁是鱼鸟河河口沉积物黄铁矿化的限制因素，冬季的黄铁矿化度明显低于夏季。温度影响硫酸盐还原菌的活性，进而影响硫酸盐还原速率，可以明显看出，夏季 AVS 的含量高于冬季，即夏季硫酸盐还原速率高于冬季。

由鱼鸟河河口沉积物中溶解性 S^{2-} 和 RIS 含量的季节性变化可知，夏季（7月）鱼鸟河河口沉积物中溶解性 S^{2-} 和 AVS 含量显著低于冬季（12月），这主要有两个方面的原因：一方面，鱼鸟河河口沉积物中活性有机质和硫酸盐供应充足，夏秋季节高温条件下硫酸盐还原菌活性较高，促进了硫酸盐还原的进行，使沉积物中溶解性 S^{2-} 和 AVS 的积累量逐渐增加，造成冬季（12月）鱼鸟河河口沉积物中溶解性 S^{2-} 和 AVS 的含量显著升高，而冬春季节低温条件下硫酸盐还原菌活性较低，限制了硫酸盐的还原，使沉积物中溶解性 S^{2-} 和 AVS 的积累量降低，造成夏季（7月）沉积物中溶解性 S^{2-} 和 AVS 的含量较低；另一方面，夏季鱼鸟河河口沉积物中高含量的 ES 表明，沉积物中硫酸盐还原过程和还原性无机硫氧化过程同时存在，从而生成还原性无机硫的不完全产物 ES，这主要是由于夏秋季节周围居民经常性地在河口采挖海蚯蚓和贝类等，可能改变了沉积物的氧化还原环境，使夏秋季节沉积物处在弱氧化环境下，而在冬春季节人为活动干涉减少，沉积物氧化还原电位较低，使冬春季节沉积物处在还原条件下，还原性无机硫的氧化过程减弱，ES 生成量降低。夏秋季节沉积物的弱氧化环境促进了 AVS 的氧化，同时高含量的 ES 也促进了 AVS 进一步转化为 CRS，两者共同造成了夏季沉积物中溶解性 S^{2-} 和 AVS 含量的降低。

由鱼鸟河河口沉积物的 RIS 含量、DOP 和 AVS/CRS 的季节性分布得知，鱼鸟河河口沉积物中的 AVS 占 RIS 的比例较高，黄铁矿化度较低，夏季黄铁矿化度大于冬季。鱼鸟河河口沉积物中活性铁氧化物含量较低，活性铁是溶解性 S^{2-} 向 FeS 转化的最主要限制因素。鱼鸟河河口沉积物中 AVS 以固态 FeS 为主，而溶解态 FeS 含量较低。溶解态 FeS 主要以 H_2S 方式向 FeS_2 转化（公式 1-10）。

由于鱼鸟河河口沉积物中溶解态 FeS 含量较低，因此 H_2S 方式并不是主要的黄铁矿化途径。研究表明，ES 和多硫化物是参与黄铁矿化最可能的还原态中间硫化物（Berner，1982），即固态 FeS 以多硫化方式向 FeS_2 转化（公式 1-7 和 1-8）：

夏季鱼鸟河河口沉积物中 ES 含量较高，而 AVS 以固态 FeS 为主，因此多硫化方式是鱼鸟河河口沉积物中 AVS 向 CRS 转化的最主要方式，这也是夏季黄铁矿化度大于冬季的最主要原因。综上可知，鱼鸟河河口沉积物中低含量的活性铁氧化物限制了溶解性 S^{2-} 向 FeS 转化，而 ES 是 FeS 进一步转化为 FeS_2 最重要的限制因素；夏季高含量的 ES 生成促进了 AVS 向 CRS 的转化，而冬季低含量的 ES 限制了 AVS 向 CRS 的转化。

2.3　近海无机硫的地球化学特征

近岸海域是人类活动频繁、开发利用强度大的区域，因此所受的污染负荷也非常高，沿海工矿企业的污染排放、海上船舶污染排放和海洋石油开采都会给近岸海域水环境带来巨大的挑战（盛彦清和李兆冉，2018）。近海沉积物不仅是各种污染物的汇，还是陆源和海洋自生还原性无机硫埋藏的重要场所，在复杂的海洋环境条件下，硫的地球化学过程会直接或间接影响环境质量。研究近海区域沉积物中无机硫的分布特征,对于揭示近海沉积物在污染胁迫条件下环境质量演变过程具有重要意义。

2.3.1 近海沉积物的理化性质

本节选取北黄海作为研究区域,采样点位于 37°46.93′N,121°19.39′E,距离夹河河口约 21km,是典型的陆架边缘海。北黄海柱状沉积物的理化性质如图 2-8 所示。柱状沉积物中 TOC 含量为 0.3%~0.9%,均值为 0.52%。TOC 垂直分布特征为:表层沉积物中 TOC 含量较高,随深度增加 TOC 含量大致呈先下降后上升的趋势,最后趋于稳定。在 20~60cm,TOC 含量显著下降(从 0.84% 下降到 0.35%);在 60~140cm,TOC 含量呈增加趋势(从 0.35% 增加到 0.62%),TOC 含量在 140cm 以下随深度变化不明显,趋于稳定,均值为 0.55%。采样点沉积物中粉砂(4~63μm)所占比例最大(平均约占 73.5%),其次是砂(>63μm),约为 15.6%,黏土(<4μm)所占比例最低,约为 10.9%,表明该区域是细颗粒的主要沉积区。从表层至底层,沉积物的砂质组分随深度增加而减少,而粉砂组分则随深度增加先增加后减少,反映了该区域陆源颗粒物的组成或水动力学条件的渐变。在 55~130cm,黏土平均含量增加超过 45%。此外,在 0~130cm,砂含量由 21.8% 下降到 8.5%。在 130cm 以下,沉积物中各组分分布相对均匀,反映了该深度下物源及沉积动力条件相对稳定。

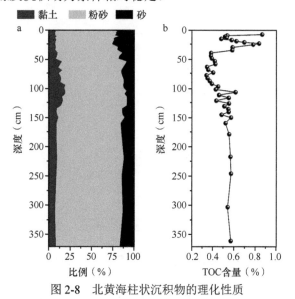

图 2-8 北黄海柱状沉积物的理化性质

北黄海柱状沉积物中 TOC 含量在彭溶(2012)对北黄海内陆架沉积物的研究范围内(0.34%~1.34%),其平均含量低于世界陆架区的均值(0.75%)(Berner,1982),这与 TOC 倾向富集在细颗粒组分有关。一般认为,沉积物的来源、沉积特征、TOC 活性以及成岩过程是影响 TOC 积累和消耗的主要因素(吕仁燕,2011)。夹河河口近岸海域物源丰富,初级生产力较高,但同时沉积过程往往受到很多人为因素(如养殖、航运、海洋工程活动等)的影响。在山东沿岸流与黄海暖流和潮流的作用下,不同来源的有机物随泥沙在沿岸流和混合、扩散作用的控制下会经历许多次的搬运、悬浮、再沉降的循环过程，进而在向下层迁移的过程中会和细颗粒沉积物结合在一起。北黄海柱状沉积物中 TOC 的垂直变化特征与有机质成岩矿化降解作用有关。由于表层沉积物经过的成岩作用时间较短且直接接收水柱沉降的有机质，因此表层 TOC 含量相对较高。此外，相关性分析结果表明，TOC 与无机硫呈显著正相关（$P<0.05$，），进一步表明沉积物中 TOC 的分布受硫酸盐还原过程的影响。随深度增加，沉积物早期成岩作用的主驱动力以有机质的降解为主，以硫酸盐还原为有机质矿化的主要路径（张璐，2014），可能造成 TOC 快速降解。然而，表层和次表层的电子受体对有机质的氧化能力通常要比底层的 SO_4^{2-} 电子受体大，进入沉积物底层后活性铁（Ⅲ）（RFe(Ⅲ)）的异化还原作用可能对硫酸盐还原具有明显的竞争性抑制作用（史晓宁，2012）。因此，在较深的范围内（60cm 以下），活性铁（Ⅱ）（RFe(Ⅱ)）含量的升高导致沉积物 TOC 消耗速率较慢，甚至趋于稳定。

2.3.2 近海无机硫的形态与分布

北黄海柱状沉积物中还原性无机硫的垂直分布如图 2-9 所示。整体上沉积物中 AVS、CRS 和 ES 的含量均在 0～120cm 呈现降低的趋势，在 120～370cm 呈现升高的趋势。AVS 整体上占还原性无机硫的 24%，其含量为 0.38～1.26μmol/g，均值为 0.82μmol/g。AVS 含量在沉积物浅表层（<8cm）和底部（310～370cm）较高，在 60cm 出现最低值。

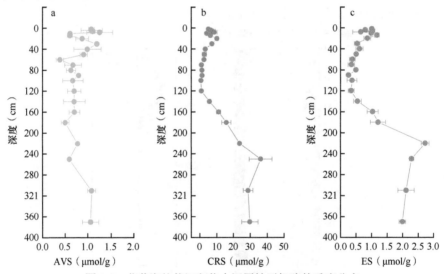

图 2-9　北黄海柱状沉积物中还原性无机硫的垂直分布

沉积物中 CRS 是还原性无机硫的主要组分，整体上占还原性无机硫的 65%。CRS 含量为 0.66～36.11μmol/g，均值为 9.53μmol/g。CRS 含量在 0～30cm 及 160～370cm 较高，在 100cm 出现最低值，在 250cm 出现最高值。

沉积物中 ES 是还原性无机硫的最少组分，整体上占还原性无机硫的 11%，含量为 0.26～2.72μmol/g，均值为 0.96μmol/g。ES 含量在 0～20cm 及 160～370cm 较高，在 90cm 出现最低值，在 220cm 出现最高值。

近海柱状沉积物中 AVS 含量分布与康绪明等（2014）对该区域的研究结果相当（1.67μmol/g）。沉积物表层或浅层铁的微生物还原，导致 RFe(Ⅱ) 含量升高，加之表层硫酸盐还原作用较弱，没有足够的硫化物与 RFe(Ⅱ) 反应，导致 AVS 含量偏低。随着沉积物深度增加，硫酸盐还原作用逐步增强，该过程以有机质为电子供体，将硫酸盐还原为 H_2S，有利于 AVS 生成和 AVS 向 CRS 的转化。因此，在 100~250cm，AVS 形成产消动态平衡。随着深度增加到 250cm 以下，硫酸盐还原积累的 H_2S 会逐渐与 Fe(Ⅲ) 的微生物还原竞争有机质，使 Fe(Ⅲ) 的化学还原逐渐占主导，促进 AVS 和 ES 的生成。此外，ES 的生成会进一步促进 AVS 和 CRS 之间的转化，但 AVS 向 CRS 的转化是一个较为缓慢的过程（Rickard and Morse，2005），使 AVS 的生成速率大于转化速率，因此底部 AVS 得以略微积累。总体而言，AVS 随深度的变化保持相对稳定。

近海柱状沉积物中 CRS 含量明显低于富硫河口沉积物，如李村河河口（57.4μmol/g）（蒲晓强等，2009）和鱼鸟河河口（32.18μmol/g）（孙启耀，2016）。一方面，这可能是由于调查海域水体更新较快，受海水强烈的水动力作用的影响，Eh 较高，不利于 CRS 的保存（康绪明等，2014）。另一方面，由于 AVS 的含量低，不利于 CRS 的形成。CRS 的形成主要通过多硫化方式、H_2S 方式和亚铁损失方式，这三种机制都需要 AVS 的参与。AVS 转化为 CRS 的效率通常由氧气、硝酸根和铁锰氧化物等氧化剂的可获得性和埋藏时间的长短所决定（Raiswell and Canfield，1998）。Gagnon 等（1995）认为，沉积物中 AVS/CRS 小于 0.3 时，AVS 能够有效地转化为 CRS，因此该比值可进一步判断沉积物中 AVS 转化为 CRS 的有效性，如图 2-10 所示。在本研究中，柱状沉积物中上层（0~30cm）和底层（160~370cm）AVS/CRS 小于 0.3，反映了在这两个区间 AVS 可以有效转化为 CRS，故表层和底层的 CRS 含量相对于中间层较高，CRS 是沉积物中还原性无机硫的主要成分。随着深度增加至中间层（30~160cm），AVS/CRS 增大，硫酸盐还原作用逐渐增强，导致 AVS 的积累率大于其向 CRS 的转化率，从而 CRS 含量降低，同时也表明该区段的沉积物中硫化物活性和生物可利用性较高（孙启耀，2016），这进一步验证了该区段存在铁的微生物还原。当进入柱状沉积物底层，CRS 含量升高趋势较为明显，且在相应深度 ES 含量升高（$P < 0.01$），这种现象很可能是由于底层沉积物中细颗粒所占比例升高，孔隙度降低，从而有利于铁的化学还原生成 ES，进而通过多硫化方式，导致底层

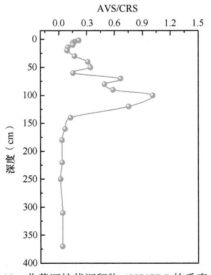

图 2-10　北黄河柱状沉积物 AVS/CRS 的垂直分布

沉积物中 CRS 的积累。

　　沉积物中的 ES 是硫酸盐还原的短期产物，同时也是 AVS 向 CRS 转化的中间反应物，可以反映沉积物中硫循环的动态属性，指示沉积物中还原性无机硫的循环路径（Burton et al.，2006）。沉积物中还原性硫化物（AVS 和 H_2S）在表层与 RFe(Ⅲ) 氧化物相结合，有利于不完全氧化形成 ES。随着深度的增加（20～160cm），硫酸盐还原相对活跃，有机质好氧分解降低了 ES 的生成率；进入深层沉积环境中（160～370cm），有机质不断被消耗，铁的化学还原相对活跃，不断消耗活性 Fe(Ⅲ) 氧化物生成 ES。此外，AVS/CRS ＜ 0.3 时，AVS 以多硫化方式消耗 ES，但该过程相对缓慢，导致深层沉积物中 ES 积累和消耗形成产消动态平衡。

2.3.3　近海无机硫的转化机制

　　为了评估北黄海柱状沉积物中 CRS 和铁硫化物的形成主要是受有机质控制还是受 RFe 控制，计算了 DOP 和 DOS，二者分别表示 RFe 被转化为 CRS 的水平以及被转化为铁硫化物的程度，结果如图 2-11 所示。可以发现，DOP 和 DOS 呈现相似的变化趋势，随着深度增加呈现先降低后升高的趋势，并在 300cm 以下趋于稳定。DOP 和 DOS 的范围分别为 0.01～0.24（均值为 0.07）、0.03～0.25（均值为 0.09）。DOP 和 DOS 在 0～100cm 都处于相对较低的水平，而在 100cm 以下时，二者显著升高，说明 AVS 和 CRS 积累程度加强。总体而言，沉积物的 DOP 和 DOS 远低于李村河河口富硫沉积物（DOP 为 0.1～0.36；DOS 为 0.2～1.0)(蒲晓强等，2009)，与胶州湾沉积物相当（DOP 为 0.05～0.25；DOS 为 0.05～0.39）（Zhu et al.，2012），但变化趋势有所不同。本研究区域的 DOP 和 DOS 随深度增加呈现先降低后升高的趋势，反映了沉积物中的 RFe 随着埋藏时间延长而增加，或许表明柱状沉积物中 CRS 的形成不受 RFe 含量的限制。可能是沉积物表层 RFe(Ⅲ) 对硫化物的氧化，导致 AVS 和 ES 的生成，进一步转化生成 CRS，从而促

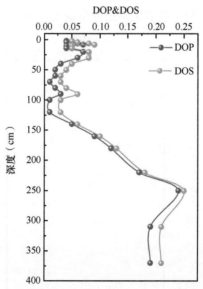

图 2-11　北黄海柱状沉积物 DOP 和 DOS 的垂直分布

进表层 DOP 和 DOS 略高。随着深度增加，硫酸还原作用增强，大量 H_2S 被 RFe(Ⅱ)消耗，没有足够的 H_2S 促进 AVS 的生成或快速转化为 CRS，因此 DOP 和 DOS 随深度增加而降低。当进入沉积物深层时，有机质活性降低，铁的化学还原抑制了硫酸盐还原，导致 AVS 和 ES 的略微积累，促进了深层 AVS 向 CRS 的转化，DOP 和 DOS 升高。因此，CRS 的形成受硫化物含量的控制。然而，深层柱状沉积物中 TOC 活性较低会限制沉积物中硫化物的产生。Zhao 等（2020）对该深层柱状沉积物中 TOC 进行了源解析，结果表明藻类对 0～50cm 的沉积物有较高的贡献率，而陆源输入的植物是 50～370cm 沉积物的重要来源。加之近年来北黄海近岸区域大规模的海洋贝类养殖可能降低了沉积物中 TOC 的整体降解率，导致硫化物含量进一步降低。因此，TOC 与 CRS 存在良好的耦合关系（$P<0.05$）。综上所述，CRS 的形成主要受活性有机质含量控制而不是 RFe 含量。

参 考 文 献

康绪明, 古丽, 刘素美. 2014. 春季黄渤海沉积物中酸可挥发性硫与黄铁矿的分布特征及影响因素. 海洋环境科学, 33(1): 7.

吕仁燕. 2011. 东海陆架深积物中铁的早期化学成岩作用. 青岛: 中国海洋大学硕士学位论文.

吕仁燕, 朱茂旭, 李铁, 等. 2011. 东海陆架泥质沉积物中固相 Fe 形态及其对有机质、Fe、S 成岩路径的制约意义. 地球化学, 4: 363-371.

彭溶. 2012. 应用脂类化合物研究北黄海沉积物有机碳的埋藏特征. 青岛: 中国海洋大学硕士学位论文.

蒲晓强, 钟少军, 刘飞, 等. 2009. 胶州湾李村河口沉积物中硫化物形成的控制因素. 地球化学, 38(4): 323-333.

强柳燕, 张风菊, 陈诗越. 2021. 近百年来洪泽湖有机碳垂直分布特征及其影响因素. 人民长江, 52(12): 7.

盛彦清, 李兆冉. 2018. 海岸带污染水体水质修复理论及工程应用. 北京: 科学出版社.

史晓宁. 2012. 东海陆架沉积物中硫、铁形态分析及其早期成岩作用. 青岛: 中国海洋大学硕士学位论文.

孙启耀. 2016. 河口沉积物硫的地球化学特征及其与铁和磷的耦合机制初步研究. 北京: 中国科学院大学博士学位论文.

张璐. 2014. 胶州湾沉积物中硫酸盐还原和铁异化还原的影响因素研究. 青岛: 中国海洋大学硕士学位论文.

张生银, 李双林, 董贺平, 等. 2013. 南黄海中部表层沉积物有机质分布与分子组成研究. 沉积学报, 31(3): 497-508.

Amend J P, Edwards K J, Lyons T W. 2004. Sulfur biogeochemistry: past and present. Boulder: Geological Society of America.

Bao L, Li X, Su J. 2020. Alteration in the potential of sediment phosphorus release along series of rubber dams in a typical urban landscape river. Scientific Reports, 10(1): 1-10.

Berner R A. 1982. Burial of organic carbon and pyrite sulfur in the modern ocean: its geochemical and environmental significance. American Journal of Science, 282(4): 451-473.

Burton E D, Bush R T, Sullivan L A. 2006. Elemental sulfur in drain sediments associated with acid sulfate soils. Applied Geochemistry, 21(7): 1240-1247.

Gagnon C, Mucci A, Pelletier É. 1995. Anomalous accumulation of acid-volatile sulphides (AVS) in a coastal marine sediment, Saguenay Fjord, Canada. Geochimica et Cosmochimica Acta, 59(13): 2663-2675.

Giuffrè A, Vicente J B. 2018. Hydrogen sulfide biochemistry and interplay with other gaseous mediators in mammalian physiology. Oxidative medicine and cellular longevity, (1): 6290931.

Hammerschmidt C R, Fitzgerald W F, Balcom P H, et al. 2008. Organic matter and sulfide inhibit methylmercury production in sediments of New York/New Jersey Harbor. Marine Chemistry, 109(1-2): 165-182.

Hyacinthe C, Bonneville S, Cappellen P V. 2006. Reactive iron(III) in sediments: chemical versus microbial extractions. Geochimica et Cosmochimica Acta, 70(16): 4166-4180.

Jørgensen B B, Findlay A J, Pellerin A. 2019. The biogeochemical sulfur cycle of marine sediments. Frontiers in Microbiology, 10: 849.

Kenworthy W J, Gallegos C L, Charles C, et al. 2013. Dependence of eelgrass (*Zostera marina*) light requirements on sediment organic matter in Massachusetts coastal bays: implications for remediation and restoration. Marine Pollution Bulletin, 83(2): 446-457.

Lin S, Huang K, Chen S. 2000. Organic carbon deposition and its control on iron sulfide formation of the southern East China Sea continental shelf sediments. Continental Shelf Research, 20(4-5): 619-635.

Liu Q, Sheng Y, Jiang M, et al. 2020. Attempt of basin-scale sediment quality standard establishment for heavy metals in coastal rivers. Chemosphere, 245: 125596.

Machado W, Carvalho M F, Santelli R E, et al. 2004. Reactive sulfides relationship with metals in sediments from an eutrophicated estuary in Southeast Brazil. Marine Pollution Bulletin, 49(1-2): 89-92.

Meyers P A. 1994. Preservation of elemental and isotopic source identification of sedimentary organic matter. Chemical Geology, 114(3-4): 289-302.

Nasir A, Lukman M, Tuwo A, et al. 2016. The use of C/N ratio in assessing the influence of land-based material in coastal water of South Sulawesi and Spermonde Archipelago, Indonesia. Frontiers in Marine Science, 3: 266.

Raiswell R, Canfield D. 1998. Sources of iron for pyrite formation in marine sediments. American Journal of Science, 298(3): 219-245.

Rickard D. 1994. A new sedimentary pyrite formation model. Mineralogical Magazine, 2: 772-773.

Rickard D, Morse J W. 2005. Acid volatile sulfide (AVS). Marine Chemistry, 97(3-4): 141-197.

Rozan T F, Taillefert M, Trouwborst R E, et al. 2002. Iron-sulfur-phosphorus cycling in the sediments of a shallow coastal bay: implications for sediment nutrient release and benthic macroalgal blooms. Limnology and Oceanography, 47(5): 1346-1354.

Sheng Y, Sun Q, Bottrell S H, et al. 2015a. Reduced inorganic sulfur in surface sediment and its impact on benthic environments in offshore areas of NE China. Environmental Science: Processes & Impacts, 17(9): 1689-1697.

Sheng Y, Sun Q, Shi W, et al. 2015b. Geochemistry of reduced inorganic sulfur, reactive iron, and organic carbon in fluvial and marine surface sediment in the Laizhou Bay region, China. Environmental Earth Sciences, 74(2): 1151-1160.

Wijsman J W M, Middelburg J J, Heip C H R. 2001. Reactive iron in Black Sea sediments: implications for iron cycling. Marine Geology, 172(3-4): 167-180.

Yang J, Paytan A, Yang Y, et al. 2020. Organic carbon and reduced inorganic sulfur accumulation in subtropical saltmarsh sediments along a dynamic coast, Yancheng, China. Journal of Marine Systems, 211: 103415.

Zhao G, Sheng Y, Jiang M, et al. 2019a. Redox-dependent phosphorus burial and regeneration in an offshore sulfidic sediment core in North Yellow Sea, China. Marine Pollution Bulletin, 149: 110582.

Zhao G, Sheng Y, Jiang M, et al. 2019b. The biogeochemical characteristics of phosphorus in coastal sediments under high salinity and dredging conditions. Chemosphere, 215: 681-692.

Zhao G, Sheng Y, Wang W, et al. 2020. Effects of suspended particular matters, excess PO_4^{3-}, and salinity on phosphorus speciation in coastal river sediments. Environmental Science and Pollution Research, 27(22): 27697-27707.

Zhu M X, Liu J, Yang G P, et al. 2012. Reactive iron and its buffering capacity towards dissolved sulfide in sediments of Jiaozhou Bay, China. Marine Environmental Research, 80: 46-55.

Zhu M X, Shi X N, Yang G P, et al. 2013. Formation and burial of pyrite and organic sulfur in mud sediments of the East China Sea inner shelf: constraints from solid-phase sulfur speciation and stable sulfur isotope. Continental Shelf Research, 54: 24-36.

第 3 章

海岸带有机硫的地球化学特征

3.1 入海河流有机硫的地球化学特征

3.1.1 入海河流水体和沉积物的理化性质

与 2.1 节所选研究区域一致，仍选取存在潜在工业污染的胶莱河、作为饮用水水源地的夹河以及实施河床硬化的逛荡河等不同沉积类型的滨海河流作为研究区域，并在相同的采样站位及采样时间进行样品采集，因此水体和沉积物的理化性质见 2.1.1 小节。

3.1.2 入海河流有机硫的形态与分布

有机硫连续提取法仍处在不断完善中，但是目前普遍利用 0.1mol/L NaOH 溶液连续提取，将沉积物中的有机硫分为腐殖酸硫（HAS）和富里酸硫（FAS）两种形态。在胶莱河、夹河和逛荡河表层沉积物中，有机硫（HAS 和 FAS）分别占总硫的 89%、85% 和 77%。FAS 是胶莱河（占有机硫的 86%）和逛荡河（占有机硫的 75%）表层沉积物中有机硫的主要成分，其含量均值分别为 234.89μmol/g 和 241.61μmol/g，而夹河表层沉积物中有机硫的主要成分为 HAS（74%），其含量均值为 161.68μmol/g；胶莱河和逛荡河表层沉积物中 HAS 含量均值分别为 37.98μmol/g 和 79.09μmol/g，明显低于夹河表层沉积物中 HAS 含量（图 3-1）。

选取 3 个具有代表性的沉积物样品（JL6、JR10 和 GD3）进行 X 射线光电子能谱（XPS）分析。C1s 和 S2p 水平的 XPS 拟合曲线以及硫形态和分析结果如表 3-1 和图 3-2 所示。C1s 光谱显示，在 284.0eV 结合能处有尖峰，并向高结合能方向偏移，表明在 3 条河流中均存在碳键官能团（如 O=C=O、C 单键和 C 双键）。高结合能（167.4～169.1eV）下 S2p 光谱模拟对应氧化态硫（+4～+6），包括硫酸盐、硫酸酯、砜类、亚砜类和磺酸盐（Kozowski，2004）。在所有样品中检测到该成分，其丰度最高，为总硫的 33%～67%。值得注意的是，硫酸酯和磺酸盐、砜类和磺酸盐的光峰存在重叠效应（Urban et al.，1999），仅从 XPS 数据来看，无法确定三者的相对重要性。低

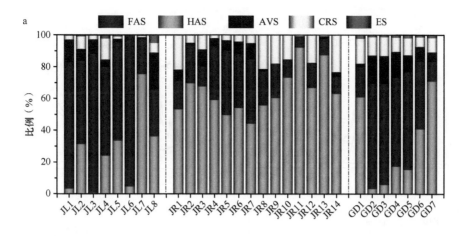

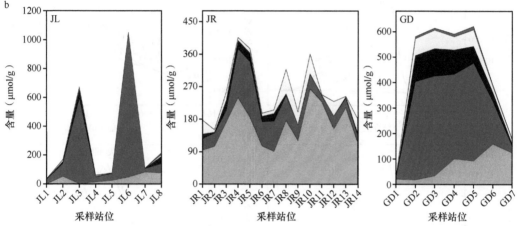

图 3-1　胶莱河、夹河和逛荡河表层沉积物中不同硫形态的比例（a）和含量（b）

结合能（163.5～164.7eV）下 S2p 光谱模拟对应还原态硫（–2～+2）（Couture et al., 2016），相应的有机硫化物可能包括硫醇、硫醚、噻吩和二硫化物，占总硫的 17%～33%。

表 3-1　胶莱河、夹河和逛荡河表层沉积物的 XPS S2p 分析

站位	结合能 (eV)	归属基团	相对含量 (%)
JL6	163.5	硫醇/硫醚	33
	164.7	噻吩/二硫化物	17
	168.0	硫酸酯/磺酸盐	33
	169.1	硫酸盐	17
JR10	167.4	亚砜类	67
	168.6	硫酸酯	33
GD3	167.8	砜类/磺酸盐	66
	169.0	硫酸盐	34

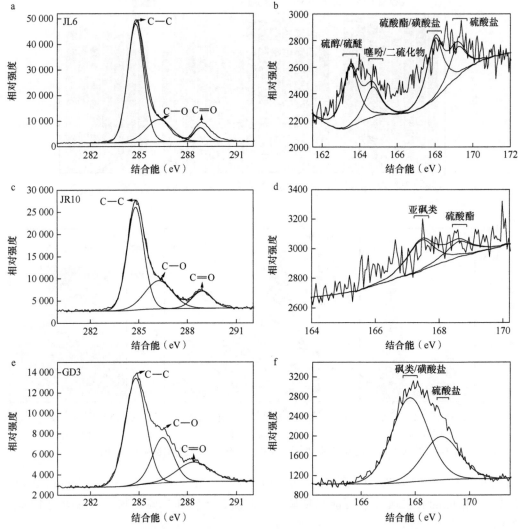

图 3-2　胶莱河、夹河和逛荡河表层沉积物 XPS 光谱中 C1s 和 S2p 光峰的典型光谱模拟

3.1.3　入海河流有机硫的转化机制

还原性无机硫融入有机物发生硫化是早期成岩作用的重要机制（Fakhraee and Katsev，2019）。研究发现，FAS 在胶莱河和逛荡河表层沉积物中占主导地位，其含量远高于夹河。这种人为因素干扰下沉积环境变化与富营养化沉积环境中存在含量较高的 FAS（7.9～70μmol/g）的研究结果一致（Zhu et al.，2014），可能是富里酸在成岩过程中比氧化还原边界处的腐殖酸更容易硫化。本研究中胶莱河和逛荡河表层沉积物较高的 DOS（胶莱河为 0.68；逛荡河为 1.34）证实了这一观点。表层沉积物中 FAS 的富集与陆地点源污染和非点源污染输入的大量铁氧化物和有机质密切相关。同时，表层沉积物活性铁氧化物的快速输入或富集，加上频繁的氧化还原振荡，导致快速生成中间态硫，促进了有机质硫化（Natascha et al.，2017）。这些中间产物可能在有机质和溶解硫化物之

间的反应中形成，进一步积聚在富里酸中（Brüchert，1998）。此外，表层沉积物中有机质的富集有利于硫酸盐还原菌活动，产生的硫化物可以减少或消除铁硫化物引起的竞争抑制。因此，在成岩作用早期，无机硫化物（如 H_2S、HS^- 和多硫化物）在细菌作用下，会与不饱和羧酸、烯醇和醇等有机官能团分子发生加成反应，使硫并入分子中形成低分子量有机硫化物和硫键结合的含硫大分子。综上所述，表层沉积物中 FAS 可以作为指示人为活动外源输入的敏感指标，FAS 的积累与活性有机质密切相关。

在自生源输入影响的夹河表层沉积物中 HAS 含量明显高于 FAS 含量，这可能是由于夹河经历了长时间的自然沉积且腐殖酸具有难降解性，从而增强了表层沉积物中 HAS 的富集。本研究中的 XPS 结果也证实了夹河表层沉积物中有机硫以稳定的氧化态存在，包括亚砜类和硫酸酯有机化合物（图 3-2）。这一发现也与 Morgan 等（2012）的研究结果一致，表明 HAS 可能与表层沉积物中的有机结构（如大分子）有关。其中，硫酸酯主要通过生物机制而非非生物机制形成（Fakhraee and Katsev，2019）。生物合成的 HAS 主要来自水生维管植物或藻类的硫酸盐同化还原（Zhu et al.，2014）。由于水生维管植物的根系可以延伸到缺氧沉积物中，溶解的硫化物可以直接被吸收，也可以通过再氧化为硫酸盐被吸收。本研究中夹河的沉积环境以自生源输入为特征，较低的 C/N（＜10）支持了上述观点。这种沉积环境有利于微生物吸收非氨基酸的有机化合物，如亚砜、砜和硫酸酯等。这些化合物经过硫酸酯酶水解后以硫酸盐或亚硫酸盐的形式释放，再进入硫酸盐同化途径（毛娟和王小雨，2019）。在此过程中，一部分含硫分子或释放的游离硫化物与相邻生物分子上的活性位点快速发生反应。腐殖酸与有机分子的交联有助于在成岩过程中增加大分子有机聚合物的含量（Morgan et al.，2012），导致 HAS 在夹河表层沉积物中富集。综上所述，自生源输入促进了同化性硫酸盐的还原作用，有利于表层沉积物中 HAS 的富集。

沉积的有机硫主要含有氧化态有机硫（$R\text{-}O\text{-}SO_3\text{-}H$ 基团，如硫酸酯、亚砜/砜）或还原态有机硫（$R\text{-}SH$ 基团，如硫醇和二硫化物），通常氧化态有机硫为主要成分（Fakhraee and Katsev，2019）。本研究发现，胶莱河、夹河和逬荡河表层沉积物中 $R\text{—}O\text{—}SO_3\text{—}H$ 基团所占比例较高（图 3-2），这与 Morgan 等（2012）的结论一致。研究表明，水生生物可以进一步分解陆源沉积和自生沉积的有机质，在缺氧沉积物中产生反应性的还原态有机硫化物（如硫醇和二硫化物）和无机硫（Giordano and Raven，2014）。其中，还原态有机硫化物能迅速被氧化为亚砜/砜，然后形成稳定的磺酸盐化合物，抑制其再矿化（Ferdelman et al.，1991）。此外，微生物（如细菌）也可以利用有机硫，它们能分解 $R\text{—}O\text{—}SO_3\text{—}H$ 基团（如芳基硫酸酯酶）和 $R\text{—}SH$ 基团（如半胱氨酸裂解酶）中的键，分别释放 SO_4^{2-} 和 HS^- 到沉积物间隙水中。在好氧沉积物中，无机硫可以被氧化，为沉积有机质的厌氧微生物氧化提供额外的硫酸盐来源。因此，硫酸盐还原可能通过无机硫和有机硫循环之间的耦合动力学控制铁的微生物还原，在缺氧沉积物中积累为还原态硫，包括 R-SH 基团和无机硫。这些形态硫转化将导致有机硫的低周转率，从而有利于滨海河流表层沉积物中有机硫的积累（图 3-3）。

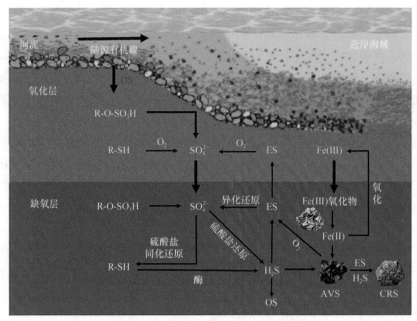

图 3-3　沉积物中有机硫的迁移转化路径

3.2　河口及近海有机硫的地球化学特征

3.2.1　河口及近海间隙水和沉积物的理化性质

选取五龙河河口及丁字湾作为研究区域（图 3-4），五龙河是胶东第一大河流，干流全长 124.0km，河道宽 80~250m，多年平均径流量为 5.43 亿 m³，发源于栖霞市牙山北麓，南下流经多个村镇、养殖区及工业区，承接流域内一定的生活污水、工业废水和养殖污水排放，最终注入黄海丁字湾。丁字湾位于胶东半岛南部，由上游五龙河河口段和口外黄海海滨段组成，是典型的潮汐汊道海湾。丁字湾主要由潮汐河道和大面积的潮间带泥滩组成（田清，2012）。自 20 世纪初以来，大部分原始岸线已被开发成养殖池塘和盐田，对海湾的生态环境和地貌演变产生了显著影响。丁字湾沿岸常年接收来自五龙河和白沙河、莲阴河等的大量淡水。

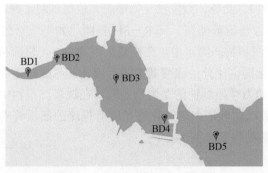

图 3-4　丁字湾采样站位示意图

从河口到近海，间隙水中的 SO_4^{2-} 和 Cl^- 富集，Fe^{2+} 和溶解性有机碳（DOC）减少，间隙水的盐度向外海方向增加，随深度增加几乎没有差异，盐度范围为 8.85‰～33.83‰（图 3-5a）。间隙水 pH 为 6.16～8.87，pH 随深度增加而略微降低（DB1 至 DB3）或增加（DB4、DB5）（图 3-5b）。间隙水中 SO_4^{2-} 浓度范围为 7.89～37.59mmol/L，大部分站位的 SO_4^{2-} 浓度在 10cm 以下随深度的增加而降低，浓度较高值主要分布在高盐度区（DB5）（图 3-5c）。

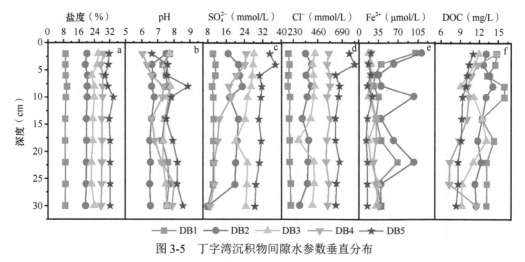

图 3-5　丁字湾沉积物间隙水参数垂直分布

间隙水中 Cl^- 浓度范围为 182.45～808.54mmol/L，各站位表层的浓度存在极小范围的波动，整体上随深度变化差异不大（图 3-5d）。间隙水中 Fe^{2+} 浓度的平均值为 18.01～62.52μmol/L，浓度高值一般分布在低盐度区（DB1 和 DB2）的沉积物表层（0～2cm）和中盐区至高盐区的底层（22～30cm）（图 3-5e）。间隙水中 DOC 浓度沿盐度梯度逐渐下降，浓度均值从 14.09mg/L（DB1）下降到 9.47mg/L（DB5），其垂直分布整体上随深度增加呈明显的下降趋势（图 3-5f）。

从河口到近海，沉积物中 TOC 含量和细颗粒（粉砂＋黏土）组分含量逐渐升高，其中 TOC 平均含量从 0.32% 升高到 0.67%，随深度增加也呈现略微升高的趋势（图 3-6）。粒度组分以细颗粒组分为主（50.44%～76.54%），细颗粒组分含量随深度增加而升高。TOC/TN（以 C/N 表示）变化范围为 5.88～14.82，大于 10 的比值主要分布在低盐度区 DB2，78% 的比值小于 10，均值为 9.13，表明内部浮游植物对研究区域产生了显著影响。

3.2.2　河口及近海有机硫的形态与分布

丁字湾沉积物中有机硫占总硫的 54.1%～74.6%，DB1、DB2、DB3、DB4 和 DB5 站位的沉积物中有机硫含量范围分别为 10.19～39.89μmol/g、13.38～31.12μmol/g、12.55～50.00μmol/g、8.21～59.17μmol/g 和 14.54～46.65μmol/g，均值分别为 19.87μmol/g、20.18μmol/g、24.56μmol/g、31.97μmol/g 和 28.47μmol/g（图 3-7）。有机硫含量的较大值分布在 14～22cm，总体呈现表层低、中间层高的特点。

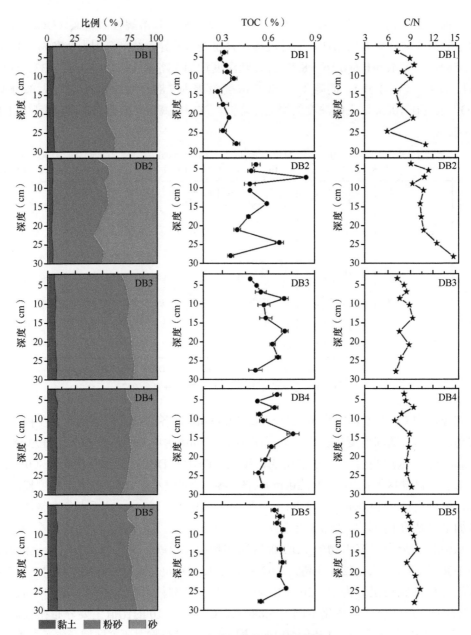

图 3-6　丁字湾沉积物性质剖面图

丁字湾沉积物中 FAS 为有机硫的主要成分，DB1、DB2、DB3、DB4 和 DB5 站位的沉积物中 FAS 占有机硫的平均比例分别为 81%、82%、63%、70% 和 73%（图 3-7）。其中，DB1 站位的沉积物中 FAS 含量为 7.93～37.48μmol/g，均值为 16.5μmol/g，FAS 含量从表层至 14cm 逐渐升至最高值。DB2 站位的沉积物中 FAS 含量为 10.44～23.21μmol/g，均值为 16.52μmol/g，FAS 含量随深度增加先降低后在 14cm 升至最高值，然后随深度增加先降低后升高。DB3 站位的沉积物中 FAS 含量为 7.19～37.53μmol/g，均值为 16.15μmol/g，FAS 含量在 8cm 降至最低值，在 22cm 升至最高值，然后随深度增加呈降低趋势。DB4 和 DB5 站位的沉积物中 FAS 含量分别为 11.14～37μmol/g 和 5.13～47.19μmol/g，均值分别

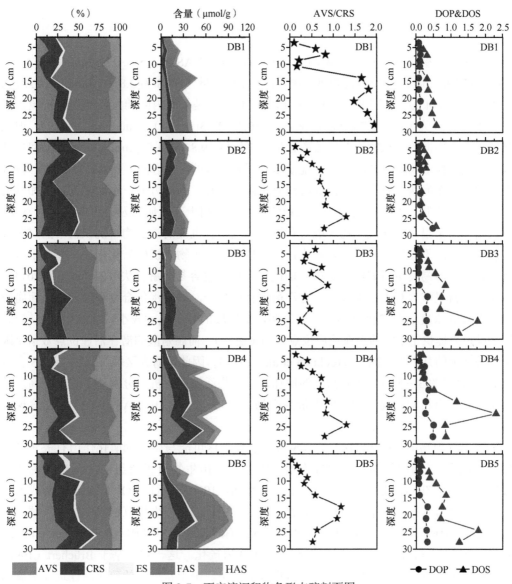

图 3-7　丁字湾沉积物各形态硫剖面图

为 20.95μmol/g 和 24μmol/g，两个站位的 FAS 含量分布趋势相似，分别在 26cm 和−18cm
出现峰值。

　　丁字湾沉积物中 HAS 占有机硫的比例为 18%～37%，整体上呈现表层低、底层高
的特点。DB1 站位的沉积物中 HAS 含量为 1.98～5μmol/g，均值为 3.37μmol/g，HAS
含量随深度增加逐渐升高，升高幅度为 60%。DB2 站位的沉积物中 HAS 含量为 2.21～
7.90μmol/g，均值为 3.66μmol/g，HAS 含量分布有较大波动，无明显的变化趋势，在～
14cm 出现最高值。DB3 站位的沉积物中 HAS 含量为 5.36～12.47μmol/g，均值为 8.41μmol/g，
HAS 含量随深度的变化趋势与 FAS 含量相似。DB4 和 DB5 站位的沉积物中 HAS 含量
分别为 2.76～12.52μmol/g 和 3.09～12.16μmol/g，均值分别为 7.52μmol/g 和 7.97μmol/g，
两个站位的 HAS 含量整体上随深度增加分别在 14cm 和 26cm 升至最高值，之后逐渐降低。

3.2.3 河口及近海有机硫的转化机制

丁字湾沉积物中有机硫（FAS 和 HAS）的含量（HAS 为 1.59～12.52μmol/g；FAS 为 5.13～47.19μmo/g）与胶州湾沉积物中有机硫的含量（HAS 为 3.8～7.2μmol/g；FAS 为 30.1～38.6μmol/g）大致相近（Zhu et al.，2014），约是东海内陆架沉积物中有机硫含量的 3 倍（HAS 为 1.97～3.75μmol/g；FAS 为 10.3～19.3μmol/g）（Zhu et al.，2013），但明显低于重污染河流沉积物中有机硫的含量（平均值 19.87～31.97μmol/g）。五龙河河口及丁字湾沉积物中较高的 FAS 含量可能是多种因素导致的。一方面，丁字湾为半封闭海湾，沉积速率较东海快，有利于陆源和海洋有机硫的保存。另一方面，东海多为粉砂和砂质的粗颗粒沉积物，而丁字湾多为细颗粒沉积物，有利于有机质以及有机硫的相对富集。有机硫通常是沿海海洋沉积物中成岩有机硫和生物有机硫的混合物。沉积物中的腐殖酸具有惰性，既不发生明显的成岩硫化作用，也不发生生物有机硫矿化损失，而富里酸具有活性，既容易发生成岩结合有机硫的硫化作用，也容易分解损失（Zhu et al.，2014）。这是因为富里酸含有大量未降解的海洋衍生有机分子，如碳水化合物和蛋白质，而腐殖酸含有较高浓度的酚类化合物。研究表明，富里酸的分子尺寸较小，功能化程度较高，这为硫掺入提供了丰富的潜在反应位点（如碳键硫），而腐殖酸的潜在活性位点数量仅限于芳香环上的几个官能团（Ferdelman et al.，1991）。因此，研究区域沉积物中 FAS 含量是 HAS 含量的 3～5 倍。随着盐度的增加，微生物活性和有机质分解速率趋于升高，并产生更多的有机酸和腐殖物质作为最终产物。因此，沉积物中 HAS 和 FAS 沿盐度梯度得以积累。

表层沉积物中 FAS 和 HAS 的含量较深层低，这可能与微生物矿化作用有关（碳氧化提供能量）。国内外学者的研究表明，HAS 主要由生物有机硫组成，而 FAS 主要是成岩有机硫（Zhu et al.，2014；Brüchert and Pratt，1996）。通过 SO_4^{2-} 同化还原形成的生物有机硫通常具有高度不稳定性，成岩作用过程中可能会在表层沉积物中快速分解。在大多数海洋环境中，生物成因的硫通常占沉积有机硫总量的 20%～25%（Werne et al.，2004）。因此，相对于腐殖酸，富里酸更易于成岩硫化。这一观点基于 Brüchert（1998）通过硫稳定同位素差异分析腐殖酸和富里酸的结果。由于富里酸的硫化活性远高于腐殖酸，因此有机硫的含量主要由富里酸的成岩硫化作用决定，即还原性硫与有机质的结合（有机质硫化）。有机硫以稳定的磺酸盐和硫酸酯类化合物的形式储存在表层沉积物中。已有研究证明，硫酸酯是沉积物及浮游有机质中最大的单个硫储体，占总硫的 40%～60%（韦朝阳，1993）。这些化合物通常被解释为在早期成岩作用中硫与有机质的结合。因为 RFe 氧化物的大量输入和/或富集，加上频繁的氧化还原振荡，可能会促进有机质在次表层的硫化（Zhu et al.，2012）。这些条件在很大程度上导致了中间态硫的快速生成，如多硫化物、硫代硫酸盐等。沉积有机质与还原性硫化物的反应形成了低分子量有机硫化物（通过分子内硫掺入，如富里酸）。这进一步解释了研究区域 FAS 与 ES（$P<0.01$）和 TOC（$P<0.05$）具有很好的空间耦合关系（图 3-8）。其中，ES 与有机质降解和硫酸盐还原密切相关，这与黄香利（2014）对胶州湾沉积物的研究结果一致。随着埋藏时间增加，通过硫桥的聚合和交联（分子间硫掺入，如腐殖酸）会引起沉积有机化合物分子

量的增加（Ferdelman et al.，1991），从而导致底层沉积物中 HAS 的生成和积累。综上所述，丁字湾沉积物中有机硫的形成受 ES 含量的限制。

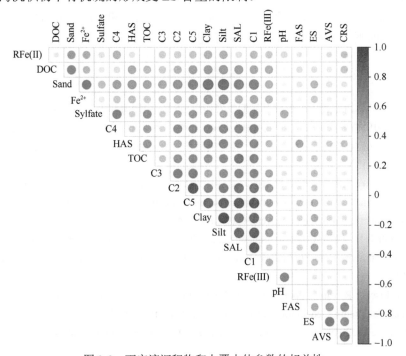

图 3-8　丁字湾沉积物和上覆水体参数的相关性

注：Sand-砂；Clay-黏土；Silt-粉砂；Sulfate-硫酸盐；SAL-盐度；C1～C5-荧光组分

在滨海沉积物中，成岩硫化作用对有机硫的形成起着重要作用。研究区域无机硫占总硫的比例沿盐度梯度向海增加（25%～46%），而有机硫占总硫的比例则相反（54%～75%）。其中，沉积物中 FAS 和 HAS 的减少不能与 CRS 的突然增加相平衡，这反映了有机硫的形成可能与 CRS 的形成同时发生，甚至优先于 CRS 的形成。这进一步解释了研究区域 CRS 与 FAS 和 HAS 具有很好的空间耦合关系（$P<0.01$）。这可能是由于沉积物表层 CRS 被氧化，导致其在 6cm 深度以上不会发生显著的积累，而有机硫相对于无机硫具有较高的稳定性，导致有机硫占总硫的很大一部分，但表层占比相对较低。一方面，由于表层沉积物中 RFe 可用性较高，RFe 与硫化物的相互作用在动力学上比有机质硫化更有利，可能在很大程度上阻碍了有机质硫化，导致表层沉积物较少的有机硫埋藏。另一方面，基于表层沉积物中溶解性有机质（DOM）组分中的类腐殖质组分的不稳定性，容易发生光降解，不利于有机质硫化桥连构建大分子有机化合物。随着深度增加，丁字湾相对较高的自生源有机质输入和埋藏，导致沉积物中的有机质通常显示出较高的微生物活性。柱状沉积物底层（10～30cm）较高含量的无机硫分布以及 DB5 站位沉积物中的微生物优势菌群，表明盐度增加了硫酸盐还原菌活性，导致有机质的矿化作用增强，这可能抑制了铁的异化还原，从而有利于有机质硫化和铁的化学还原。因为硫酸盐异化还原产生的硫化物易与有机质结合生成大分子硫化物，这些大分子的硫化物是由二硫化物和多硫化物交联而成，而且会随时间的增加而增大，有利于沉积物中有机物质的保存（黄香利，2014）。研究表明，沉积物中的硫酸盐还原和有机硫保存在深度上

高度一致，因为硫酸盐还原是有机硫矿化中最重要的终止步骤（Jørgensen et al.，2019）。因此，有机硫化物对硫酸盐的再氧化具有明显的抗性，这导致了有机硫的保存，而无机硫化物只在深层保存。综上所述，盐度增加促进了次表层和底层硫酸盐异化还原和铁的化学还原，同时增加了有机硫和无机硫的沉积保存。

参 考 文 献

黄香利. 2014. 胶州湾沉积物中硫形态及早期成岩作用. 青岛: 中国海洋大学硕士学位论文.

毛娟, 王小雨. 2019. 微生物硫酸盐同化的调控及其在提高重金属抗性中的研究进展. 四川环境, 38(4): 8.

田清. 2012. 最近 60 年来胶东半岛气候变化和人类活动对五龙河口 (丁字湾) 动力地貌演变的影响. 烟台: 鲁东大学硕士学位论文.

韦朝阳. 1993. 淡水湖泊沉积物中有机硫的固定作用及 C/S 比值的意义. 地质地球化学, (6): 40-46.

Brüchert V. 1998. Early diagenesis of sulfur in estuarine sediments: the role of sedimentary humic and fulvic acids. Geochimica et Cosmochimica Acta, 62(9): 1567-1586.

Brüchert V, Pratt L M. 1996. Contemporaneous early diagenetic formation of organic and inorganic sulfur in estuarine sediments from St. Andrew Bay, Florida, USA. Geochimica et Cosmochimica Acta, 60(13): 2325-2332.

Couture R M, Fischer R, van Cappellen P, et al. 2016. Non-steady state diagenesis of organic and inorganic sulfur in lake sediments. Geochimica et Cosmochimica Acta, 194: 15-33.

Fakhraee M, Katsev S. 2019. Organic sulfur was integral to the Archean sulfur cycle. Nature Communications, 10(1): 1-8.

Ferdelman T G, Church T M, Luther G W. 1991. Sulfur enrichment of humic substances in a Delaware salt marsh sediment core. Geochimica et Cosmochimica Acta, 55(4): 979-988.

Giordano M, Raven J A. 2014. Nitrogen and sulfur assimilation in plants and algae. Aquatic Botany, 118: 45-61.

Jørgensen B B, Findlay A J, Pellerin A. 2019. The biogeochemical sulfur cycle of marine sediments. Frontiers in Microbiology, 10: 849.

Kozowski M. 2004. XPS study of reductively and non-reductively modified coals. Fuel, 83(3): 259-265.

Morgan B, Burton E D, Rate A W. 2012. Iron monosulfide enrichment and the presence of organosulfur in eutrophic estuarine sediments. Chemical Geology, 296:119-130.

Natascha R, Benjamin B, Sebastian K, et al. 2017. Sulfur cycling in an iron oxide-dominated, dynamic marine depositional system: the argentine continental margin. Frontiers in Earth Science, 5: 33.

Urban N R, Ernst K, Bernasconi S. 1999. Addition of sulfur to organic matter during early diagenesis of lake sediments. Geochimica et Cosmochimica Acta, 63(6): 837-853.

Werne J P, Hollander D J, Lyons T W, et al. 2004. Organic sulfur biogeochemistry: recent advances and future research directions. Geological Society of America Special Papers, 379: 135-150.

Zhu M X, Chen L J, Yang G P, et al. 2014. Humic sulfur in eutrophic bay sediments: characterization by sulfur stable isotopes and K-edge XANES spectroscopy. Estuarine, Coastal and Shelf Science, 138: 121-129.

Zhu M X, Liu J, Yang G P, et al. 2012. Reactive iron and its buffering capacity towards dissolved sulfide in sediments of Jiaozhou Bay, China. Marine Environmental Research, 80: 46-55.

Zhu M X, Huang X L, Yang G P, et al. 2013. Speciation and stable isotopic compositions of humic sulfur in mud sediment of the East China Sea: Constraints on origins and pathways of organic sulfur formation. Organic Geochemistry, 63: 64-72.

第4章

海岸带沉积物中硫、铁、磷循环的耦合机制

4.1 沉积物中硫、铁、磷的耦合循环

沉积物中硫的环境行为已在第1章进行了详细介绍，此处不再赘述。

4.1.1 沉积物中铁的环境行为

铁是地壳中丰度最高的金属元素，具有最高的氧化还原敏感性。沉积物中的铁一般可以分为活性铁和非活性铁两大类，其中活性铁是指能与硫化物反应的铁氧化物，主要包括 $Fe(\mathrm{III})$ 和 $Fe(\mathrm{II})$ 两种形态，这两种形态之间可发生相互转化（Smith and Cronan，1975）。沉积物中的 $Fe(\mathrm{III})$ 既有原生 $Fe(\mathrm{III})$，又有次生 $Fe(\mathrm{III})$。原生 $Fe(\mathrm{III})$ 通常是指陆源 $Fe(\mathrm{III})$ 氧化物和沉积物中已老化失去活性的 $Fe(\mathrm{III})$，次生 $Fe(\mathrm{III})$ 是 $Fe(\mathrm{II})$ 再氧化的产物，主要以无定形或弱晶型（水铁矿、纤铁矿）和晶型（针铁矿、赤铁矿和四方纤铁矿）存在（Poulton et al.，2004；Barabanov et al.，2006）。沉积物中的固相 $Fe(\mathrm{II})$ 主要以 FeS 和 FeS_2 形态存在，FeS 是铁和无机硫化物反应的直接产物，其产生主要受活性有机质和活性 $Fe(\mathrm{III})$ 氧化物含量的限制，FeS 在元素硫和多硫作用下进一步生成稳定的 FeS_2（Barabanov et al.，2006；Canfield et al.，1992；Lucotte et al.，2011）。

沉积物中 $Fe(\mathrm{III})$ 氧化物的还原主要有两种相互竞争的机制，这两种还原机制与铁氧化物的形态和活性有着密切的关系（Bo，2000；Lovley and Phillips，1987）。在厌氧条件下，沉积物中的铁氧化物经微生物作用以有机质为电子供体将 $Fe(\mathrm{III})$ 氧化物还原为 $Fe(\mathrm{II})$，称为铁氧化物的异化还原（生物还原）（Starkey et al.，1927），其反应式为

$$(CH_2O)_{106}(NH_3)_{16}(H_3PO_4) + 212Fe_2O_3 + 848H^+ \longrightarrow 424Fe^{2+} + 106CO_2 + 16NH_3$$
$$+ H_3PO_4 + 530H_2O \qquad (4\text{-}1)$$

铁氧化物的异化还原最早报道于1927年（Starkey et al.，1927），但直到20世纪80年代大家才广泛使用 *Shewanella* 和 *Geobacter* 菌属作为铁还原菌，来进行铁还原菌分离、纯化培养和氧化还原能力等研究。研究表明，铁异化还原和硫酸盐还原之间存在竞争，但两者在一般情况下并不完全排斥，可在一定程度上共存，竞争程度取决于铁氧化物与有机质的含量和活性（朱茂旭等，2011）。从热力学角度来看，铁还原菌会优先利用有机质，铁异化还原应早于硫酸盐还原，因此铁异化还原过程可能影响硫酸盐还原，两者存

在一定的竞争（Bo et al.，1994；Lovley，1995；Kwon et al.，2016）。铁的异化还原在富含活性铁，且有机质矿化速率较低的沉积物中占据绝对优势，在生物和水动力扰动条件下的沉积物中，铁氧化物的再生使活性 Fe(Ⅲ) 氧化物含量升高，铁的异化还原速率明显提高（Sub et al.，2012；Canfield et al.，1993）。在这种情况下，硫酸盐还原受到抑制，导致无机硫化物含量降低，并成为黄铁矿形成的限制因素（Fortin et al.，2002；Downing，1997）。

沉积物中另一种铁氧化物还原机制是指被 S^{2-} 或 NH_4^+ 等无机还原剂化学还原（非生物还原）（Smith and Cronan，1975；Lucotte et al.，2011），其反应式为

$$2FeOOH + 3H_2S \longrightarrow 2FeS + S^0 + 4H_2O \tag{4-2}$$

一般认为铁氧化物在厌氧环境下的无机还原是表面控制过程，配位体和还原剂的作用或二者共同作用都会提高铁氧化物的还原速率。硫酸盐还原产生的硫化物是铁化学还原过程最主要的还原剂，因此沉积物中硫酸盐还原反过来又会影响铁氧化物的化学还原。在富含有机质的近岸或潮间带沉积物中，活性有机质的积累导致沉积物变成厌氧条件，此时硫酸盐还原速率提高，铁氧化物优先被硫化物化学还原，从而抑制了铁氧化物的异化还原（Fortin et al.，2002）。

综上，沉积物中活性铁的循环可以归结为以下两个过程。其一，厌氧环境下沉积物中 Fe(Ⅲ) 氧化物在铁还原菌的作用下，将 Fe(Ⅲ) 异化还原成 Fe(Ⅱ)，Fe(Ⅱ) 在沉积物间隙水中迁移扩散过程中被 O_2、铁锰氧化物等无机氧化剂再次氧化为 Fe(Ⅲ) 氧化物。其二，活性 Fe(Ⅲ) 氧化物与硫酸盐还原产生的 H_2S 反应生成中间过渡产物 FeS，FeS 在厌氧环境下进一步与元素硫或多硫反应转化为稳定的黄铁矿。

4.1.2　沉积物中磷的环境行为

磷是重要的生源要素之一，也是诱发赤潮等水体富营养化现象的重要元素之一。水体中磷的来源一般分为外源性磷和内源性磷，外源性磷主要包括地表径流、人为排放等输入，内源性磷主要是指通过吸附沉降或生物残骸等作用积累在沉积物中的磷，在环境发生变化时，沉积物中的磷会向上覆水体释放，成为水体富营养化的主导因素（Gibson et al.，1988；Küster-Heins et al.，2010）。因此，沉积物中的磷循环对上覆水体富营养化的发生具有重要的意义（Föllmi，1996；Delaney，1998）。

沉积物中的磷主要以无机磷和有机磷的形式存在。沉积物中以不同形态存在的磷的活性和生物有效性各不相同，对沉积物中磷形态含量的分析表明，研究沉积物中磷的吸附释放机制和生物有效性具有非常重要的意义。

对于磷的形态划分和化学提取目前有许多方法，如 Hieltjes 和 Lijklema（1980）提出的 4 步连续提取法、Jensen 等（1998）提出的 5 步法、Olila 等（1997）提出的 5 步提取方法、Ruban 等（2001）在欧洲标准测试委员会框架下提出的 SMT 提取方法。无论采取何种提取方法，一般大致将沉积物中的磷分为可交换态（弱吸附态）、铁铝结合态、钙结合态和有机结合态等主要的几种形态。沉积物中不同形态的磷的活性和生物有效性各不相同（Ranjan et al.，2011），可交换态磷是沉积物中最活跃的磷，也是最容易被释放进入上覆水体中生物有效性最高的磷，它的含量受沉积物粒径的影响较大（Slomp et al.，

1996）；铁铝结合态磷主要指被铁的氧化物或氢氧化物吸附固定的磷酸盐，在沉积物氧化还原环境发生改变时，铁铝结合态磷会随着铁氧化物的异化或化学还原溶解而被释放出来，被释放出来的磷迁移扩散至间隙水，最后向上扩散到上覆水体中，对上覆水体富营养化造成一定影响（Ruttenberg，1992）；钙结合态磷一般较为稳定，几乎没有生物有效性（高海鹰等，2008）；有机结合态磷一般分为弱有机结合态磷和稳定的有机结合态磷，弱有机结合态磷可以在微生物作用下被分解（金相灿等，2004）。另外，当沉积物环境条件改变时，不同形态的磷之间存在相互转化，对磷的生物有效性产生一定的影响（Föllmi，1996；Borggaard，1983）。

4.1.3 沉积物中硫、铁、磷的耦合关系

沉积物中硫、铁、磷之间关系密切（图 4-1）。在厌氧环境下，Fe(Ⅲ) 氧化物的含量及活性决定了铁硫化物的赋存形态、有机硫的形成以及游离态硫化物的氧化程度（李志伟，2017）。硫化物是活性 Fe(Ⅲ) 氧化物发生无机还原的重要还原剂，而硫化物主要由硫酸盐还原产生，因此硫酸盐还原也会间接影响活性 Fe(Ⅲ) 氧化物的环境行为。硫和铁是影响沉积物中磷活性及其迁移扩散的关键元素。在氧化条件下，水体中的可溶性活性磷极易被活性铁氧化物吸附，被固定为铁结合态磷。在厌氧条件下，沉积物中铁氧化物的异化还原和化学还原过程，以及铁硫化物的生成过程，导致吸附在铁氧化物上的磷被重新释放到间隙水中，间隙水中的磷迁移至上覆水体，就可能导致水体富营养化，从而诱发赤潮等。还原环境下，沉积物中的硫化物与活性铁反应生成沉淀，从而降低了沉积物中铁的活性，阻止了铁与磷的结合，当氧化还原环境发生改变时，Fe(Ⅱ) 被氧化并重新对磷进行吸附（陈茜，2021）。

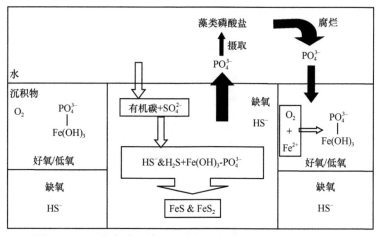

图 4-1 沉积物中硫、铁、磷的循环耦合（Rozan et al.，2002）

硫与磷的耦合关系主要有吸附位点竞争（硫酸盐还原导致 pH 升高，氢氧根与磷竞争吸附位点，铁氧化物在铁还原菌和硫酸盐还原菌作用下还原，使固相铁磷中的磷失去吸附位点）、有机磷矿化（硫酸盐异化还原增强有机磷的矿化）、铁氧化物氧化还原（硫酸盐异化还原生成的硫化物与磷酸铁发生置换反应释放出磷酸根）、影响释磷相关微生物（硫酸盐异化还原会导致氧化还原电位降低，厌氧微生物活性增强，释磷菌在厌氧条件下

释放磷酸盐）等（唐文忠等，2024）。

　　沉积物中硫、铁、磷的耦合关系受沉积条件的影响，不同沉积环境下，硫、铁、磷的循环途径存在差异。当沉积物中有机质贫乏且活性 Fe(Ⅲ) 含量高时，铁发生异化还原，硫酸盐还原受到抑制，此时异化还原产生的溶解态 Fe(Ⅱ) 不会发生沉淀生成铁硫化物，而是可以向上扩散，再次氧化并重新吸附磷（张璐，2014）；当沉积物中活性 Fe(Ⅲ) 含量低且富含有机质时，铁发生化学还原，硫酸盐被还原成硫化物，由于活性 Fe(Ⅲ) 的限制硫化物不能被充分缓冲，硫化物将逐渐向水体和沉积物深层扩散。

4.2　盐度对沉积物中硫、铁、磷循环的影响

4.2.1　不同盐度下硫、铁、磷的分布特征

　　选取胶莱河作为研究区域，胶莱河位于渤海莱州湾南岸，是一条高盐度河流。由于胶莱河流域沿岸有许多潜在的工业园和盐田区，其沉积物长期遭受盐田的卤水排放和工业废水输入的影响。从胶莱河上游至近海设置 20 个采样站位，其中 K 站位为背景值，JL1～JL10 站位为陆上沉积物，L1～L9 站位为近海沉积物（图 4-2）。JL1～JL10、L1～L9、K 站位的盐度分别为 42.02‰、49.04‰、49.98‰、50.79‰、52.94‰、56.07‰、50.76‰、30.30‰、33.63‰、33.46‰、31.41‰、31.36‰、31.38‰、31.32‰、31.35‰、31.36‰、31.36‰、31.44‰、31.38‰、31.41‰。

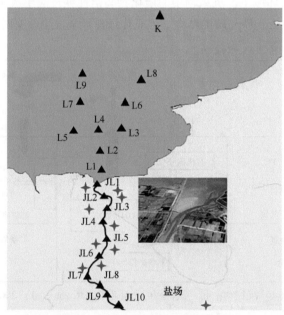

图 4-2　研究区域采样站位示意图

　　胶莱河陆上表层沉积物中无机硫平均含量远高于近海表层沉积物（JL 站位为 28.84μmol/g；L 站位为 6.75μmol/g）（图 4-3）。陆上表层沉积物中 AVS、CRS 和 ES 的含量分别为 0.4～13.55μmol/g、3.16～45.53μmol/g 和 0.19～8.80μmol/g，均值分别为 5.32μmol/g、20.68μmol/g 和 2.84μmol/g。近海表层沉积物中 AVS、CRS 和 ES 的含量分别为 0.2～

8.37μmol/g、0.28～9.60μmol/g 和 0.08～3.01μmol/g，均值分别为 3.02μmol/g、2.86μmol/g 和 0.87μmol/g。可以发现，CRS 是陆上表层沉积物中无机硫的主要形态（56%），而 AVS 在近海表层沉积物中占主导（66%）。胶莱河中上游（JL5～JL10）表层沉积物中各形态 硫含量较下游（JL1～JL4）高，呈现与高盐度分布相似的规律，其中最高值分布在 JL8，最低值分布在 JL2。

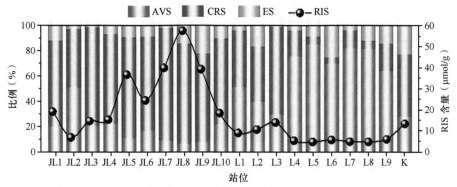

图 4-3　胶莱河表层沉积物中无机硫的空间分布

胶莱河陆上表层沉积物中的 RFe 平均含量为 29.81μmol/g，略微高于近海表层沉积 物中的平均含量，整体上沿河流至河口方向呈先升高后降低的趋势，较高值分布在中下 游（JL1～JL6），而近海表层沉积物中 RFe 含量变化不大，平均含量稳定在 26.25μmol/g。 陆上表层沉积物以 RFe(Ⅱ) 为主（66%），平均含量为 11.78μmol/g，近海表层沉积物以 RFe(Ⅲ) 为主（53%），平均含量为 14.47μmol/g（图 4-4）。

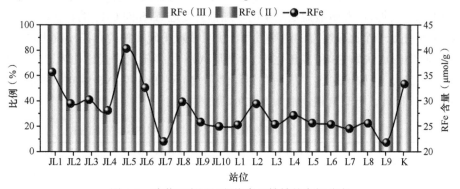

图 4-4　胶莱河表层沉积物中活性铁的空间分布

胶莱河陆上表层沉积物中总磷（TP）平均含量高于近海表层沉积物（JL 站位为 14.25μmol/g；L 站位为 10.71μmol/g）（图 4-5）。无机磷（IP）是河流沉积物中 TP 的主要 组成成分，包括 HCl-P 和 NaOH-P，其中 HCl-P 是 IP 的主要组分，陆上表层沉积物和 近海表层沉积物中 HCl-P 占 TP 的平均比例分别为 82% 和 81%。陆上表层沉积物中有机 磷（OP）含量比近海表层沉积物高出 4 倍。此外，近海表层沉积物中 OP 含量变化差异 较小，均值为 1.59μmol/g。陆上表层沉积物中 NaOH-P 含量在上游（JL7～JL10）和下 游（JL1～JL4）较低，但中游（JL5、JL6）较高。与 NaOH-P 含量相比，OP 含量在上 游（JL7～JL10）较高，在中、下游（JL1、JL3～JL6）较低。

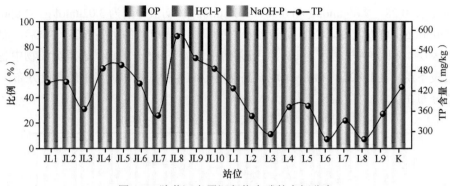

图 4-5 胶莱河表层沉积物中磷的空间分布

4.2.2 高盐度胁迫下硫铁形成机制

高盐度胁迫下陆上沉积物中 AVS 含量略高于近海沉积物，但远低于其他富硫沉积物，如胶州湾（198μmol/g）（吕仁燕，2011）和鱼鸟河河口（46.56μmol/g）（孙启耀，2016）。从沉积类型来看，一方面，胶莱河粒径较大的粉砂和砂质沉积物较多，沉积物孔隙度大、含氧量高，使得沉积物间隙水多为氧化环境，有机质易被氧化，从而不利于 AVS 的生成。另一方面，胶莱河陆上沉积物的 AVS/CRS 均值为 0.34，远低于近海沉积物的均值 5.75（表 4-1），高盐度区域较低的 AVS/CRS，说明 AVS 能够有效地转化为 CRS，从而不利于 AVS 的积累。此外，陆上高盐度区域（JL1～JL7）与其他区域比较，TOC 含量偏低，ORP 较高，没有足够的硫化物与 RFe 结合生成 AVS。Gagnon 等（1995）的研究表明，RFe 含量的升高和硫酸盐还原率的增加都会促进 AVS 向 CRS 的转化。然而，AVS 向 CRS 的转化是一个比较缓慢的地质过程，主要依赖于硫化物的存在，硫化物氧化会导致中间产物的形成（如 ES 和多硫化物），然后 AVS 以多硫化方式转化为 CRS（Rickard and Morse，2005）。如果这些 AVS 氧化过程缓慢或不存在，则 AVS 倾向于积累，并可达到异常浓度。因此，近海沉积物中 AVS/CRS 相对较高。

表 4-1 胶莱河表层沉积物 DOP、DOS 和 AVS/CRS 的空间分布

站位	DOP	DOS	AVS/CRS
JL1	0.27	0.47	0.75
JL2	0.10	0.19	0.94
JL3	0.27	0.31	0.14
JL4	0.28	0.36	0.27
JL5	0.42	0.55	0.30
JL6	0.36	0.46	0.28
JL7	0.62	0.68	0.10
JL8	0.61	0.66	0.09
JL9	0.51	0.77	0.50
JL10	0.33	0.35	0.03
L1	0.14	0.23	0.69

站位	DOP	DOS	AVS/CRS
L2	0.13	0.24	0.81
L3	0.27	0.31	0.13
L4	0.04	0.27	6.11
L5	0.01	0.24	20.71
L6	0.01	0.03	1.44
L7	0.03	0.04	0.41
L8	0.01	0.34	26.88
L9	0.06	0.06	0.16
K	0.17	0.19	0.15

CRS 是无机硫中最为稳定的形态,是还原环境下无机硫的最终保存形式。CRS 的形成主要通过多硫化方式、H_2S 方式和亚铁损失方式,这几种方式都需要 AVS 的参与。高盐度胁迫下沉积物的 AVS/CRS 较低,说明 AVS 能够有效地转化为 CRS。CRS 的形成主要受 AVS 生成速率的限制,简单来说,即 RFe 的含量以及硫酸盐还原生成硫化物的速率。在本研究中(表 4-1),胶莱河陆上表层沉积物的 DOP 和 DOS 分别为 0.1~0.62 和 0.19~0.77,均值分别为 0.38 和 0.48。其中,较低的 DOP 和 DOS 主要分布在胶莱河中下游(JL1~JL6),反映了高盐度胁迫下沉积物中 RFe 不是 CRS 形成的限制因素。高盐度胁迫下,硫酸盐扩散通量高,细胞的渗透压增加,抑制了硫酸盐还原菌利用硫酸盐作为电子受体来异化有机物维持碳降解过程中的电子平衡,从而降低了硫酸盐还原强度。此外,pH 是影响沉积环境中硫酸盐还原的主要因素之一,当 pH < 6 时,硫酸盐还原菌难以生长,几乎无法进行微生物硫酸盐还原(毛立等,2022)。吴文菲等(2011)的研究表明,在高盐度(50g/L NaCl)和低 pH(<4)条件下能影响微生物酶的活性,进而阻碍硫酸盐还原菌的生长和代谢,生成的硫化物减少,同时改变硫化物的化学平衡,抑制有机物的消耗,导致溶解态硫化物减少。因此,胶莱河沉积物中硫酸盐异化还原反应效率较低,而有利于铁的化学还原。因为 H^+ 的积累抑制了溶解态硫化物的形成[公式(4-3)、公式(4-4)]。这也进一步解释了 AVS 与 ES 存在显著的正相关关系($P < 0.01$,图4-6)。Oueslati 等(2018)的研究表明,当上覆水体的 pH 约为 7 时,H_2S 方式占主导地位。根据胶莱河上覆水体中的 pH(平均值为 4.34),沉积物中 AVS 向 CRS 的转化很可能归因于多硫化方式。由于铁化学还原过程生成 AVS 和 ES,因此 AVS 容易转化为 CRS。高盐度胁迫下,ORP 的升高增强了部分 AVS 和 H_2S 的再氧化,导致 Fe(Ⅲ)-羟基氧化物(FeOOH)和 ES 的形成,如公式(4-5)和公式(4-6)(Jørgensen and Kasten,2006)。这与本研究中高盐度胁迫下沉积物中 AVS 含量较低(低至 1.56μmol/g)的结果一致。虽然 AVS 的形成在动力学上优于更稳定的 CRS 的形成,但 AVS 转化为 CRS 的过程通常非常缓慢。Howarth(1979)提出了一种机制,当沉积物中硫化物剩余且 pH 较低时,CRS 可以在没有 AVS 作为中间体的情况下迅速形成。这可以通过 CRS 与 pH 和盐度呈显著负相关关系($P < 0.01$)来解释,见图 4-6。然而,高盐度胁迫下胶莱河沉积环境为酸性,导致硫化物的生成减少,硫化物的弱扩散减少了高盐度区域 AVS 和 ES 积累。这意味着有

限的 H_2S 和 ES 分别与 Fe(Ⅲ) 氧化物和 AVS 反应生成 CRS（Henneke et al.，1997）。这进一步解释了 CRS 与 ES 和 RFe(Ⅲ) 之间呈显著相关关系（$P<0.01$），见图 4-6。然而，上述两种反应机制受限于 H_2S，其根本上是有机质活性受限，TOC 与 CRS 呈显著相关关系（$P<0.01$）支持了这一观点，见图 4-6。综上所述，TOC 是胶莱河在高盐度胁迫下 CRS 生成的主要限制因素，而 ES 可以作为高盐度胁迫下沉积物中无机硫和 TOC 储存损失的指标。

$$SO_4^{2-} + 乳酸盐 \longrightarrow 乙酸盐 + HS^- + H^+ + HCO_3^- \tag{4-3}$$

$$HS^- + Fe^{2+} \longrightarrow FeS_x + H^+ \tag{4-4}$$

$$4FeS + O_2 + 2H_2O \longrightarrow 4S^0 + 4FeOOH \tag{4-5}$$

$$2H_2S + O_2 \longrightarrow 2S^0 + 2H_2O \tag{4-6}$$

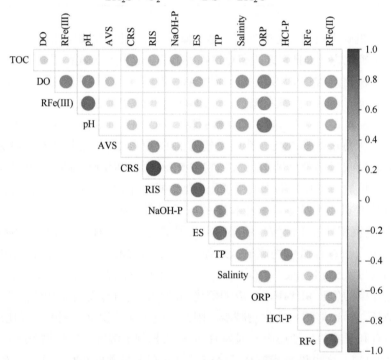

图 4-6　胶莱河沉积物和上覆水体参数的相关系数

4.2.3　高盐度胁迫下硫铁磷耦合机制

高盐度胁迫下沉积物以 HCl-P 为主，说明大多数磷与难溶性磷酸钙（羟基磷灰石和氟磷灰石）有关。Zhao 等（2019）的研究表明，高盐度会导致 Ca^{2+} 和硫酸盐浓度增加，有利于硫酸钙的生成，从而导致磷酸盐与硫酸钙共沉淀固定在表层沉积物。Wu 等（2019）给出了各"金属-磷酸盐"化合物的溶度积常数（pK_{sp}），其值越大表示该化合物越难溶解，同时越稳定，排序为 Ca（28.68）＞Mg（23.98）＞Al（20.01）＞Fe（15.00）。因此，Ca 与磷酸盐的亲和力最强，两者结合形成的 HCl-P 比较稳定且很难被生物利用或被释放到上覆水体中，该结论再次验证了本研究中 HCl-P 含量高的结果。硫酸盐含量的增加已被证明会促进磷酸盐被释放到上覆水体中（Guan et al.，2021）。此外，根据 4.2.2 小节得出的结论，盐度对沉积物中磷释放的影响可能由 pH 调节。因此，较低 pH 下的硫酸盐异化还原反应效率较低，而有利于铁的化学还原。高浓度的硫酸盐可以与磷酸盐竞争阴离子吸附位点，而硫酸盐还原产生的硫化物会在酸性条件下干扰 FeS_x 的氧化，或再次固定 $RFe(II)$。因此，沉积物中积累的硫化物以 FeS_x 的形式沉淀，这反过来又降低了用于结合磷酸盐的 Fe(III) 化合物的可用性。这与本研究中较低的活性 NaOH-P 含量一致。Pan 等（2019）的研究表明，在高盐度下硫酸盐还原可以通过铁的化学还原重新激活 Fe(III) 结合的磷酸盐。这主要归因于硫化物对铁离子与磷酸盐的竞争优势，硫酸盐还原生成的硫化物与铁结合磷反应，取代磷酸盐［公式（4-7）］（Guan et al.，2021）。这与胶莱河陆上沉积物中无机硫含量的增加一致（图 4-3）。胶莱河陆上沉积物中 TP 含量与盐度呈明显的负相关关系（$P<0.01$）（图 4-6），进一步证实了高盐度胁迫下硫酸盐驱动释放内源性磷。综上所述，高盐度胁迫促进了 CRS 的积累和 HCl-P 的固定，诱导了沉积物中 NaOH-P 的活化，增加了水体富营养化的风险。

$$2FeOOH\text{-}PO_4^{3-} + 6CH_2O + 3SO_4^{2-} \longrightarrow 6HCO_3^- + FeS + FeS_2 + 4H_2O + 2PO_4^{3-} \tag{4-7}$$

4.3　潮汐对沉积物中硫、铁、磷循环的影响

4.3.1　潮汐交替下硫、铁、磷的分布特征

海岸带沉积物受到潮汐作用的影响，经历海水和淡水的交替浸没，上覆水体的理化性质（海水和淡水）和水位也在交替改变，在这种动态交替作用下，沉积物各种物质的迁移扩散和转化过程要比静水状态下复杂很多。因此，采用模拟实验研究潮汐过程中海水和淡水交替对沉积物中硫、铁、磷循环的影响。

潮汐模拟过程中沉积物中 AVS 含量的变化如图 4-7 所示。在泥质参照沉积物中，AVS 含量随深度增加呈降低趋势，在表层沉积物 0～10cm，由于有机质含量较高，硫酸盐还原作用较强，无机硫化物主要以 AVS 形式存在。随着深度增加，氧化还原电位降低，H_2S 首先与铁氧化物反应生成 FeS，然后与元素硫反应继续生成稳定的黄铁矿。在

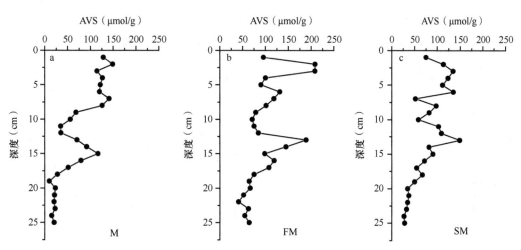

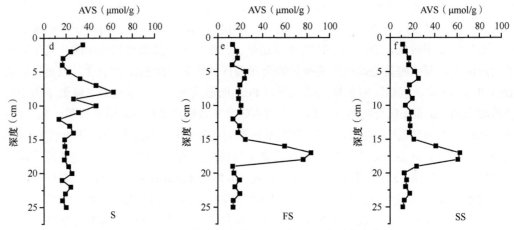

图 4-7　潮汐模拟过程中沉积物中 AVS 含量的变化图

M-泥质参照沉积物柱；FM-淡水浸没泥质沉积物柱；SM-海水浸没泥质沉积物柱；S-砂质参照沉积物柱；

FS-淡水浸没砂质沉积物柱；SS-海水浸没砂质沉积物柱

13～17cm 处，AVS 含量出现一个较小的峰值，可能是因为这一层早期硫酸盐还原较强，使 AVS 积累量较大。在潮汐模拟淡水浸没和海水浸没泥质沉积物中，AVS 含量相对参照沉积物中增加的幅度较小，表明潮汐模拟淡水浸没和海水浸没对泥质沉积物中 AVS 的分布造成的影响较小。

　　与泥质参照沉积物相比，砂质参照沉积物中 AVS 含量较低，这与 DGT 测得的间隙水中溶解性 S^{2-} 的结果一致。由于砂质沉积物中活性有机质含量较低，硫酸盐还原过程受到限制，因此 AVS 的积累要比泥质沉积物低。在潮汐模拟淡水浸没和海水浸没过程中，0～15cm 砂质沉积物中 AVS 含量有较小幅度的降低，而在 15～20cm 砂质沉积物中 AVS 含量却显著升高，与活性 Fe^{2+} 的分布高度一致，这种现象表明，在潮汐模拟过程中 15～18cm 砂质沉积物中 FeS 含量显著升高。

　　潮汐模拟过程中沉积物中活性铁形态的变化如图 4-8 所示。在泥质参照沉积物中，0～10cm 处 Fe^{2+} 含量较高，而 Fe^{3+} 含量则较低，随着深度增加，Fe^{2+} 含量逐渐降低，而 Fe^{3+} 含量则升高，表明在富含活性有机质的沉积物 0～10cm 层，在铁还原菌的作用下，

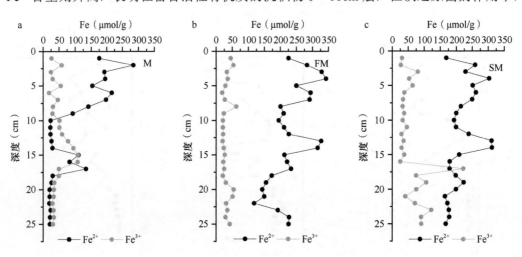

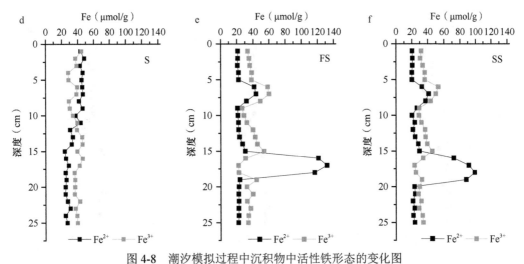

图 4-8　潮汐模拟过程中沉积物中活性铁形态的变化图

M-泥质参照沉积物柱；FM-淡水浸没泥质沉积物柱；SM-海水浸没泥质沉积物柱；S-砂质参照沉积物柱；
FS-淡水浸没砂质沉积物柱；SS-海水浸没砂质沉积物柱

活性铁氧化物被异化还原成 Fe^{2+}。随着深度增加，有机质被逐渐降解消耗，铁氧化物异化还原作用减弱，Fe^{2+} 含量降低，而到达一定深度（＞18cm）后，铁氧化物的异化还原作用减弱更为明显，此时 Fe^{2+} 和 Fe^{3+} 的含量维持在一定的平衡状态下。在潮汐模拟淡水浸没和海水浸没过程中，泥质沉积物中 Fe^{2+} 含量显著升高，而 Fe^{3+} 含量小幅度降低，尤其是在 10cm 以下更为显著，表明在浸没过程中上覆水体的浸入使间隙水中溶解性 Fe^{2+} 含量升高，还使沉积物的氧化还原环境发生改变，溶解性 Fe^{2+} 被沉积物吸附或发生转化，如 Fe^{2+} 与 H_2S 反应生成非晶质 FeS（吕仁燕等，2011），从而使泥质沉积物在海水浸没和淡水浸没后活性 Fe^{2+} 含量出现明显升高。

在砂质参照沉积物 0～10cm，Fe^{2+} 含量稍高于 Fe^{3+} 含量，而在 10～25cm，Fe^{3+} 含量显著高于 Fe^{2+} 的含量。这可能是因为在 0～10cm 有机质含量较高，铁氧化物异化还原作用较为明显，Fe^{3+} 向 Fe^{2+} 转化明显，而在 10～25cm，有机质含量较低，铁氧化物异化还原和化学还原减弱，此时活性铁以 Fe^{3+} 形态为主。在潮汐模拟淡水浸没和海水浸没过程中，砂质沉积物中活性 Fe^{2+} 含量大多明显降低，而 Fe^{3+} 含量则大多升高，说明在淡水浸没和海水浸没过程中，上覆水体浸入沉积物改变了沉积物氧化还原电位，从而导致 Fe^{2+} 被氧化。

潮汐模拟过程中沉积物中无机磷、有机磷和总磷含量的变化如图 4-9 所示。泥质参照沉积物中无机磷和有机磷的含量随深度增加呈缓慢降低趋势，且无机磷含量略高于有机磷含量。在潮汐模拟海水浸没和淡水浸没过程中，泥质沉积物中有机磷含量变化较小，而无机磷含量显著升高。这一结果表明，泥质沉积物中无机磷含量的增加来自上覆水体的输入，即在上覆水体浸入沉积物中，无机磷被沉积物铁氧化物吸附固定导致含量增加。

砂质参照沉积物中无机磷和有机磷的含量随深度的变化与泥质沉积物相似，但其含量要远低于泥质沉积物，且无机磷含量明显高于有机磷含量。在潮汐模拟淡水浸没和海水浸没过程中，砂质沉积物中无机磷、有机磷和总磷的平均含量并没有明显升高，只是

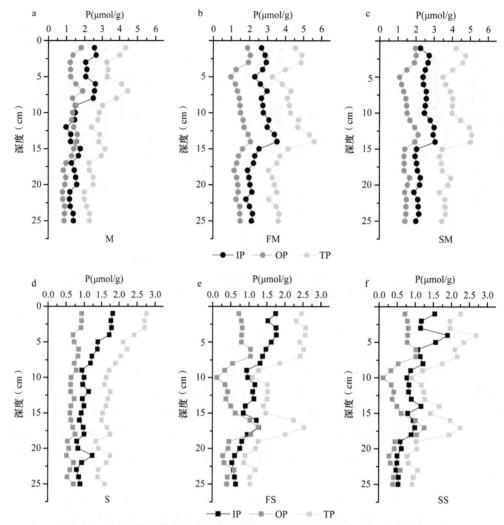

图 4-9　潮汐模拟过程中沉积物中无机磷、有机磷和总磷含量的变化图

M-泥质参照沉积物柱；FM-淡水浸没泥质沉积物柱；SM-海水浸没泥质沉积物柱；S-砂质参照沉积物柱；
FS-淡水浸没砂质沉积物柱；SS-海水浸没砂质沉积物柱

在不同深度的分布出现显著变化。例如，在 5cm 和 10cm 处，无机磷、有机磷和总磷的含量变化显著，这与模拟柱的出水口位置一致，表明沉积物在上覆水体浸入改变间隙水的水平通量和垂直通量的情况下，无机磷、有机磷和总磷的垂直分布也被改变。

4.3.2　潮汐交替下硫铁磷耦合机制

河口沉积物中铁主要以铁氧化物、游离态的 Fe^{2+} 和黄铁矿等形式存在。铁氧化物的还原一般有两种途径，一种是在厌氧环境下，铁还原菌将铁氧化物还原，称为铁氧化物的异化还原（生物还原），另一种是铁氧化物被 S^{2-}、NH_4^+ 等无机还原剂化学还原（非生物还原）（Smith and Cronan, 1975；赵佳佳, 2010）。铁氧化物异化还原一般发生在铁氧化物含量及活性较高、有机质沉积速率较低或中等和水动力（即生物扰动）足以保证铁氧化物反复再生的厌氧环境中（Kwon et al., 2016；张璐, 2014），铁氧化物化学还原一般发生在富含有机质且硫酸盐还原速率较高的厌氧环境下。铁氧化物还原生成的 Fe^{2+} 扩散转移或在沉积氧化还原条件改变时遇到 O_2、锰氧化物等无机氧化剂可被再次氧化为铁氧化物，这就构成了沉积物中铁的循环（Wijsman et al.，2001；刘义，2014）。另外，硫酸盐还原产生的 H_2S 和 HS^- 与铁氧化物反应生成 FeS 沉淀，在元素硫作用下转化为稳定的黄铁矿。活性铁氧化物的存在会限制溶解性硫化物的积累，其也是黄铁矿形成的限制因素（Schoonen，2004；Lucotte et al.，2011）。因此，活性铁氧化物存在和铁氧化物的还原对硫化物的循环起着重要作用。沉积物中磷的活性及生物有效性受到铁和硫的形态及地球化学循环的影响，活性铁氧化物对磷的吸附和释放在磷的循环过程中起着关键作用，一方面铁氧化物会吸附固定磷，另一方面铁氧化物被异化还原和化学还原过程中又会造成磷酸盐的释放（Hyacinthe et al.，2006；Devai and Delaune，1995）。因此，沉积物中无机硫的地球化学循环对铁和磷的循环具有重要的影响。

由潮汐模拟实验可知，潮汐交替对重污染河口沉积物中固相无机硫化物、铁和磷的形态转化的影响较小。在自然潮汐过程中，泥质和砂质沉积物中无机硫化物、铁和磷的含量变化和形态转化存在差异。沉积物粒径大小决定了两种类型沉积物在经历上覆水体浸没时氧化还原环境的不同，从而使沉积物中铁、硫和磷的含量变化和形态转化存在很大的不同。泥质沉积物富含有机质且上覆水体浸入对沉积物氧化还原环境改变较小，对硫酸盐还原的影响较小，生成的 H_2S 与铁氧化物发生反应，使 H_2S 被转化为 FeS 而被去除，同时使铁氧化物还原成 Fe^{2+}，铁氧化物吸附固定的磷酸盐得以释放。铁氧化物还原生成的 Fe^{2+} 在遇到上覆水体输入 O_2 的情况下会重新被氧化成铁氧化物。

砂质沉积物粒径较大，一方面，上覆水体可以迅速地浸入沉积物，通过水平和垂直扩散由出水口流出，使沉积物中的溶解性物质随间隙水一起流失；另一方面，富含溶解氧的上覆水体浸入沉积物，改变了氧化还原环境。这两种因素共同作用，导致潮汐模拟过程中砂质沉积物的 Fe^{2+} 含量降低和被氧化成铁氧化物，使活性 Fe^{3+} 含量升高，同时 AVS 含量也相应降低。由于重污染河口富含活性有机质和可利用性硫酸盐，硫酸盐还原速率较高，硫酸盐还原产物 H_2S 使活性铁氧化物发生化学还原，生成 FeS 或 FeS_2，限制了无机硫化物和铁的活性。随着铁氧化物的还原溶解，被铁氧化物吸附固定的磷酸盐被重新释放。潮汐交替过程中存在盐度差，导致河口沉积物-上覆水体之间溶解性物质交换扩散通量增大，溶解性磷酸盐由沉积物扩散迁移至上覆水体中，提高了水体中磷的生物可利用性，增加了河口和近海水体暴发富营养化的风险。

4.4　季节变化对沉积物中硫、铁、磷循环的影响

4.4.1　沉积物中硫、铁、磷的季节性变化

选取烟台市鱼鸟河河口砂质沉积物和泥质沉积物作为研究对象，分析季节变化对沉积物中硫、铁、磷循环的影响。鱼鸟河河口沉积物中无机硫化物的季节性变化见"2.2.2 河口无机硫的形态与分布"中的"2. 还原性无机硫的形态季节性变化"。

鱼鸟河河口沉积物中活性铁的季节性变化如图 4-10 所示。夏季泥质沉积物 0～10cm Fe^{2+} 含量较高，约为 $200\mu mol/g$，而相应的 Fe^{3+} 含量则较低，随着深度增加，Fe^{2+} 含量降低，

而 Fe^{3+} 含量则相应升高,直至 18cm 以下,Fe^{2+} 和 Fe^{3+} 的含量基本维持稳定状态。冬季泥质沉积物 0~15cm Fe^{2+} 含量随深度增加而升高,而 Fe^{3+} 含量随深度的变化则和 Fe^{2+} 含量呈现一定的负相关关系,即 Fe^{2+} 含量升高,而 Fe^{3+} 含量则相应降低,证明了 Fe^{2+} 来源于铁氧化物的还原。

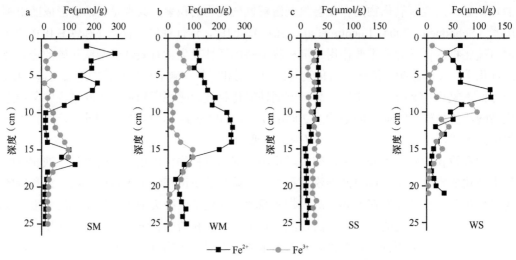

图 4-10　鱼鸟河河口沉积物中活性铁的季节性变化

SM-夏季泥质沉积物柱;WM-冬季泥质沉积物柱;SS-夏季砂质沉积物柱;WS-冬季砂质沉积物柱

夏季砂质沉积物中 Fe^{2+} 和 Fe^{3+} 的含量随深度变化的幅度较小,在 0~10cm Fe^{2+} 含量稍高于 Fe^{3+} 含量,而 10~25cm Fe^{3+} 含量却高于 Fe^{2+} 含量,说明 0~10cm 铁氧化物的还原程度较高,而在 10~25cm 还原程度较弱。冬季砂质沉积物 0~10cm Fe^{2+} 和 Fe^{3+} 的含量变化幅度较大,Fe^{2+} 含量随深度增加呈升高趋势,而 Fe^{3+} 含量随深度增加呈降低趋势,也呈现出明显的负相关关系。夏冬季节活性铁含量的变化则不是很明显,只是在不同深度 Fe^{2+} 和 Fe^{3+} 相互转化不同,夏季表层沉积物铁氧化物还原的程度较高,而冬季则是沉积物次表层铁氧化物还原的程度较高。

鱼鸟河河口沉积物中无机磷、有机磷和总磷的季节性变化如图 4-11 所示。夏季泥质沉积物中无机磷和有机磷的含量随深度变化幅度较小,0~10cm 无机磷和有机磷的含量相对较高,而在 10cm 以下则随深度增加而缓慢降低,总体来说,无机磷含量稍高于有机磷含量。冬季泥质沉积物中无机磷和有机磷的含量随深度变化幅度明显增大,且无机磷和有机磷的含量均明显高于夏季,在 15cm 以下含量急剧降低,并维持在和夏季同一水平。

夏季砂质沉积物中无机磷、有机磷和总磷的垂直变化特征基本和夏季泥质沉积物相似,仅在含量上低于夏季泥质沉积物,且无机磷含量高于有机磷含量。冬季砂质沉积物中无机磷和有机磷的含量在 0~15cm 随深度变化的特征与冬季泥质沉积物相似,但在冬季砂质沉积物中无机磷含量明显高于有机磷含量。从以上结果可以看出,夏冬季节沉积物中无机磷和有机磷的含量分布特征不同,说明夏冬两个季节无机磷和有机磷的转化机制明显不同。

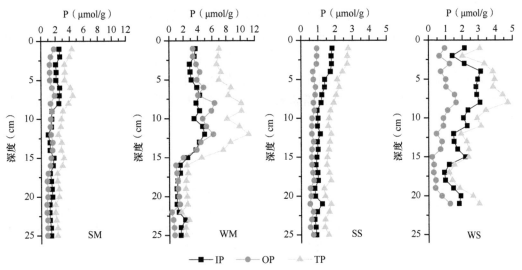

图 4-11　鱼鸟河河口沉积物中无机磷、有机磷和总磷的季节性变化

SM-夏季泥质沉积物柱；WM-冬季泥质沉积物柱；SS-夏季砂质沉积物柱；WS-冬季砂质沉积物柱

4.4.2　季节变化下硫铁磷耦合机制

夏季高温是促进硫酸盐还原、铁氧化物还原以及黄铁矿化的主要因素。春季到夏季随着气温的升高，硫酸盐还原菌和铁还原菌的活性显著升高，而沉积物-水界面以下处于缺氧条件下，硫酸盐还原产生的 H_2S 与活性铁氧化物反应转化为 FeS，在 ES 的参与下转化为黄铁矿。虽然从热力学角度上，铁还原菌会优先利用有机质，铁异化还原应早于硫酸盐还原，而铁异化还原过程可能影响硫酸盐还原过程，两者存在一定的竞争（Zhu et al.，2013；Rozan et al.，2002；Canfield et al.，1993），但是在活性有机质和活性铁丰富的河口沉积物中，两者并不排斥，相互共存。另外，硫酸盐还原产生的 H_2S 也促进了铁氧化物的化学还原过程。在潮汐交替和人为扰动的影响下，河口沉积物的氧化还原环境变化比较复杂，活性铁氧化物的再生能力较强，使夏季河口沉积物中铁的异化还原速率也明显提高（Wijsman et al.，2001；Bo，2000；Mcknight and Bencala，1989）。因此，夏季沉积物的表层和次表层 AVS 和活性 Fe^{2+} 的含量显著高于冬季沉积物。随着气温的降低，冬季沉积物表层和次表层温度较低（接近 0℃），表层和次表层硫酸盐还原菌和铁还原菌的活性受到温度的限制，表层和次表层 AVS 和活性 Fe^{2+} 的含量显著降低。而在沉积物更深处，温度保持在适宜的范围内，硫酸盐还原菌和铁还原菌的活性并未受到温度的限制，硫酸盐还原过程和铁氧化物的还原过程仍在进行，所以冬季沉积物中高含量的 AVS 和活性 Fe^{2+} 出现在一定深度以下。

夏季沉积物表层和次表层铁氧化物的异化还原和化学还原速率明显升高，铁氧化物结合态磷酸盐随着铁氧化物的还原溶解而被释放，从而导致夏季铁氧化物结合态磷酸盐含量较低。随着铁氧化物还原而释放的磷酸盐进入间隙水，而间隙水中的溶解性磷酸盐在潮汐交替和复杂水动力的影响下，快速向上覆水体迁移扩散。由于夏季温度高，水体和沉积物中初级生产力较高，溶解性磷酸盐被微生物和水生植物吸收利用（Tõnno et al.，2013；Arenas and Lanza，1981），因此夏季沉积物中溶解态磷酸盐和铁氧化物结合态磷酸盐的含量较低。随着温度的降低，铁氧化物的还原速率显著降低，且氧化还原条件改变，Fe^{2+}被再氧化为铁氧化物，重新吸附固定间隙水中的溶解性磷酸盐，造成冬季沉积物中铁氧化物结合态磷的含量明显高于夏季沉积物，这与 Rozan 等（2002）在美国特拉华州里霍博斯湾的研究结果一致。此外，有机磷的含量在冬季明显高于夏季，这主要是因为夏季高温加快了微生物对弱结合态有机磷的生物降解过程，造成夏季有机磷的含量显著降低。

参 考 文 献

陈茜. 2021. 巢湖沉积物磷铁硫形态记录及其相互关系. 合肥: 安徽大学硕士学位论文.

高海鹰, 刘韬, 丁士明, 等. 2008. 滇池沉积物有机磷形态分级特征. 生态环境, 17(6): 2137-2140.

金相灿, 王圣瑞, 庞燕. 2004. 太湖沉积物磷形态及 pH 值对磷释放的影响. 中国环境科学, 24(6): 707-711.

李志伟. 2017. 河口泥质潮滩沉积物—水界面磷、铁、硫的地球化学行为及磷交换通量. 厦门: 厦门大学硕士学位论文.

刘义. 2014. 土壤/沉积物中氧化物对磷和重金属行为的影响. 四川林业科技, 35(3): 13-20.

吕仁燕. 2011. 东海陆架深积物中铁的早期化学成岩作用. 青岛: 中国海洋大学硕士学位论文.

吕仁燕, 朱茂旭, 李铁, 等. 2011. 东海陆架泥质沉积物中固相 Fe 形态及其对有机质、Fe、S 成岩路径的制约意义. 地球化学, 4: 363-371.

毛立, 孙志高, 陈冰冰, 等. 2022. 湿地土壤硫氧化-还原过程及其与其他元素的耦合作用研究进展. 应用生态学报, 33(2): 560-568.

孙启耀. 2016. 河口沉积物硫的地球化学特征及其与铁和磷的耦合机制初步研究. 北京: 中国科学院大学博士学位论文.

唐文忠, 许清峰, 张洪, 等. 2024. 沉积物中硫循环关键过程及其与重金属/磷耦合关系研究进展. 环境科学学报, 44(1): 1-14.

吴文菲, 刘波, 李红军, 等. 2011. pH、盐度对微生物还原硫酸盐的影响研究. 环境工程学报, 5(11): 2527-2531.

张璐. 2014. 胶州湾沉积物中硫酸盐还原和铁异化还原的影响因素研究. 青岛: 中国海洋大学硕士学位论文.

赵佳佳. 2010. 海洋沉积物中异化 Fe(Ⅲ) 还原特征及铁还原菌的分离鉴定. 咸阳: 西北农林科技大学硕士学位论文.

朱茂旭, 史晓宁, 杨桂朋, 等. 2011. 海洋沉积物中有机质早期成岩矿化路径及其相对贡献. 地球科学进展, 26(4): 355-364.

Arenas V, Lanza G D L. 1981. The effect of dried and cracked sediment on the availability of phosphorus in a coastal lagoon. Estuaries, 4(3): 206-212.

Barabanov A A, Bukatov G D, Zakharov V A, et al. 2006. Kinetic study of ethylene polymerization over supported bis(imino)pyridine iron(Ⅱ) catalysts. Macromolecular Chemistry & Physics, 207(15): 1368-1375.

Bo T. 2000. Bacterial manganese and iron reduction in aquatic sediments. Advances in Microbial Ecology, 16(1): 41-84.

Bo T, Fossing H, Bo B J. 1994. Manganese, iron and sulfur cycling in a coastal marine sediment, Aarhus Bay, Denmark. Geochimica et Cosmochimica Acta, 58(23): 5115-5129.

Borggaard O K. 1983. The influence of iron oxides on phosphate adsorption by soil. Journal of Soil Science, 34(2): 333-341.

Canfield D E, Raiswell R, Bottrell S H. 1992. The reactivity of sedimentary iron minerals toward sulfide. American Journal of Science, 292(9): 659-683.

Canfield D E, Thamdrup B, Hansen J W. 1993. The anaerobic degradation of organic matter in Danish coastal sediments: iron reduction, manganese reduction, and sulfate reduction. Geochimica et Cosmochimica Acta, 57(16): 3867-3885.

Delaney L M. 1998. Phosphorus accumulation in marine sediments and the oceanic phosphorus cycle. Global Biogeochemical Cycles, 12(12): 563-572.

Devai I, Delaune R D. 1995. Formation of volatile sulfur compounds in salt marsh sediment as influenced by soil redox condition. Organic Geochemistry, 23(4): 283-287.

Downing J A. 1997. Marine nitrogen: Phosphorus stoichiometry and the global N:P cycle. Biogeochemistry, 37(3): 237-252.

Föllmi K B. 1996. The phosphorus cycle, phosphogenesis and marine phosphate-rich deposits. Earth-Science Reviews, 40(1-2): 55-124.

Fortin D, Rioux J P, Roy M. 2002. Geochemistry of iron and sulfur in the zone of microbial sulfate reduction in mine tailings. Water Air & Soil Pollution: Focus, 2: 37-56.

Gagnon C, Mucci A, Pelletier É. 1995. Anomalous accumulation of acid-volatile sulphides (AVS) in a coastal marine sediment, Saguenay Fjord, Canada. Geochimica et Cosmochimica Acta, 59(13): 2663-2675.

Gibson C E, Smith R V, Stewart D A. 1988. A long term study of the phosphorus cycle in Lough Neagh, Northern Ireland. Internationale Revue Der Gesamten Hydrobiologie Und Hydrographie, 73(73): 249-257.

Guan L, Xia Z, Jin L, et al. 2021. Influence of sulfate reduction on fraction and regeneration of phosphorus at sediment-water interface of urban malodorous river. Environmental Science and Pollution Research, 28(9): 11540-11548.

Henneke E, Iii G, Lange G, et al. 1997. Sulphur speciation in anoxic hypersaline sediments from the eastern Mediterranean Sea. Geochimica et Cosmochimica Acta, 61(2): 307-321.

Hieltjes A H M, Lijklema L. 1980. Fractionation of inorganic phosphates in calcareous sediments. Journal of Environmental Quality, 9(3): 405-407.

Howarth R W. 1979. Pyrite: its rapid formation in a salt marsh and its importance in ecosystem metabolism. Science, 203(4375): 49-51.

Hyacinthe C, Bonneville S, Cappellen P V. 2006. Reactive iron(Ⅲ) in sediments: chemical versus microbial extractions. Geochimica et Cosmochimica Acta, 70(16): 4166-4180.

Jensen H S, Mcglathery K J, Marino R, et al. 1998. Forms and availability of sediment phosphorus in carbonate sand of Bermuda seagrass beds. Limnology & Oceanography, 43(5): 799-810.

Jørgensen B B, Kasten S. 2006. Sulfur cycling and methane oxidation//Schulz H D, Zabel M. Marine Geochemistry. Berlin: Springer: 271-309.

Küster-Heins K, Steinmetz E, Lange G J D, et al. 2010. Phosphorus cycling in marine sediments from the continental margin off Namibia. Marine Geology, 274(1-4): 95-106.

Kwon M J, O'loughlin E J, Boyanov M I, et al. 2016. Impact of organic carbon electron donors on microbial community development under iron- and sulfate-reducing conditions. PLoS One, 11(1): e0146689.

Lovley D R. 1995. Microbial reduction of iron, manganese, and other metals. Advances in Agronomy, 54(8): 175-231.

Lovley D R, Phillips E J. 1987. Rapid assay for microbially reducible ferric iron in aquatic sediments. Applied & Environmental Microbiology, 52: 751-757.

Lucotte M, Mucci A, Hillairemarcel C, et al. 2011. Early diagenetic processes in deep Labrador Sea sediments: reactive and nonreactive iron and phosphorus. Canadian Journal of Earth Sciences, 31(1): 14-27.

Mcknight D M, Bencala K E. 1989. Reactive iron transport in an acidic mountain stream in Summit County, Colorado: a hydrologic perspective. Geochimica et Cosmochimica Acta, 53(9): 2225-2234.

Olila O G, Reddy K R, Stites D L. 1997. Influence of draining on soil phosphorus forms and distribution in a constructed wetland. Ecological Engineering, 9(3-4): 157-169.

Oueslati W, Helali M A, Zaaboub N, et al. 2018. Sulfide influence on metal behavior in a polluted southern Mediterranean lagoon: implications for management. Environmental Science and Pollution Research, 25(3): 2248-2264.

Pan F, Guo Z, Cai Y, et al. 2019. Kinetic exchange of remobilized phosphorus related to phosphorus-iron-sulfur biogeochemical coupling in coastal sediment. Water Resources Research, 55(12): 10494-10517.

Poulton S W, Krom M D, Raiswell R. 2004. A revised scheme for the reactivity of iron (oxyhydr) oxide minerals towards dissolved sulfide. Geochimica et Cosmochimica Acta, 68(18): 3703-3715.

Ranjan R K, Ramanathan A, Chauhan R, et al. 2011. Phosphorus fractionation in sediments of the Pichavaram mangrove ecosystem, south-eastern coast of India. Environmental Earth Sciences, 62(62): 1779-1787.

Rickard D, Morse J W. 2005. Acid volatile sulfide (AVS). Marine Chemistry, 97(3-4): 141-197.

Rozan T F, Aillefert M, Trouwborst R E, et al. 2002. Iron-sulfur-phosphorus cycling in the sediments of a shallow coastal bay: implications for sediment nutrient release and benthic macroalgal blooms. Limnology and Oceanography, 47(5): 1346-1354.

Ruban V, Lopez-Sanchez J F, Pardo P, et al. 2001. Development of a harmonised phosphorus extraction procedure and certification of a sediment reference material. Journal of Environmental Monitoring, 3(3): 121-125.

Ruttenberg K C. 1992. Development of a sequential extraction method for different forms of phosphorus in marine sediments. Limnology & Oceanography, 37(7): 1460-1482.

Schoonen M A A. 2004. Mechanisms of sedimentary pyrite formation. Special Paper of the Geological Society of America, 379: 117-234.

Slomp C P, Epping E H G, Helder W, et al. 1996. A key role for iron-bound phosphorus in authigenic apatite formation in North Atlantic continental platform sediments. Journal of Marine Research, 54: 1179-1205.

Smith P A, Cronan D S. 1975. Chemical composition of Aegean Sea sediments. Marine Geology, 18(2): M7-M11.

Starkey R L, Halvorson H O. 1927. Studies on the transformations of iron in nature. II. Concerning the importance of microorganisms in the solution and precipitation of iron. Soil Science, 24(6): 381-402.

Sub S M, Shuhei O, Tanja B. 2012. Effects of iron and nitrogen limitation on sulfur isotope fractionation during microbial sulfate reduction. Applied & Environmental Microbiology, 78(23): 8368-8376.

Tõnno I, Freiberg R, Alliksaar T, et al. 2013. Ecosystem changes in large and shallow võrtsjärv, a lake in Estonia-evidence from sediment pigments and phosphorus fractions. Boreal Environment Research, 18: 195-208.

Wijsman J W M, Middelburg J J, Heip C H R. 2001. Reactive iron in black sea sediments: implications for iron cycling. Marine Geology, 172(3): 167-180.

Wu B, Wan J, Zhang Y, et al. 2019. Selective phosphate removal from water and wastewater using sorption: process fundamentals and removal mechanisms. Environmental Science & Technology, 54(1): 50-66.

Zhao G, Sheng Y, Jiang M, et al. 2019. The biogeochemical characteristics of phosphorus in coastal sediments under high salinity and dredging conditions. Chemosphere, 215: 681-692.

Zhu M X, Shi X N, Yang G P, et al. 2013. Formation and burial of pyrite and organic sulfur in mud sediments of the east china sea inner shelf: constraints from solid-phase sulfur speciation and stable sulfur isotope. Continental Shelf Research, 54(1): 24-36.

第 5 章

海岸带沉积物中硫与典型重金属的耦合机制

5.1 沉积物中硫与典型重金属的耦合

5.1.1 沉积物中重金属的赋存形态

沉积物中重金属的赋存形态与其生物有效性和环境行为密切相关，依据不同的提取方法，可将沉积物中的重金属划分为不同的形态。沉积物中重金属常见的提取方法如表 5-1 所示。Tessier 五步连续提取法由 Tessier 等（1979）提出，是具有代表性的一种分级提取方法，该方法将沉积物中的重金属分为可交换态、碳酸盐结合态、铁锰氧化物结合态、有机结合态和残渣态 5 种，由于操作简便，已广泛应用于沉积物重金属的形态分析（Wang et al.，2016；Yuan et al.，2020）。同时，许多学者对该方法进行了改进，如 Kersten 和 Förstner（1986）在此基础上了提出了六步提取法，将重金属形态分为可交换态、碳酸盐结合态、易可还原态、中等可还原态、氧化态和残渣态，突出了可还原态中的易可还原态、中等可还原态的区别，但这两种方法都缺乏经认证的标准材料，且测试结果的可对比性较差（Davidson et al.，1999；梁亮，2006）。此外，欧洲共同体标准物质局（BCR）在 Tessier 五步连续提取法的基础上，经过一系列实验，于 1993 年提出了 BCR 提取法（Ure et al.，1993），与 Tessier 五步连续提取法相比，BCR 提取法具有准确性高、适用性强、操作简单等优点，并且具有统一的标准物质（Sut-Lohmann et al.，2022；贺丽洁等，2021）。此后，Rauret 等（1999）在 BCR 提取法的基础上，修正了浸提时间和浸提剂，提出了修正的 BCR 提取法，使得该方法更能反映沉积物中重金属的形态分布（刘群群，2021）。修正的 BCR 提取法与 BCR 提取法均将重金属形态分为弱酸溶解态、可还原态、可氧化态和残渣态。

表 5-1 沉积物中重金属常见的提取方法

方法名称	赋存形态	种类	参考文献
Tessier 五步连续提取法	可交换态、碳酸盐结合态、铁锰氧化物结合态、有机结合态和残渣态	5	Tessier et al.，1979
六步提取法	可交换态、碳酸盐结合态、易可还原态、中等可还原态、氧化态和残渣态	6	Kersten and Förstner，1986

方法名称	赋存形态	种类	参考文献
BCR 提取法	弱酸溶解态、可还原态、可氧化态和残渣态	4	Ure et al.，1993
修正的 BCR 提取法	弱酸溶解态、可还原态、可氧化态和残渣态	4	Rauret et al.，1999

1）弱酸溶解态

弱酸溶解态（包括水溶态、可交换态、碳酸盐结合态）是指能够被乙酸提取的元素形态，是 4 种形态中最不稳定、最易被生物利用的形态（Liu et al.，2021）。水溶态重金属含量往往较低，因此常将其并入可交换态重金属；而可交换态重金属常处在腐殖质或黏土矿物等沉积物的活性成分的交换位上，可被离子交换释放；碳酸盐结合态重金属常与碳酸盐以共沉淀形式存在或吸附在碳酸盐表面（梁亮，2006）。

2）可还原态

可还原态（铁锰结合态）是指在还原条件下容易释放的元素形态（常用的提取剂为盐酸羟胺），是 4 种形态中第二不稳定的形态（Yuan et al.，2020）。可还原态重金属常被铁锰胶膜包裹或被铁锰氧化物吸附。

3）可氧化态

可氧化态（有机结合态、硫化物结合态）是指被过氧化氢和乙酸铵提取的元素形态。可氧化态重金属常与硫化矿物结合共沉淀于沉积物中，或与沉积物中的腐殖酸、脂肪酸、烷烃等有机质螯合、络合，性质较为稳定，具有较低的迁移率（Al-Mur，2020）。

4）残渣态

残渣态是与沉积物中的原生矿物或次生矿物紧密结合的元素形态，主要存在于铝硅酸盐晶格中，性质稳定，是最不易被生物利用的形态（梁亮，2006），目前常用盐酸-硝酸-氢氟酸-高氯酸混合酸提取。

5.1.2 沉积物中重金属的环境行为

重金属在沉积物中迁移转化的形式多种多样，迁移、转化、吸附往往是伴随进行，在沉积物吸附重金属的过程中伴随着迁移，在迁移过程中往往伴随着重金属的转化，在转化过程中重金属可能又被吸附（Trefry et al.，1985）。沉积物不仅是重金属的"汇"，还是重金属的"源"，当周围环境变化时，沉积物中的重金属会发生迁移转化。沉积物中重金属的迁移转化过程几乎涉及目前已知的全部物理、化学和生物过程，常见的迁移转化包括悬浮态和溶解态重金属在水体中的扩散迁移、被沉积物和悬浮物吸附的溶解态重金属向固相的转变、沉积物中沉积态重金属随沉积物的空间位移、悬浮态和沉积态重金属的溶出释放、悬浮态重金属的沉淀和絮凝、沉积态重金属溶解后悬浮等，此外，还有生物摄取、富集、死亡再分解、食物链传递以及生物甲基化等生物过程（刘锦军，2016；蓝巧娟，2019）。不同重金属在沉积物中迁移转化的能力不同，pH、沉积物扰动、温度、硫化物、有机质、氧化还原条件、盐度、沉积物粒径等因素会影响沉积物中重金属的迁移转化过程。

温度对沉积物中重金属的迁移转化具有一定的影响，温度变化可通过影响重金属在沉积物颗粒上的吸附-解吸过程，以及沉积物的微生物作用、pH、氧化还原条件等来影响重金属的迁移转化，温度升高会增加沉积物中微生物的活动，促进生物扰动、厌氧转化、矿化作用等过程，促进沉积物中可交换态、碳酸盐结合态和水溶态重金属的释放（Li et al.，2013）。但由于自然水体温度变化较小，温度效应相对不明显（Lau，2000）。

pH 是影响重金属迁移转化的一个重要因素，酸性条件促进沉积物中重金属的释放（Król et al.，2020；Guven and Akinci，2012）。其主要机制包括：H^+ 通过与金属离子发生竞争吸附抑制沉积物对重金属的吸附；弱酸溶解态和部分可还原态重金属溶解；金属硫化物溶解，与沉积物中 AVS 结合的重金属会被释放；有机质与铁锰氧化物表面被质子化，减弱对重金属的吸附（Laing et al.，2009；Peng et al.，2009）。相反，在高 pH 条件下，有机质、黏土颗粒等物质表面带负电荷，对重金属的吸附和络合作用增强，同时重金属也会与氢氧根等形成沉淀，使重金属得到固定（Xue et al.，2018；Liu et al.，2018）。

氧化还原条件通过改变沉积物中重金属离子的价态、微生物活性、理化性质等影响重金属的迁移转化（蓝巧娟，2019；Zhang et al.，2014）。氧化还原电位升高可以促进有机质和硫化物的氧化消耗，从而加速与这两者结合的重金属的释放（Peng et al.，2009），但同时也会促进铁锰氧化物通过共沉淀和吸附作用吸附重金属形成铁锰氧化物态重金属，降低重金属的迁移性（王明铭等，2016）。相反，氧化还原电位降低则有利于铁锰氧化物的还原，促进与之结合的重金属释放，但有利于硫酸盐还原菌将硫酸盐还原成 AVS，进而生成金属硫化物，增强重金属的稳定性（刘群群，2021）。综上，在缺氧环境下金属硫化物对重金属固定起主导作用，在有氧条件下铁锰氧化物对重金属固定起主导作用（Zhang et al.，2014）。

沉积物扰动是影响沉积物中重金属迁移转化的重要因素之一，有研究表明，有些地方沉积物再悬浮释放的重金属已经远远超过外源输入的重金属（Kalnejais et al.，2007）。在未扰动的条件下，重金属在沉积物-水界面的分布处于动态平衡状态。然而，当发生沉积物扰动时（如水力扰动、生物扰动等），沉积物的氧化还原条件会发生变化，沉积物会发生再悬浮，进而导致重金属在沉积物-水界面的赋存形态及分配行为发生变化（Je et al.，2007；郝廷，2012；俞慎和历红波，2010）。沉积物扰动使部分还原态沉积物处在氧化环境下，加快了硫化物和有机质的氧化，促进了有机质结合态和硫化物结合态重金属的释放。此外，沉积物扰动增加了细颗粒组分的再悬浮时间，而重金属又主要富集于细颗粒组分上，从而影响重金属的迁移（Ma et al.，2019）。同时，沉积物再悬浮后，细颗粒组分中重金属的形态也会从稳定组分向不稳定组分转变，使得重金属流动性增强（Kucuksezgin et al.，2008）。

盐度对沉积物中重金属迁移转化的影响主要包括以下途径：影响絮凝效果，进而影响沉积物的性质（Machado et al.，2016）；Na^+、Mg^{2+}、K^+、Ca^{2+} 等盐基离子与重金属离子竞争吸附位点，从而促进沉积物中的重金属解吸（刘群群，2021）；抑制硫酸盐还原菌的生长，进而间接影响沉积物中重金属的迁移转化（Huo et al.，2013）。此外，一些阴离子（如 Cl^-）在一定程度上也可以促进某些重金属（如 Cd）的解吸释放（Zhong et al.，2006）。

硫化物是影响沉积物中重金属迁移转化的主要因素之一，沉积物中的 AVS 能结合 Cu、Pb、Cd、Zn 等重金属形成溶度积常数小于硫化亚铁的金属硫化物，对重金属在沉积物-水界面的再分配起着决定性作用（彭慧灵，2017）。沉积物中的硫化物一部分来自上覆水体沉淀，一部分来自沉积物中硫酸盐的还原，它们的存在可将重金属束缚在沉积物中，降低重金属的生物可利用性和迁移性，从而大大降低重金属的生物毒性（Prica et al.，2010）。在一些呈还原性的海湾和近海沉积物中，硫化物是控制重金属活性的主要因子（王图锦，2011）。

沉积物粒径对重金属的迁移转化也十分重要，这是由于重金属大部分富集在沉积物颗粒表面，以颗粒为载体进行迁移转化。重金属在沉积物颗粒上的富集具有显著的"粒度效应"，沉积物粒径越小，其表面积越大（仅占沉积物质量20%的细颗粒，表面积却占沉积物总表面积的75%），能够吸附的重金属越多（伍松林等，2013）。此外，环境风险较高的不稳定态（弱酸提取态、可还原态和可氧化态）重金属也主要吸附在细颗粒表面（Ma et al.，2019）。虽然受其他因素的影响，沉积物中重金属的含量有时并不一定随着粒径的增大而降低，但大多数研究表明，粗颗粒沉积物中重金属含量要低于细颗粒沉积物（蓝巧娟，2019）。

沉积物有机质对重金属的迁移转化起着重要作用，有机质影响重金属的途径主要包括以下几个：有机质具有较高的活性，能够通过络合、吸附等改变沉积物中重金属的生物毒性、迁移转化方式（蓝巧娟，2019）；有机质矿化过程中大量耗氧改变沉积物的氧化还原条件、pH等，同时产生H_2S促进金属硫化物的生成，进而间接影响沉积物中重金属的迁移转化（Peng et al.，2009）。在有机质含量高的区域，有机质结合态可能作为沉积物中重金属的主要赋存形态，控制重金属的迁移转化过程。

5.1.3 沉积物中硫与典型重金属的耦合关系

沉积物中的硫与重金属关系密切，不同形态的硫对重金属的生物有效性和迁移转化有重要影响（Chen et al.，2020a；Wu et al.，2022；Teasdale et al.，2003；Cooper and Morse，1998）。当氧化还原电位较低时，沉积物中可交换态的硫酸盐被硫酸盐还原菌还原生成H_2S、S^{2-}、HS^-，生成的硫化物能进一步与重金属反应生成较为稳定的金属硫化物（Lee and Lee，2005），从而改变重金属的赋存形态，降低沉积物中重金属的可移动性（余芬芳，2013）。同时，硫酸盐还原过程中引起的环境条件变化和有机质矿化又会造成铁锰氧化物及与之结合的重金属和与有机质结合的重金属释放，增加重金属的环境风险。

AVS作为沉积物中无机硫化物最活跃的形态，能通过改变重金属的赋存形态控制重金属的生物有效性（陈源清，2020；戴岩等，2021）。AVS可与沉积物中大部分二价重金属反应生成难溶的金属硫化物，降低重金属的生物毒性。自从di Toro等（1990）首次报道沉积物中Cd的生物有效性受AVS显著影响以来，大量学者研究了AVS对重金属生物有效性的影响，并提出了采用SEM/AVS、SEM-AVS等指标评估沉积物中重金属的生态风险（Teran-Baamonde et al.，2017；Yang et al.，2014；Torre et al.，2015；Nasr et al.，2014）。AVS能影响重金属的毒性主要是由于沉积物中的AVS（以FeS为例）存在解离平衡[公式（5-1）]，当二价重金属离子M^{2+}（M^{2+}代表Zn^{2+}、Cu^{2+}、Pb^{2+}、Cd^{2+}、Ni^{2+}等）进入水相后，由于MS的溶度积（表5-2）更小，进入水体中的M^{2+}与FeS发生反应[公式（5-2）]，生成稳定性更高的MS（王思粉，2012）。正是由于二价重金属的亲硫特性，沉积物中的AVS成为有毒重金属的重要固定剂，可固定绝大多数有毒重金属（王菊英，2004）。然而，当沉积物中的氧化还原电位升高时，AVS又容易被氧化成硫酸盐，导致二价重金属重新被释放，生物毒性增加（Wu et al.，2022）。相关研究表明，AVS 可在短时间（<24h）被氧化完全，同时沉积物释放大量的 Zn、Ni、Mn 等重金属（Burton et al.，2006）。

$$FeS(s) \rightleftharpoons Fe^{2+} + S^{2-} \tag{5-1}$$

$$M^{2+} + FeS(s) \rightleftharpoons M^{2+} + Fe^{2+} + S^{2-} \rightleftharpoons MS(s) + Fe^{2+} \tag{5-2}$$

表 5-2　金属硫化物的溶度积

金属硫化物	K_{sp}	pK_{sp}	金属硫化物	K_{sp}	pK_{sp}
FeS	6×10^{-18}	17.2	HgS 红色	4×10^{-53}	52.4
MnS 无定形	2×10^{-10}	9.7	HgS 黑色	2×10^{-52}	51.7
MnS 晶形	2×10^{-13}	12.7	α-NiS	3×10^{-19}	18.5
CdS	8×10^{-27}	26.1	β-NiS	1×10^{-24}	24.0
α-CoS	4×10^{-21}	20.4	γ-NiS	2×10^{-26}	25.7
β-CoS	2×10^{-25}	24.7	PbS	8×10^{-28}	27.9
CuS	6×10^{-36}	35.2	ZnS	2×10^{-22}	21.7

　　CRS 对沉积物中重金属的环境行为也起着一定的控制作用（Wu et al.，2022；尹洪斌，2008）。Morse 和 Luther（1999）从氧化还原反应的路径、离子交换反应动力学以及热力学等角度对 CRS 与重金属之间的反应机制进行了分析，发现 Cd^{2+}、Zn^{2+} 和 Pb^{2+} 具有比 Fe^{2+} 更快的水交换反应动力学，CdS、ZnS 和 PbS 在 FeS 形成之前被沉淀，因此 Cd^{2+}、Zn^{2+} 和 Pb^{2+} 仅有小部分被黄铁矿化；Ni^{2+} 和 Co^{2+} 因水交换动力学较 Fe^{2+} 慢，而被吸附进入黄铁矿中；Cu^{2+} 和 Hg^{2+} 具有比 Fe^{2+} 较快的反应动力学，但 Cl^- 与 Hg^{2+} 具有重要的配位作用，延缓了 Hg^{2+} 与硫生成 HgS 化合物的反应，使得 Hg^{2+} 仍能被吸附黄铁矿中，而 Cu^{2+} 在铁存在与否的条件下都可以与硫反应形成各种硫化物，进而被黄铁矿吸附；As 和 Mo 也可以被黄铁矿吸附，但 Cr 从动力学角度来看难以与硫反应，也不能被黄铁矿吸附。此外，Deditius 等（2011）通过显微镜在黄铁矿基体中发现了重金属纳米颗粒。

5.2　溶解氧对沉积物中硫与典型重金属耦合机制的影响

5.2.1　不同溶解氧浓度下沉积物中无机硫的形态变化

　　采用室内模拟实验，设置溶解氧（DO）浓度约为 1mg/L（编号 DO-1）、4mg/L（编号 DO-2）以及 7mg/L（编号 DO-3），研究溶解氧对沉积物中硫与典型重金属耦合机制的影响。不同溶解氧浓度下沉积物中无机硫的含量及形态变化如图 5-1 所示。在 60d 的实验周期内，DO-1 组、DO-2 组和 DO-3 组沉积物中 RIS 含量均呈现波浪式上升趋势，但与 DO-3 组（变异系数为 16.67%）相比，DO-1 组（变异系数为 24.60%）和 DO-2 组（变异系数为 21.58%）的变化更为明显，表明溶解氧浓度较低时，RIS 的变化较为活跃。

　　在 60d 的实验周期内，DO-1 组、DO-2 组和 DO-3 组沉积物中 AVS 含量变化趋势较为一致，皮尔逊（Pearson）相关性分析表明，DO-1 组和 DO-2 组（$P<0.01$）、DO-1 组

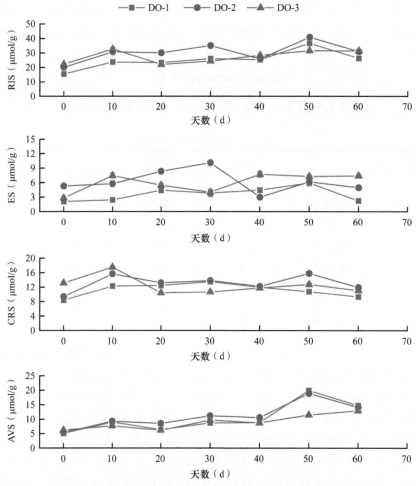

图 5-1　不同溶解氧浓度下沉积物中无机硫的含量及形态变化

和 DO-3 组（$P<0.05$）以及 DO-2 组和 DO-3 组（$P<0.05$）之间显著相关。但与 DO-3 组不同，DO-1 组和 DO-2 组沉积物中 AVS 含量随实验天数的增加呈先上升后下降的趋势，在第 50d 增至最高值，而 DO-3 组沉积物中 AVS 含量在实验周期内呈上升趋势，且从上升的速率来看，DO-1＞DO-2＞DO-3。这是由于 AVS 作为 RIS 最为活跃的形态，主要由硫酸盐还原产生，硫酸盐还原菌异化还原硫酸盐需要在较低的氧化还原电位下进行，且溶解氧浓度越低，硫酸盐还原菌的相对丰度越高（陈亚文和张朝晖，2019），DO-3 组的溶解氧浓度较高，硫酸盐还原受到一定的阻碍，且生成的 AVS 也易被氧化消耗，因此 AVS 最不易富集（Kang et al.，2014）。随着时间的增加，沉积物中的有机质被大量消耗，导致硫酸盐还原菌活性较弱，不利于硫酸盐还原（Sun et al.，2016），同时由于 DO-1 组和 DO-2 组通入氮气，导致生成的部分 AVS 被吹出，因此 50d 后 DO-1 组和 DO-2 组沉积物中 AVS 含量下降。

与 AVS 含量不同，3 组沉积物中 CRS 含量的变化幅度较小（变异系数均小于 20%），且 3 组之间几乎不存在相关性，这主要是由 CRS 的性质决定，CRS 是 RIS 最为稳定的形态，主要通过多硫化方式、亚铁损失方式以及 H_2S 方式形成，AVS 向 CRS 的转化进程较为缓慢，且受到可溶性硫酸盐、活性铁、有机质等多种因素的影响（孙启耀，2016）。

由表 5-3 可知，3 组沉积物的 AVS/CRS 较大，表明 AVS 向 CRS 的转化受到一定程度的阻碍（Gagnon et al.，1995；姜明等，2018），并且随着实验天数的增加，AVS/CRS 增大，阻碍 AVS 向 CRS 转化的因素可能是有机质。3 组沉积物中 ES 随时间的变化较为复杂，几乎不呈现规律性，这主要是由于 ES 既是 RIS 不完全氧化的产物，又是 AVS 向 CRS 转化的中间反应物，反映沉积物中硫循环的动态属性（孙启耀，2016）。ES 在 DO-2 组、DO-3 组、DO-1 组沉积物中的平均含量依次降低，这主要是由于 DO-1 组沉积物的还原性最强，RIS 难以发生不完全氧化生成 ES，而 DO-3 组沉积物的氧化性较强，RIS 易发生完全氧化。

表 5-3　沉积物中 AVS、CRS 与 ES 占 RIS 的比例及 AVS/CRS

组别	天数（d）	AVS/RIS（%）	CRS/RIS（%）	ES/RIS（%）	AVS/CRS
DO-1	0	32.68	53.87	13.45	0.61
	10	38.09	51.73	10.19	0.74
	20	27.57	53.48	18.96	0.52
	30	33.51	51.77	14.72	0.65
	40	35.05	47.35	17.60	0.74
	50	54.48	29.35	16.17	1.86
	60	56.11	35.36	8.54	1.59
DO-2	0	27.10	46.62	26.28	0.58
	10	30.34	50.96	18.70	0.60
	20	28.52	43.81	27.67	0.65
	30	31.88	39.36	28.75	0.81
	40	41.04	47.42	11.55	0.87
	50	46.29	38.68	15.03	1.20
	60	45.51	38.52	15.97	1.18
DO-3	0	28.17	59.17	12.66	0.48
	10	23.72	53.49	22.79	0.44
	20	28.17	47.15	24.68	0.60
	30	39.85	43.73	16.42	0.91
	40	31.04	41.68	27.28	0.74
	50	36.49	40.45	23.06	0.90
	60	41.18	35.30	23.52	1.17

由表 5-3 可知，在实验开始时，3 组沉积物中 RIS 以 CRS 为主，表明沉积物中硫化物相对较为稳定，但随着天数的增加，CRS/RIS 减小，而 AVS/RIS 增大，到实验结束时，3 组沉积物中 RIS 均变成以 AVS 为主，表明沉积物中硫化物的环境风险升高。通过对比发现，溶解氧浓度越低，AVS 成为 RIS 主要形态所用的时间越短，占 RIS 的比例越大。

5.2.2　不同溶解氧浓度下沉积物中重金属的赋存形态变化

不同溶解氧浓度下沉积物中重金属的形态分布及含量如图 5-2～图 5-7 所示。DO-1

组、DO-2 组和 DO-3 组沉积物中重金属含量高低为 Zn＞Cr＞Pb＞Ni ≈ Cu＞Cd，Cr、Pb 的含量低于《海洋沉积物质量》（GB 18668—2002）中一类标准限值，Zn、Cu 和 Cd 的含量介于《海洋沉积物质量》（GB 18668—2002）中一类和二类标准限值之间，表明 3 组沉积物主要受 Zn、Cu 和 Cd 污染。在 60d 的实验周期内，各重金属的变异系数

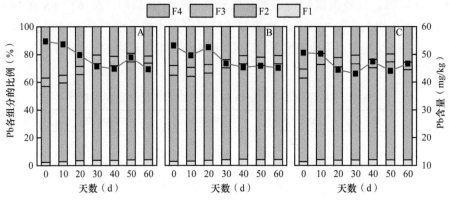

图 5-2　不同溶解氧浓度下沉积物中 Pb 的形态分布及含量

A. DO-1；B. DO-2；C. DO-3

F1. 弱酸溶解态；F2. 可还原态；F3. 可氧化态；F4. 残渣态

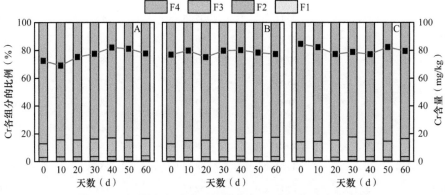

图 5-3　不同溶解氧浓度下沉积物中 Cr 的形态分布及含量

A. DO-1；B. DO-2；C. DO-3

F1. 弱酸溶解态；F2. 可还原态；F3. 可氧化态；F4. 残渣态

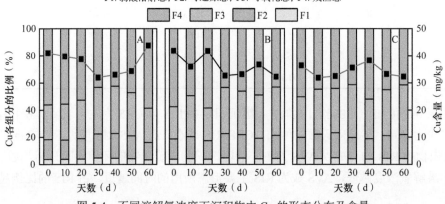

图 5-4　不同溶解氧浓度下沉积物中 Cu 的形态分布及含量

A. DO-1；B. DO-2；C. DO-3

F1. 弱酸溶解态；F2. 可还原态；F3. 可氧化态；F4. 残渣态

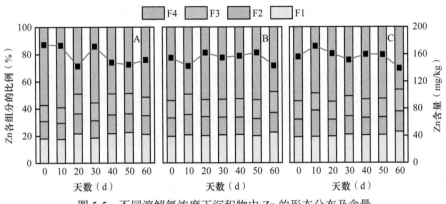

图 5-5　不同溶解氧浓度下沉积物中 Zn 的形态分布及含量

A. DO-1；B. DO-2；C. DO-3

F1. 弱酸溶解态；F2. 可还原态；F3. 可氧化态；F4. 残渣态

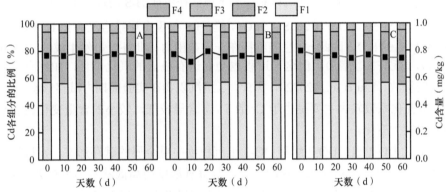

图 5-6　不同溶解氧浓度下沉积物中 Cd 的形态分布及含量

A. DO-1；B. DO-2；C. DO-3

F1. 弱酸溶解态；F2. 可还原态；F3. 可氧化态；F4. 残渣态

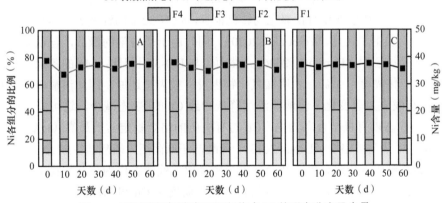

图 5-7　不同溶解氧浓度下沉积物中 Ni 的形态分布及含量

A. DO-1；B. DO-2；C. DO-3

F1. 弱酸溶解态；F2. 可还原态；F3. 可氧化态；F4. 残渣态

（＜12%）远小于硫化物，表明沉积物中的重金属较为稳定，上覆水体中溶解氧浓度的变化并没有明显改变沉积物对重金属的释放或吸附，这可能是由于上覆水体的氧化还原电位为 $-200 \sim 200 \text{mV}$，属于铁锰体系控制（Vershinin and Rozanov，1983），水体的性质在弹性范围内维持稳定，因此沉积物中的重金属也能较为稳定地存在（Jonge et al.，2012；

Capone and Kiene，1988）。与其他重金属相比，Cu 的变化最为明显（变异系数最大），表明 Cu 对溶解氧浓度的变化最为敏感，这与 Liu 等（2022）以及付涛等（2022）的研究结果一致。

DO-1 组、DO-2 组和 DO-3 组沉积物中 Pb 的赋存形态主要为 F2 态，Cr、Cu、Zn 和 Ni 的赋存形态以 F4 态为主，而 Cd 的优势态为 F1 态，因此 Pb 和 Cd 具有较高的生态风险。在整个实验周期内，3 组沉积物中除 Cr 的 F1 态外，其他重金属各赋存形态变化均较小（变异系数一般小于 15%），这是由于沉积物中重金属的赋存形态主要受温度、pH、沉积物扰动、硫化物、有机质、氧化还原条件、盐度、沉积物粒径等因素的影响（刘群群，2021；Prica et al.，2010；Ma et al.，2019；蓝巧娟，2019）。每个组别沉积物的温度、沉积物扰动、盐度、沉积物粒径等因素在整个实验周期内基本不变，厌氧和好氧组沉积物分别由硫体系和铁锰体系控制（朱雨锋等，2023），铁锰体系控制下沉积物的 pH、氧化还原条件等维持在弹性范围内，而硫体系控制下虽然在生成 H_2S 的过程中消耗 H^+（$CH_2O + 1/2SO_4^{2-} + H^+ \longrightarrow CO_2 + 1/2H_2S + H_2O$），但 H_2S 与重金属结合又会把 H^+ 释放（$M^{2+} + H_2S \longrightarrow MS + 2H^+$），因此 pH 也能维持在一定范围内。此外，虽然生成的 AVS 可以与重金属结合导致 F3 态增加，但这一过程也会促进有机质的氧化消耗，加速有机质结合态重金属的释放（Liu et al.，2022），因此，3 组沉积物在实验周期内赋存形态变化较小。Cr 的 F1 态变化系数较大主要是由于 Cr 的 F1 态含量较低，较小的含量变化也会导致变异系数发生较大变化。

通过对比 DO-1 组、DO-2 组和 DO-3 组沉积物中重金属的赋存形态，发现沉积物中各重金属受溶解氧的影响存在一定的差异，溶解氧浓度的高低基本不影响 Zn、Cr、Ni、Cd 4 种重金属的赋存形态，而对 Cu 的 F3、F4 态以及 Pb 的 F4 态影响较为显著。一般情况下，当溶解氧浓度较低时，会导致重金属的 F2 态减少，但在本研究中，各重金属 F2 态的变化均不明显，这可能是由于在厌氧环境中铁锰氧化物并没有被大量还原，相关研究表明在溶解氧浓度变化时铁氧化物转化很少，仅有 32% 的针铁矿、24% 的赤铁矿和 25% 的磁铁矿发生了转化（Ye et al.，2020）。同时由于热力学的缘故，与铁氧化物相比锰氧化物更易被还原（Burdige，2006）。然而，与 DO-3 组相比，Mn 的各赋存形态几乎没有变化（变化幅度 < 3%），表明锰氧化物也没有被大量还原，因此溶解氧改变时重金属 F2 态没有发生显著变化。溶解氧浓度降低导致 Cu 的 F3 态减少，这可能是由于沉积物中 Cu 的 F3 态以有机结合态为主，Cu 与有机质的络合稳定常数最高（$\lg K_{Cu} > \lg K_{Pb} > \lg K_{Zn} > \lg K_{Cd}$），最易被络合（Dinu，2013），硫酸盐还原菌还原硫酸盐生成 AVS 的过程中，消耗大量的有机质，导致有机质结合态重金属释放。残渣态作为与沉积物中原生矿物或次生矿物紧密结合的形态，性质较为稳定，但本研究中 Cu 和 Pb 的 F4 态在溶解氧浓度较低时所占比例高于好氧条件，这可能是由于厌氧条件下沉积物呈还原环境，导致铁锰氧化物和有机质含量相对较低，使得 Cu 和 Pb 活化，通过微孔扩散进入沉积物矿物晶格中转化为残渣态（武超，2016）。

5.2.3 不同溶解氧浓度下沉积物中硫与重金属的耦合关系

为探究不同溶解氧浓度下沉积物中硫与重金属的耦合机制，对不同形态无机硫化物与重金属各赋存形态之间的相关性进行了研究。由图 5-8 可知，不同溶解氧浓度下沉积

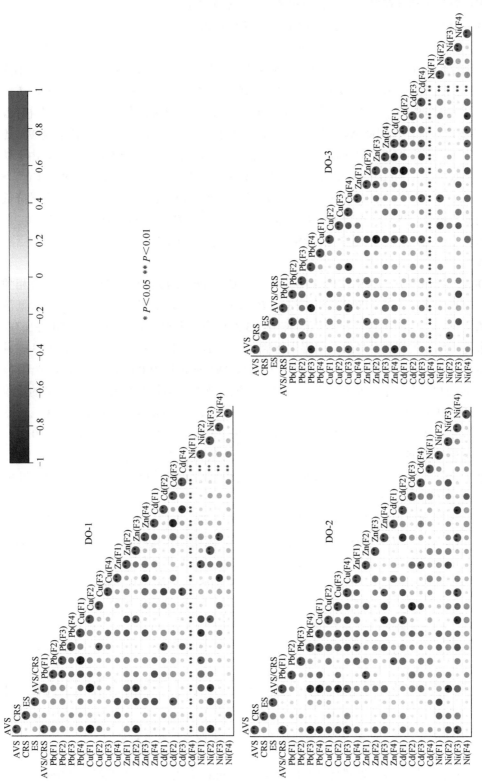

图 5-8　不同溶解氧浓度下沉积物中无机硫与不同赋存形态重金属的相关性

物中无机硫与不同赋存形态重金属的相关性存在显著差异。

DO-1 组沉积物中 AVS 与 Cu（F1）（$P < 0.01$）、Zn（F2）（$P < 0.05$）、Ni（F2）（$P < 0.05$）呈显著负相关关系，表明在极低的溶解氧浓度下，AVS 的积累有利于 Cu 的 F1 态、Zn 和 Ni 的 F2 态向其他态转化，这主要是由于在 5 种重金属的硫化物中，溶度积大小依次为 NiS（$K_{sp} = 3.0 \times 10^{-19}$）＞ZnS（$K_{sp} = 2.0 \times 10^{-22}$）＞CdS（$K_{sp} = 8.0 \times 10^{-27}$）＞PbS（$K_{sp} = 8.0 \times 10^{-28}$）＞CuS（$K_{sp} = 6.0 \times 10^{-36}$）（Fang et al.，2018），同时，与其他赋存形态相比，F1 态的稳定性最差，因此 AVS 更倾向于与 Cu 的 F1 态反应。还原条件有利于硫酸盐还原菌异化还原产生 AVS，但同时还原条件下重金属的 F2 态被还原导致含量降低，由于铁锰氧化物吸附 Zn、Ni 的能力相对较弱（铁锰氧化物对重金属吸附能力为：$Pb^{2+} > Cu^{2+} > Zn^{2+} > Ni^{2+} > Cd^{2+}$）（McKenzie，1980），同时 Zn、Ni 的 F2 态含量较高，因此含量降低较为明显。AVS/CRS 与 Cu（F1）（$P < 0.01$）、Zn（F2）（$P < 0.05$）、Ni（F2）（$P < 0.05$）呈显著负相关关系，表明 AVS 向 CRS 转化的过程有利于 Cu 的 F1 态、Zn 和 Ni 的 F2 态的生成。

DO-2 组沉积物中 AVS 与 Pb（F3）（$P < 0.05$）、Pb（F4）（$P < 0.05$）呈显著负相关关系，与 Cu（F3）（$P < 0.01$）、Ni（F3）（$P < 0.01$）呈显著正相关关系，表明在较低溶解氧浓度下，AVS 的积累有利于 Cu、Ni 的 F3 态形成，不利于 Pb 的 F3 态、F4 态保存。一般来说，AVS 的增加会导致金属硫化物增加，进而增加重金属的 F3 态，Pb 的 F3 态减少可能是由于其可能以有机结合态为主，在生成 AVS 的过程中 Pb 的有机结合态被消耗。AVS 与 Pb 的 F4 态呈显著负相关关系，可能与沉积物的污染程度有关，在受污染的沉积物中，Pb 的 F4 态所占比例与污染程度成反比（Woszczyk and Spychalski，2013），AVS 越大表明沉积物污染程度越严重。AVS/CRS 与 Pb（F3）（$P < 0.05$）、Pb（F4）（$P < 0.01$）、Cu（F2）（$P < 0.05$）、Ni（F2）（$P < 0.05$）呈显著负相关关系，与 Cu（F3）（$P < 0.05$）呈显著正相关关系，表明 AVS 向 CRS 转化的过程有利于 Pb 的 F3 态和 F4 态、Cu 和 Ni 的 F2 态的生成，不利于 Cu 的 F3 态积累。

DO-3 组沉积物中 AVS 与 Pb（F3）（$P < 0.05$）、Zn（F4）（$P < 0.05$）呈显著负相关关系，与 Cu（F3）（$P < 0.05$）呈显著正相关关系，表明在较高溶解氧浓度下，AVS 的积累有利于 Cu 的 F3 态形成，不利于 Pb 的 F3 态、Zn 的 F4 态保存。CRS、AVS/CRS 与各赋存形态重金属所占比例的相关性表明，AVS 向 CRS 转化的过程，促进了 Pb 的 F2 态和 F3 态、Ni 的 F2 态的生成，不利于 Cu 的 F3 态积累。通过对比 3 组沉积物中无机硫化物与各赋存形态重金属的关系发现，不同溶解氧浓度下，它们的关系存在显著差异，这主要是无机硫化物受溶解氧影响较大，而重金属赋存形态受溶解氧影响相对较小导致的。

5.3 扰动强度对沉积物中硫与典型重金属耦合机制的影响

5.3.1 不同扰动强度下沉积物中无机硫的形态变化

采用室内模拟实验，设置扰动强度分别为 0r/min（编号 R-1，对照组）、90r/min（编号 R-2，沉积物未搅动组）、150r/min（编号 R-3，沉积物轻微搅动组）以及 200r/min（编号 R-4，沉积物剧烈搅动组）4 组，利用搅拌机提供不同的扰动强度，研究扰动强度对沉积物中无机硫与典型重金属耦合机制的影响。不同扰动强度下沉积物中无机硫的含量及形态变化如图 5-9 所示。在 60d 的实验周期内，R-1 组、R-2 组、R-3 组和 R-4 组沉积物中 RIS 含量大致均呈上升趋势，但与 R-1 组（变异系数为 10.54%）相比，R-2 组（变异系数为 21.82%）、R-3 组（变异系数为 13.90%）和 R-4 组（变异系数为 18.61%）的变化更为明显，表明扰动促进了不同形态硫的迁移转化。

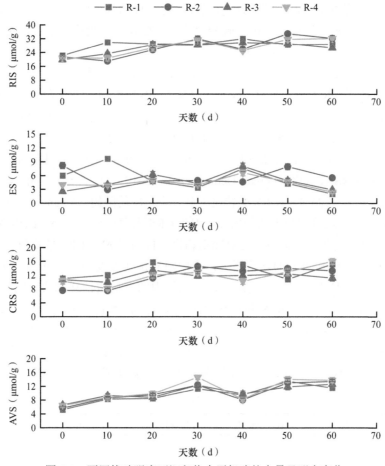

图 5-9　不同扰动强度下沉积物中无机硫的含量及形态变化

在 60d 的实验周期内，R-1 组、R-2 组、R-3 组和 R-4 组 4 组沉积物中 AVS 含量的变化趋势较为一致，大致呈现先升高后下降再升高的趋势，皮尔逊相关性分析表明，4 组之间两两呈现显著相关关系（$P < 0.01$）。在水动力扰动下，沉积物中 AVS 含量并没有下降，实验结束时 AVS 含量反而较开始时升高约 1 倍，这与任俊豪等（2022）和 Xie 等（2016）的研究结果相矛盾，可能是由于本研究中的沉积物含有较多的有机质，水动力扰动带入水体底部和沉积物的氧气被表层好氧微生物有氧呼吸消耗掉（以氧气为电子受体降解沉积物有机质的过程），研究表明沉积物有机质矿化优先以氧气作为电子受体（电子受体按自由能变化从小到大依次为 CO_2、SO_4^{2-}、铁锰氧化物、NO_3^-、O_2）（Bianchi，2006；Jakobsen and Postma，1999；Lovley and Phillips，1986；Froelich et al.，1979），因此开始阶段溶解氧并未对沉积物中层的 AVS 产生较大影响，AVS 产生的速度大于氧化消耗和向上覆水体释放的速度，沉积物中 AVS 含量升高。随着反应的进行，沉积物中有机

物被大量消耗，氧气开始氧化 H_2S 和 FeS、MnS 等金属硫化物（FeS、MnS 氧化速度远远大于 CdS、CuS、PbS、ZnS 等）（Simpson et al.，2000），同时 AVS 继续向上覆水体释放，导致沉积物中的 AVS 含量下降和上覆水体中的重金属离子含量升高。随着反应的继续进行，释放到上覆水体中的 AVS 与水体中的重金属离子反应重新生成金属硫化物并沉降至沉积物中（康亭等，2018；段文松等，2020），导致沉积物中的 AVS 含量有所升高。通过对比不同扰动强度下 AVS 含量的均值发现，随着扰动强度的增大，沉积物中 AVS 含量呈缓慢升高的趋势，这可能是由于硫酸盐还原主要在沉积物中层进行，扰动使得中层的硫酸盐含量升高，有利于 AVS 的生成。

与 AVS 含量相比，4 组沉积物中 CRS 含量的变化幅度较小，且 4 组之间几乎不存在相关性。与对照组（R-1 组）相比，扰动组（R-2～R-4 组）的 CRS 含量均值较低，可能是扰动导致沉积物中溶解氧含量升高，氧化还原反应发生反转，部分 CRS 被氧化（Ding et al.，2014；Ferreira et al.，2007），但由于 CRS 氧化较为缓慢，因此不同扰动强度下 CRS 含量的差异较小。相关研究表明，接种相关微生物组和未接种组在 76d 内分别约有 15% 和 7.5% 的 CRS 被氧化（Percak-Dennett et al.，2017）。由表 5-4 可知，4 组沉积物中 AVS/CRS 较大，表明 AVS 向 CRS 的转化受到一定程度的阻碍（Gagnon et al.，1995；姜明等，2018），并且随着实验天数的增加，AVS/CRS 大致呈增大趋势，阻碍 AVS 向 CRS 转化的因素可能是有机质。同时，与对照组相比，扰动组 AVS/CRS 的均值较大，且随着扰动强度的增大，AVS/CRS 的均值增大，表明随着扰动强度的增大 AVS 向 CRS 转化的阻力增大，这主要是由于扰动强度越大，沉积物中的有机质消耗越快，同时 ES 含量的降低也在一定程度上限制了 AVS 向 CRS 的转化。4 组沉积物中 ES 含量随时间的变化较为复杂，几乎不呈现规律性，其平均含量由高到低依次为 R-2＞R-1＞R-3＞R-4，这主要是由于 ES 是 RIS 被 O_2 等氧化剂不完全氧化的产物（孙启耀，2016），对照组 O_2 浓度较低，RIS 不易被不完全氧化，而 R-3 组和 R-4 组 O_2 浓度较大，RIS 易发生完全氧化。

表 5-4　沉积物中 AVS、CRS 与 ES 占 RIS 的比例和 AVS/CRS

组别	天数（d）	AVS/RIS（%）	CRS/RIS（%）	ES/RIS（%）	AVS/CRS
R-1	0	23.40	49.62	26.98	0.47
	10	27.71	39.99	32.29	0.69
	20	29.25	54.25	16.50	0.54
	30	39.54	48.72	11.73	0.81
	40	29.72	46.69	23.58	0.64
	50	47.26	37.83	14.90	1.25
	60	40.20	52.78	7.01	0.76
R-2	0	26.48	35.31	38.21	0.75
	10	45.18	39.52	15.30	1.14
	20	37.28	43.77	18.95	0.85
	30	38.83	45.63	15.54	0.85
	40	31.15	50.91	17.94	0.61
	50	37.32	39.92	22.76	0.93
	60	41.63	41.16	17.21	1.01

续表

组别	天数（d）	AVS/RIS（%）	CRS/RIS（%）	ES/RIS（%）	AVS/CRS
R-3	0	33.32	53.95	12.73	0.62
	10	39.98	42.69	17.33	0.94
	20	30.90	47.13	21.97	0.66
	30	43.49	41.30	15.21	1.05
	40	32.88	40.03	27.09	0.82
	50	40.75	42.32	16.93	0.96
	60	47.30	41.83	10.87	1.13
R-4	0	31.11	49.64	19.25	0.63
	10	42.13	39.09	18.78	1.08
	20	36.86	44.71	18.43	0.82
	30	46.59	40.79	12.61	1.14
	40	32.74	40.86	26.41	0.80
	50	44.33	40.89	14.78	1.08
	60	42.85	49.76	7.39	0.86

由表 5-4 可知，在实验开始时，4 组沉积物中 CRS 占比均较高，表明沉积物中硫化物相对较为稳定，随着天数的增加，AVS/RIS 呈上升趋势，表明沉积物中硫化物的环境风险升高。但 CRS 占主导的地位并未发生变化，表明与溶解氧相比，扰动强度对 RIS 的影响相对较小。

5.3.2　不同扰动强度下沉积物中重金属的赋存形态变化

不同扰动强度下沉积物中重金属的形态分布及含量如图 5-10～图 5-15 所示。R-1 组、R-2 组、R-3 组和 R-4 组沉积物中重金属含量由高到低依次为 Zn＞Cr＞Pb＞Ni＞Cu＞Cd，除各组沉积物中的 Cd 含量、R-2 组沉积物中的 Cr、Cu 含量以及 R-2～R-4 组沉积物中的 Zn 含量介于《海洋沉积物质量》（GB 18668—2002）中一类和二类标准限值之间外，其余各重金属含量均低于《海洋沉积物质量》（GB 18668—2002）中一类标准限值，表明 4 组沉积物主要受 Cd 污染，扰动导致沉积物中 Zn 污染的风险增加。

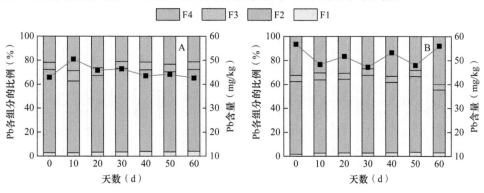

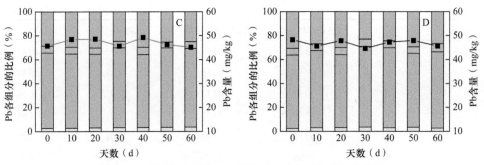

图 5-10　不同扰动强度下沉积物中 Pb 的形态分布及含量

A. R-1；B. R-2；C. R-3；D. R-4

F1. 弱酸溶解态；F2. 可还原态；F3. 可氧化态；F4. 残渣态

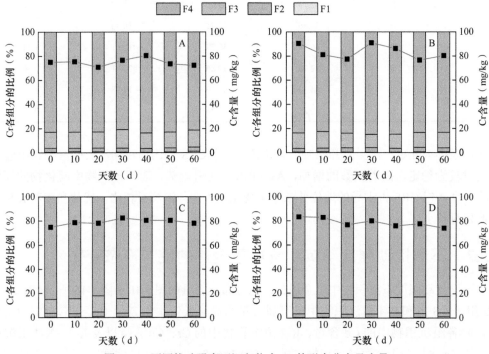

图 5-11　不同扰动强度下沉积物中 Cr 的形态分布及含量

A. R-1；B. R-2；C. R-3；D. R-4

F1. 弱酸溶解态；F2. 可还原态；F3. 可氧化态；F4. 残渣态

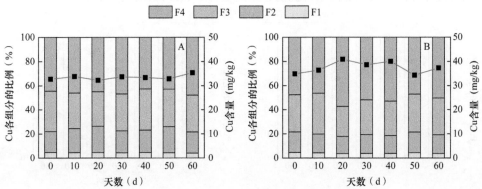

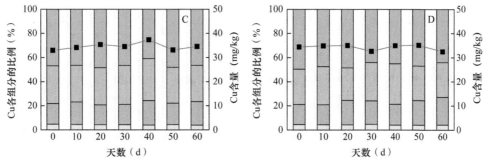

图 5-12 不同扰动强度下沉积物中 Cu 的形态分布及含量

A. R-1；B. R-2；C. R-3；D. R-4

F1. 弱酸溶解态；F2. 可还原态；F3. 可氧化态；F4. 残渣态

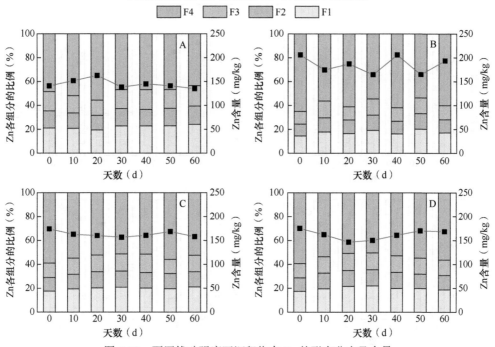

图 5-13 不同扰动强度下沉积物中 Zn 的形态分布及含量

A. R-1；B. R-2；C. R-3；D. R-4

F1. 弱酸溶解态；F2. 可还原态；F3. 可氧化态；F4. 残渣态

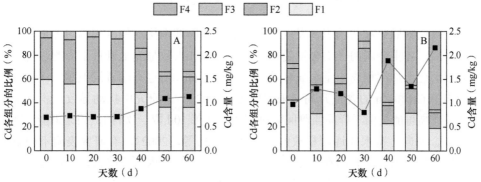

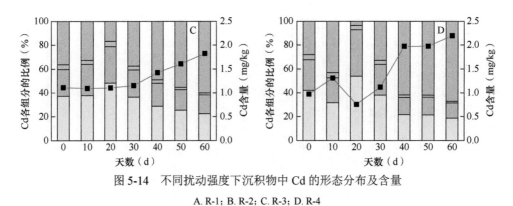

图 5-14　不同扰动强度下沉积物中 Cd 的形态分布及含量

A. R-1；B. R-2；C. R-3；D. R-4

F1. 弱酸溶解态；F2. 可还原态；F3. 可氧化态；F4. 残渣态

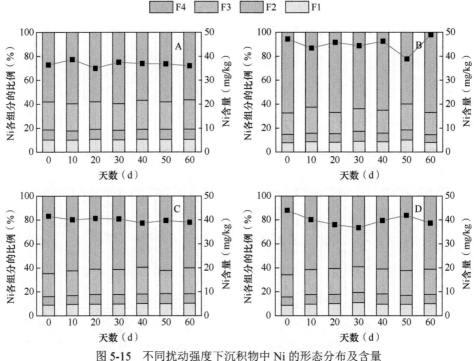

图 5-15　不同扰动强度下沉积物中 Ni 的形态分布及含量

A. R-1；B. R-2；C. R-3；D. R-4

F1. 弱酸溶解态；F2. 可还原态；F3. 可氧化态；F4. 残渣态

　　通过对比对照组和扰动组，发现在 60d 的实验周期内扰动使沉积物中各重金属的平均含量升高，各重金属的平均含量随扰动强度的增加大致呈先上升后下降的趋势，这与水动力扰动会增加沉积物中重金属释放的认知相违背，但也有学者发现曝气（扰动）会使沉积物中 Cu 和 Zn 的含量升高（朱广伟等，2002）。本研究中扰动导致沉积物中重金属的含量升高可能是由于样品监测间隔时间较长（每 10d 取一次样），因此未能反映出沉积物中重金属向上覆水体逐渐释放的趋势（朱广伟等，2002），有研究表明不同重金属释放时浓度峰值出现的时间存在差异，但大都能在 50h 之内到达峰值，之后吸附量大于释放量，水体中的重金属含量下降（黄廷林，1995）。同时，沉积物中下层硫酸盐还原生成 AVS 的过程中，被有机质和氧化物吸附的重金属会被释放出来，释放出来的重金属

与 H_2S 等反应以金属硫化物的形式被捕获和固定，并在沉积物上层部分浓缩（刘玉梅，2009）。此外，AVS 对重金属的影响较大（华祖林和王苑，2018），与对照组相比，扰动组的 AVS 含量相对较高（图 5-9），因此沉积物中的重金属不易释放。各重金属的平均含量随扰动强度的增加而下降则是由于较低的扰动在沉积物表面产生了较大的剪切力，颗粒物由于剪切力的作用在沉积物表层形成新的具有更大表面积和吸附位点更密实的聚集体（Li et al.，2006），随着扰动强度的增大，沉积物发生悬浮，暴露在有氧环境中，导致重金属在沉积物-水界面的分配平衡和沉积物性质改变，原本结合或吸附于沉积物中的重金属得到释放（王沛芳等，2012）。Cd 的变化最为显著，这主要是由于 Cd^{2+} 的水合离子半径（0.426nm）大于 Zn^{2+}、Cr^{2+}、Pb^{2+}、Ni^{2+}、Cu^{2+} 5 种重金属，沉积物对 Cd 的吸附相对较弱（张亚宁等，2023），从而更容易从沉积物底层向表层迁移，在表层被捕获固定。

由图 5-10～图 5-15 可知，4 组沉积物中 Pb 赋存形态主要为 F2 态，Cr、Cu、Zn 和 Ni 以 F4 态为主，R-1 组 Cd 的优势态为 F1 态，R-2 组、R-3 组、R-4 组 Cd 在实验刚开始时以 F1 态为主，但随着时间的增加，F4 态逐渐成为优势态。这表明扰动导致 Cd 向风险程度低的残渣态转化，这是由于 F1 态作为最不稳定的形态受扰动后极易释放（Liu et al.，2022），同时扰动使得沉积物中的溶解氧浓度有所上升，硫离子被氧化为硫酸根和硝化反应增强，pH 有所降低，同时 ES 与氧气等氧化剂发生反应也会释放 H^+（Morse et al.，1987），扰动组 ES 含量较低表明 ES 发生了氧化，酸度增加使得以 F1 态存在的 Cd 向上覆水体释放，并通过微孔扩散进入沉积物矿物晶格转化为残渣态（武超，2016；王书航等，2013）。通过对比 R-1 组、R-2 组、R-3 组和 R-4 组沉积物中重金属的赋存形态变化，发现扰动导致沉积物中各重金属的 F1 态、F2 态、F3 态占比减小，F4 态占比增大，并且变化幅度随扰动强度的增大大致呈先增大后减小的趋势，沉积物未搅动组（R-2）变化最大。F1 态减少主要是 F1 态不稳定向上覆水体释放导致的，而一般情况下，扰动导致溶解氧浓度升高，会导致可氧化态重金属受氧化而释放，F3 态减少（Liu et al.，2022），同时也会使得部分铁锰被氧化为铁锰氧化物，导致重金属 F2 态增加（朱雨锋等，2023），但本研究中重金属 F2 态占比减小，这可能是重金属含量增加的原因。重金属 F4 态占比增大则是由于扰动使得沉积物中的重金属活性升高（柳肖竹等，2020），促进了其他形态向残渣态的转化。与溶解氧对沉积物重金属赋存形态变化的影响相比，扰动的影响更为强烈，对 Cd、Zn 各形态的影响尤为显著，这主要是由于沉积物对 Cd、Zn 的吸附能力较弱（樊庆云，2008）。

5.3.3　不同扰动强度下沉积物中硫与重金属的耦合关系

为探究不同扰动强度下沉积物中硫与重金属的耦合机制，对不同形态无机硫化物与重金属各赋存形态之间的相关性进行了研究。由图 5-16 可知，不同扰动强度下，沉积物中的 RIS 与各赋存形态重金属的相关性存在显著差异。R-1 组沉积物中 AVS 与 Cu（F1）（$P<0.01$）呈显著负相关关系，与 Cd（F4）（$P<0.05$）呈显著正相关关系，表明对照组沉积物中 AVS 的积累有利于 Cu 的 F1 态向其他态转化，以及 Cd 的 F4 态形成。R-2 组沉积物中 CRS、AVS/CRS 分别与各赋存形态重金属所占比例的相关性表明，沉积物未搅动组 AVS 向 CRS 转化的过程，促进了 Pb 的 F3 态向 F2 态转化，有利于 Cu 的 F2 态和 Ni 的 F1 态生成。R-3 组沉积物中 AVS 与 Cu（F1）（$P<0.05$）、Cd（F3）（$P<0.05$）

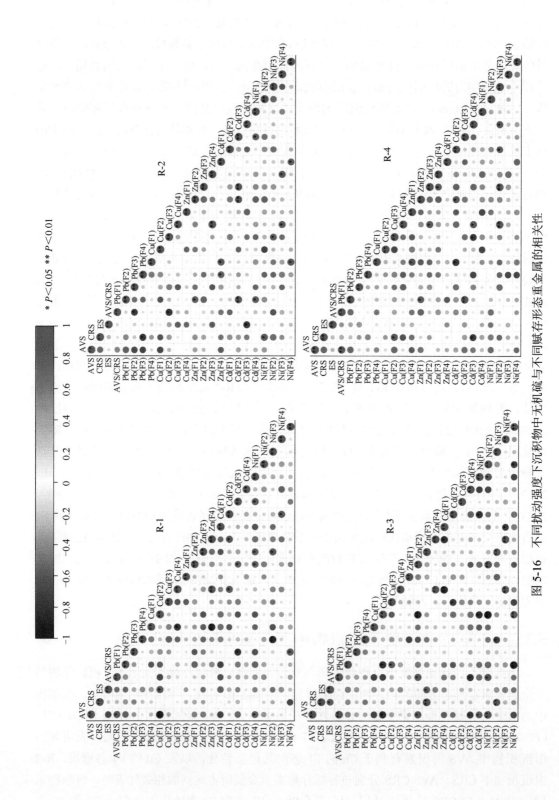

图 5-16 不同扰动强度下沉积物中无机硫与不同赋存形态重金属的相关性

呈显著负相关关系，与 Zn（F1）（$P < 0.05$）、Cd（F4）（$P < 0.05$）、Ni（F1）（$P < 0.01$）呈显著正相关关系，表明沉积物中 AVS 的积累有利于 Zn 的 F1 态、Cd 的 F4 态、Ni 的 F1 态形成，不利于 Cu 的 F1 态、Cd 的 F3 态保存。CRS、AVS/CRS 分别与各赋存形态重金属所占比例的相关性表明，沉积物轻微扰动组 AVS 向 CRS 转化的过程促进了 Zn 的 F1 态向 F2 态转化、Ni 的 F1 态向 F2 态转化，以及 Cd 的 F3 态生成。R-4 组沉积物中 CRS 与 Cu（F2）（$P < 0.05$）呈显著正相关关系，与 Cd（F3）（$P < 0.05$）呈显著负相关关系，表明沉积物剧烈扰动组 CRS 积累的过程有利于 Cu 的 F2 态保存，不利于 Cd 的 F3 态生成。不同扰动强度下沉积物中 AVS 与重金属的 F3 态均没有显著正相关关系，表明重金属的 F3 态中有机质结合态占较大比例（Chen et al.，2020a）。

虽然不同扰动强度下沉积物中 AVS 的变化趋势较为一致，但是重金属的形态变化差异较大，因此不同扰动强度下沉积物中的 RIS 与各赋存形态重金属的关系存在显著差异。综合比较 R-1 组、R-2 组、R-3 组和 R-4 组沉积物中 RIS 与各赋存形态重金属的关系可以发现，一般情况下重金属 F3 态（主要指金属硫化物）的增加会阻碍沉积物中 AVS 向 CRS 转化，加重沉积物老化程度，而重金属 F2 态的增加则有利于 CRS 的生成，这主要是由于 CRS 的形成方式主要有三种，即 H_2S 方式、亚铁损失方式和多硫化方式（孙启耀，2016；Chen et al.，2020b），这些方式都需要 FeS 的参与，而由于 NiS（$K_{sp} = 3.0 \times 10^{-19}$）、ZnS（$K_{sp} = 2.0 \times 10^{-22}$）、CdS（$K_{sp} = 8.0 \times 10^{-27}$）、PbS（$K_{sp} = 8.0 \times 10^{-28}$）、CuS（$K_{sp} = 6.0 \times 10^{-36}$）的溶度积均小于 FeS（$K_{sp} = 6.0 \times 10^{-18}$）（Fang et al.，2018），因此 Ni^{2+}、Zn^{2+}、Cd^{2+}、Pb^{2+}、Cu^{2+} 等重金属离子均可将与硫结合的 Fe^{2+} 置换出来（华祖林和王苑，2018），FeS 含量有所降低，阻碍 CRS 的生成。此外，Ni、Zn、Cd、Pb、Cu 等重金属也可直接与 H_2S 反应，促使 CRS 生成的反应式向左进行，阻碍 CRS 的生成。重金属 F2 态增加有利于 CRS 的生成则可能是由于 F2 态增加在一定程度上反映铁锰氧化物含量的升高，铁锰氧化物不完全氧化无机硫化物生成 ES（Sheng et al.，2015），有利于 AVS 通过多硫化方式（pH 接近中性的条件下，AVS 向 CRS 转化的主要方式）生成 CRS（吴丽芳等，2014）。

5.4　有机质对沉积物中硫与典型重金属耦合机制的影响

5.4.1　不同有机质含量下沉积物中无机硫的形态变化

采用室内模拟实验，分别向沉积物中添加不同量的有机质，添加量分别为底泥质量的 0%（编号 T-1）、2%（编号 T-2）、4%（编号 T-3）、6%（编号 T-4），研究有机质对沉积物中硫与典型重金属耦合机制的影响。不同有机质含量下底泥中无机硫的含量及形态变化如图 5-17 所示。在 60d 的实验周期内，T-1 组、T-2 组、T-3 组和 T-4 组底泥中 RIS 含量变化较为复杂，但实验结束时，RIS 含量均有显著升高，与 T-1 组（变异系数为 19.67%）相比，T-2 组（变异系数为 49.58%）、T-3 组（变异系数为 54.02%）和 T-4 组（变异系数为 48.76%）的变化更为明显，表明有机质对底泥中 RIS 含量的变化影响显著。

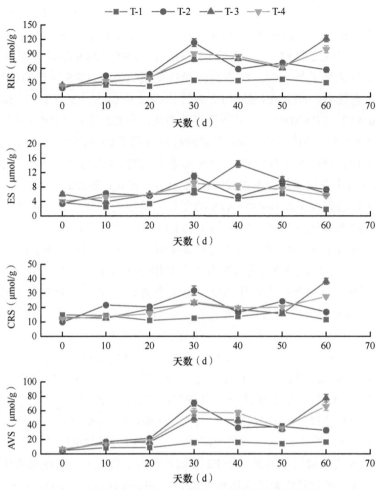

图 5-17 不同有机质含量下底泥中无机硫的含量及形态变化

在 60d 的实验周期内，T-3 组和 T-4 组底泥中 AVS 含量变化趋势较为一致，随实验天数增加呈先升高后下降再升高的趋势，在第 60d 达到最高值，而 T-1 组底泥中 AVS 含量呈升高趋势，T-2 组底泥中 AVS 含量呈先升高后下降的趋势，在第 30d 达到最高值。添加饵料组（T-2~T-4 组）的底泥中 AVS 含量显著高于对照组（T-1 组），添加饵料组 AVS 的平均含量约为对照组的 3 倍，这主要是由于添加饵料导致有机质含量升高，有机质矿化消耗溶解氧，降低氧化还原电位，增加硫酸盐还原菌的呼吸底物，有利于 AVS 的产生（Caschetto et al.，2017；Thach et al.，2017）。通过对比 T-2 组、T-3 组、T-4 组底泥中 AVS 含量随时间的变化趋势，发现饵料添加量显著影响 AVS 积累，开始阶段 AVS 积累较为缓慢，主要是由于添加饵料导致底泥中氮元素的富集（Thomas et al.，2010），有机氮被多种异养微生物通过氨化作用转化为氨氮，氨氮再通过硝化作用生成亚硝态氮和硝态氮（杜杭涛等，2022），厌氧条件下反硝化细菌与硫酸盐还原菌会存在竞争抑制现象（魏利等，2009）。由于反硝化细菌的米氏常数（K_m）值较低，所要求的氧化还原电位较高，硝酸盐还原作用释放的能量较高，因此硝酸盐还原更易进行（韩静，2020），同时反硝化过程中产生的 NO_2^-、N_2O、NO 等中间产物会抑制硫酸盐还原菌的活性（赵栩宁等，

2022），反硝化过程会对硫酸盐还原过程产生抑制。此外，从热力学角度来看，底泥中的铁氧化物异化还原优于硫酸盐还原（孙启耀，2016），也在一定程度上限制了硫酸盐还原，但由于硫酸盐还原菌具有较大的最大比基质降解速率（$V_{\max}$），其在有机质含量较高的环境中也能够生长（冯雯雯，2011），因此 AVS 缓慢积累。随着反应的进行，底泥变成厌氧环境，此时氨氮主要发生厌氧氨氧化反应（即以铵根作为电子供体，硝酸根/亚硝酸根作为电子受体，生成氮气）（Molinuevo et al.，2009），并和硫酸盐发生硫酸盐还原氨氧化反应（Fdz-Polanco et al.，2001），使得硫酸盐还原菌受抑制减弱，AVS 快速积累。此后，T-2 组由于底泥中有机质含量相对较低，随着有机质含量的降低，硫酸盐还原速率减慢（Sun et al.，2016），AVS 含量降低；而 T-2 组和 T-3 组由于受到可利用的硫酸盐的限制（Wasmund et al.，2017），AVS 积累缓慢，但随着覆盖在底泥表层有机质的消耗，进入底泥中的硫酸盐增加，AVS 积累加快。

与 AVS 含量相比，T-1 组、T-2 组、T-3 组和 T-4 组底泥中 CRS 含量的变化幅度较小，添加饵料组 CRS 含量的变化趋势与 AVS 含量类似，这在一定程度上表明 AVS 是 CRS 形成的重要前体（Chen et al.，2020b），CRS 含量变化幅度较小则主要是由于 CRS 较为稳定，且生成速度较慢。通过对比对照组和添加饵料组，发现添加饵料组底泥中 CRS 含量较高，表明高有机质含量促进了 CRS 的生成（Lin et al.，2002）。由表 5-5 可知，4 组底泥中 AVS/CRS 较大，表明 AVS 向 CRS 的转化受到一定程度的阻碍（Gagnon et al.，1995；姜明等，2018），与对照组相比，添加饵料组 AVS/CRS 的均值较大，且随着饵料添加量的增加，AVS/CRS 的均值增大，主要是饵料的添加使得 AVS 快速增加，而 AVS 向 CRS 转化的速率较慢，限制了 CRS 的生成（Billon et al.，2002），从而导致 AVS/CRS 增大。通过对比 4 组底泥中的 ES，发现饵料添加组底泥中 ES 的平均含量高于对照组，ES 是 RIS 不完全氧化的产物，有机质含量越高底泥越易呈现还原环境，高 AVS/CRS 比值也反映了底泥呈现较强还原状态（Roden and Tuttle，1993），在此条件下 ES 不易被不完全氧化，ES 含量应较低，但本研究中添加饵料组的 ES 含量较高，可能是由于饵料中富含的氮元素被异养微生物通过氨化作用转化为氨氮，生成的氨氮和硫酸盐发生硫酸盐还原氨氧化反应生成了 ES（$SO_4^{2-} + 2NH_4^+ = S + N_2 + 4H_2O$）（Fdz-Polanco et al.，2001）。

表 5-5　底泥中 AVS、CRS 与 ES 占 RIS 的比例和 AVS/CRS

组别	天数（d）	AVS/RIS（%）	CRS/RIS（%）	ES/RIS（%）	AVS/CRS
T-1	0	21.56	62.73	15.70	0.34
	10	33.32	56.62	10.06	0.59
	20	37.76	47.67	14.57	0.79
	30	44.35	35.65	20.01	1.24
	40	46.53	39.66	13.81	1.17
	50	37.74	45.61	16.65	0.83
	60	55.24	38.60	6.16	1.43
T-2	0	29.51	52.48	18.02	0.56
	10	37.45	48.60	13.95	0.77
	20	45.28	43.01	11.71	1.05

组别	天数（d）	AVS/RIS（%）	CRS/RIS（%）	ES/RIS（%）	AVS/CRS
T-2	30	62.23	28.10	9.67	2.21
	40	62.59	28.28	9.13	2.21
	50	53.46	34.06	12.48	1.57
	60	57.78	29.44	12.78	1.96
T-3	0	21.81	53.84	24.35	0.40
	10	48.02	39.60	12.38	1.21
	20	39.55	46.04	14.41	0.86
	30	62.60	29.26	8.15	2.14
	40	58.57	23.50	17.93	2.49
	50	57.82	25.70	16.48	2.25
	60	63.54	31.33	5.13	2.03
T-4	0	29.71	52.69	17.59	0.56
	10	43.18	41.32	15.49	1.04
	20	46.53	38.85	14.62	1.20
	30	63.93	26.07	10.00	2.45
	40	67.22	23.20	9.58	2.90
	50	56.84	31.63	11.53	1.80
	60	66.47	27.83	5.70	2.39

由表 5-5 可知，在实验开始时，4 组底泥中 CRS 占比均较大，表明底泥中硫化物相对较为稳定，随着实验天数的增加，CRS 占比下降，而 AVS 占比上升，实验结束时，4 组底泥中 RIS 均变成以 AVS 为主，AVS 所占比例由大到小依次为 T-4＞T-3＞T-2＞T-1，表明饵料的添加导致底泥中硫化物的环境风险升高。

5.4.2　不同有机质含量下底泥中重金属的赋存形态变化

不同有机质含量下底泥中重金属的形态分布及含量如图 5-18～图 5-23 所示。T-1 组、T-2 组、T-3 组和 T-4 组底泥中重金属含量由高到低依次为 Zn＞Cr＞Pb＞Ni＞Cu＞Cd，Pb 含量低于《海洋沉积物质量》（GB 18668—2002）中一类标准限值，Cr、Cu 的含量略高于一类标准限值，Zn 含量介于一类和二类标准限值之间，而 Cd 含量介于二类和三类标准限值之间，表明 4 组底泥主要受 Cd、Zn 污染。

在 60d 的实验周期内，除 Cd 外，其余重金属的变异系数较小（＜10%），且对照组重金属的变异系数通常大于添加饵料组，这主要是由于添加饵料组的 AVS 含量和有机质含量较高，AVS 和有机质与重金属结合限制了重金属向上覆水体释放（蓝巧娟，2019；Peng et al.，2009）。通过对比添加饵料组和对照组底泥中重金属的平均含量，发现添加饵料对 Pb、Cr、Cu、Zn 和 Ni 的影响较小（与对照组相比变化幅度小于 5%），而对 Cd 的影响较大（变化幅度为 7%～25%），并且随着饵料添加量的增加，Cd 平均含量升高，

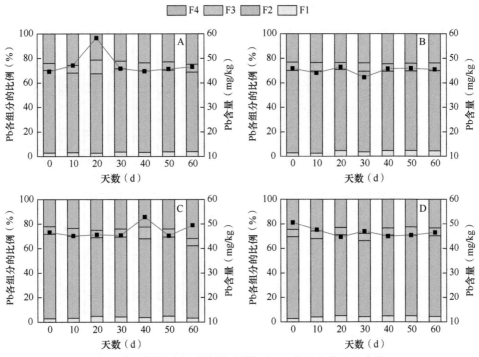

图 5-18　不同有机质含量下底泥中 Pb 的形态分布及含量

A. T-1；B. T-2；C. T-3；D. T-4

F1. 弱酸溶解态；F2. 可还原态；F3. 可氧化态；F4. 残渣态

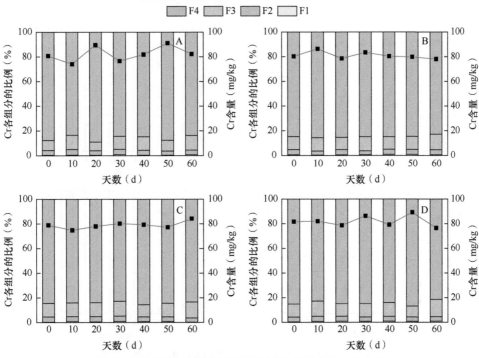

图 5-19　不同有机质含量下底泥中 Cr 的形态分布及含量

A. T-1；B. T-2；C. T-3；D. T-4

F1. 弱酸溶解态；F2. 可还原态；F3. 可氧化态；F4. 残渣态

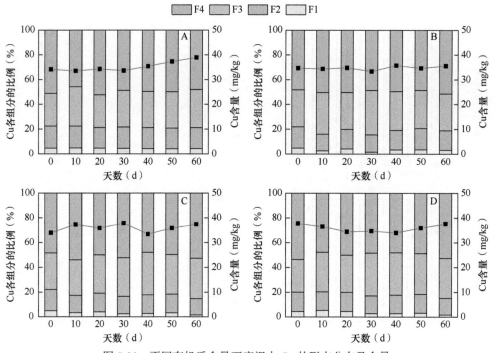

图 5-20　不同有机质含量下底泥中 Cu 的形态分布及含量

A. T-1；B. T-2；C. T-3；D. T-4

F1. 弱酸溶解态；F2. 可还原态；F3. 可氧化态；F4. 残渣态

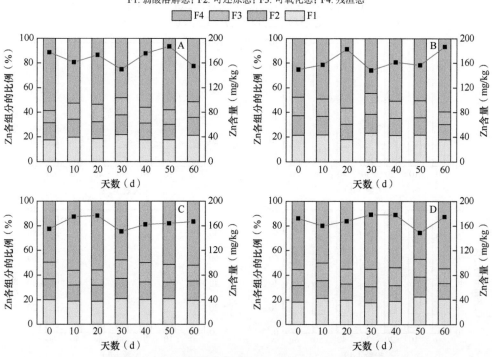

图 5-21　不同有机质含量下底泥中 Zn 的形态分布及含量

A. T-1；B. T-2；C. T-3；D. T-4

F1. 弱酸溶解态；F2. 可还原态；F3. 可氧化态；F4. 残渣态

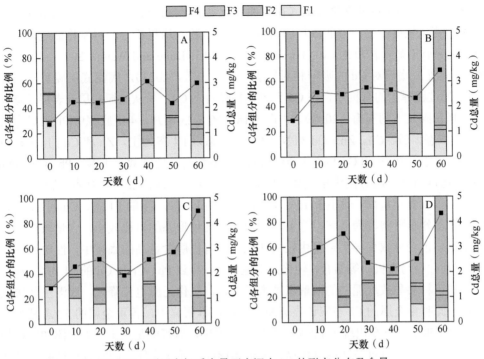

图 5-22　不同有机质含量下底泥中 Cd 的形态分布及含量

A. T-1; B. T-2; C. T-3; D. T-4

F1. 弱酸溶解态; F2. 可还原态; F3. 可氧化态; F4. 残渣态

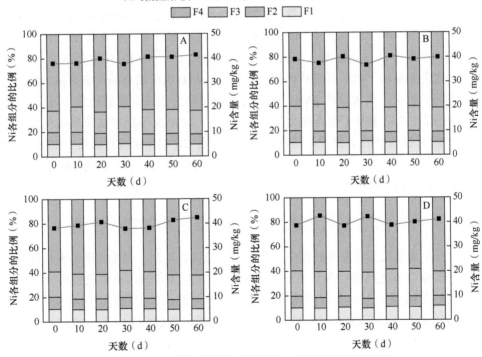

图 5-23　不同有机质含量下底泥中 Ni 的形态分布及含量

A. T-1; B. T-2; C. T-3; D. T-4

F1. 弱酸溶解态; F2. 可还原态; F3. 可氧化态; F4. 残渣态

这可能是由于一方面 Cd 含量较低（在 6 种重金属中含量最低），含量较小的增加也会引起较大的变化幅度，另一方面添加的饵料主要由鱼粉、扇贝粉等原料制作而成，而这些原料中通常含有较高浓度的 Cd（Hwang et al.，2015；Dang and Wang，2009；林建云等，2008）。此外，底泥对 Cd 的吸附相对较弱（张亚宁等，2023），底泥底层硫酸盐还原生成 AVS 的过程释放的有机结合态 Cd 和氧化物吸附态 Cd，易从底泥底层向表层迁移，在表层被捕获固定（刘玉梅，2009）。由图 5-18～图 5-23 可知，4 组底泥中 Pb 的赋存形态主要为 F2 态，Cr、Cu、Zn、Cd 和 Ni 的赋存形态以 F4 态为主，Zn 和 Cd 的 F3 态占比最小，主要是由于 Zn 和 Cd 与有机质结合较弱，其络合稳定常数小于 Ni、Pb、Cu（Dinu，2013）。通过对比 4 组底泥中重金属的赋存形态变化，发现添加饵料基本不影响 Zn、Ni 的形态分布（变异系数一般小于 15%），而对 Pb 的 F1 态、Cr 的 F1 态、Cu 的 F1 态以及 Cd 的 F3 态分布影响较为显著，这主要是由于这几种形态的占比较小，含量较低，较小的含量变化也会导致变异系数发生较大变化。在有机质含量高的底泥中，性质最不稳定的 F1 态往往会与有机质等结合，转化为其他形态，导致 Pb、Cr 和 Cu 的 F1 态含量较低。

添加饵料会导致底泥中的溶解氧被大量消耗，氧化还原电位降低，底泥呈现厌氧还原环境，此时重金属的 F2 态应该显著减少。但在本研究中，各重金属的 F2 态减少并不明显，个别重金属甚至出现了 F2 态略有增加的现象，这可能是由于一方面添加饵料导致有机质增加，有机质可与铁锰氧化物、重金属形成三元复合体，同时也可以减少铁锰氧化物表面的正电荷，从而使得更多重金属与铁锰氧化物结合（Xiong et al.，2015）；另一方面在厌氧环境中铁锰氧化物并没有被大量还原，相关研究表明在溶解氧浓度变化时铁的氧化物转化很少，仅有 32% 的针铁矿、24% 的赤铁矿和 25% 的磁铁矿发生了转化（Ye et al.，2020），添加饵料组底泥中 Mn 的各赋存形态与对照组相比变化幅度较小（<9%），也证实了本研究中铁锰氧化物并未被大量还原。Pb、Cu、Zn 和 Ni 重金属的 F3 态变化不明显，这主要是由于虽然有机质矿化过程会导致与有机质结合的重金属被释放，但是这一过程同时也会产生大量的 AVS，AVS 与重金属结合生成金属硫化物，因此 F3 态变化较小。Cr 的 F3 态未发生显著变化是由于虽然 Cr 与 AVS 不能形成金属硫化物，但是 Cr 对有机质具有较强的亲和力，同时在厌氧条件下 Cr(VI) 易被有机质、HS⁻、Fe(II) 以及微生物等还原为 Cr(III)（Fan et al.，2019），而有机物络合形式的 Cr(III) 是 Cr 可氧化态的主要形式（姚静等，2021）。

5.4.3　不同有机质含量下底泥中硫与重金属的耦合关系

为探究不同有机质含量下底泥中硫与重金属的耦合机制，对不同形态无机硫化物与各赋存形态重金属之间的相关性进行了研究。由图 5-24 可知，不同有机质含量下，底泥中 RIS 与各赋存形态重金属的相关性存在显著差异。T-1 组底泥中 AVS 与 Ni（F3）（$P < 0.05$）、Cd（F4）（$P < 0.05$）呈显著正相关关系，与 Cd（F1）（$P < 0.01$）、Ni（F2）（$P < 0.05$）呈显著负相关关系，表明对照组 AVS 的积累有利于 Ni 的 F3 态和 Cd 的 F4 态形成，不利于 Cd 的 F1 态和 Ni 的 F2 态保存；AVS/CRS 与 Pb（F1）（$P < 0.05$）、Cd（F2）（$P < 0.05$）呈显著正相关关系，与 Cd（F1）（$P < 0.05$）、Ni（F2）（$P < 0.05$）呈显著负相关关系，表明底泥中 Pb 的 F1 态、Cd 的 F2 态增加会阻碍 AVS 向 CRS 的转化，而 Cd 的

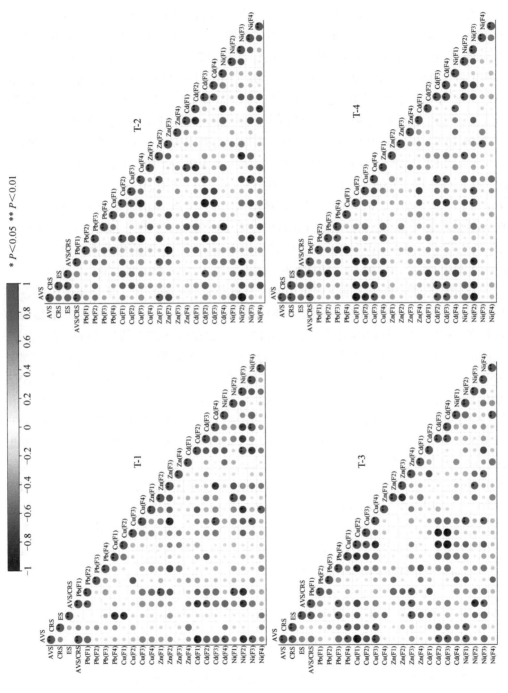

图 5-24　不同有机质含量下底泥中无机硫与不同赋存形态重金属的相关性

F1 态、Ni 的 F2 态增加会加速 AVS 向 CRS 的转化。T-2 组底泥中 AVS 与 Zn（F1）（$P<0.05$）呈显著正相关关系，与 Ni（F2）（$P<0.01$）呈显著负相关关系，表明 AVS 的积累有利于 Zn 的 F1 态形成，不利于 Ni 的 F2 态保存；AVS/CRS 与 Zn（F1）（$P<0.05$）呈显著正相关关系，与 Ni（F2）（$P<0.05$）呈显著负相关关系，表明底泥中 Zn 的 F1 态增加会阻碍 AVS 向 CRS 的转化，而 Ni 的 F2 态增加会加速 AVS 向 CRS 的转化。T-3 组底泥中 AVS 与 Pb（F4）（$P<0.05$）、Cu（F3）（$P<0.01$）、Cd（F2）（$P<0.05$）、Cd（F3）（$P<0.05$）、Ni（F1）（$P<0.05$）呈显著正相关关系，与 Cu（F1）（$P<0.01$）呈显著负相关关系，表明 AVS 的积累有利于 Pb 的 F4 态、Cu 的 F3 态、Cd 的 F2 态和 F3 态、Ni 的 F1 态形成，不利于 Cu 的 F1 态保存；CRS、AVS/CRS 与各赋存形态重金属所占比例的相关性表明，底泥中 Pb 的 F3 态、Zn 的 F3 态、Ni 的 F3 态增加会阻碍 AVS 向 CRS 的转化，而 Pb 的 F4 态、Cu 的 F3 态、Ni 的 F1 态和 F2 态增加会加速 AVS 向 CRS 的转化。T-4 组底泥中 AVS 与 Cu（F3）（$P<0.05$）、Cd（F2）（$P<0.05$）、Cd（F3）（$P<0.05$）呈显著正相关关系，与 Cu（F1）（$P<0.01$）、Cu（F2）（$P<0.05$）、Ni（F2）（$P<0.01$）呈显著负相关关系，表明 AVS 的积累有利于 Cu 的 F3 态、Cd 的 F2 态和 F3 态形成，不利于 Cu 的 F1 态和 F2 态、Ni 的 F2 态保存；CRS、AVS/CRS 与各赋存形态重金属所占比例的相关性表明，底泥中 Cu 的 F2 态和 F3 态、Cd 的 F2 态和 F3 态增加会加速 AVS 向 CRS 的转化。

综合分析不同有机质含量下底泥中 RIS 与重金属的关系发现，重金属可还原态的增加有利于底泥中 AVS 向 CRS 转化，减轻底泥老化程度，重金属可氧化态的增加则在一定程度上抑制 AVS 向 CRS 转化。重金属 F2 态增加有利于 CRS 的生成可能是由于 F2 态增加在一定程度上反映铁锰氧化物含量的升高，铁锰氧化物不完全氧化无机硫化物生成 ES（Sheng et al.，2015），有利于 AVS 通过多硫化方式（pH 接近中性的条件下，AVS 向 CRS 转化的主要方式）生成 CRS（吴丽芳等，2014）。而重金属 F3 态增加，意味着 Ni^{2+}、Zn^{2+}、Cd^{2+}、Pb^{2+}、Cu^{2+} 等重金属离子将与硫结合的 Fe^{2+} 置换出来（华祖林和王苑，2018），使得 FeS 含量有所降低，而 FeS 是 CRS 形成的前体（孙启耀，2016），因此 CRS 生成受阻。有趣的是，在有机质含量较高的 T-3 组和 T-4 组底泥中 Cu 的 F3 态既与 AVS 显著正相关，又与 CRS 显著正相关，表明 Cu 的 F3 态增加同时促进了 AVS 和 CRS 的生成，这可能是由于 Cu 的 F3 态以有机结合态为主，Cu 与有机质的络合稳定常数最高（$\lg K_{Cu}>\lg K_{Pb}>\lg K_{Ni}>\lg K_{Zn}>\lg K_{Cd}$）而最易被络合（Dinu，2013），因此 Cu 的 F3 态增加意味着有机质含量的升高，有机质增加促进了 AVS 和 CRS 的生成（Caschetto et al.，2017；Thach et al.，2017；Lin et al.，2002）。

参 考 文 献

陈亚文, 张朝晖. 2019. 富集培养条件下湖泊和沿海海域水体硫酸盐还原菌的耐氧性特征. 高校地质学报, 25(5): 705-713.

陈源清. 2020. 南极湖泊沉积物硫形态转化及其对微量重金属生物有效性的影响. 合肥: 安徽大学硕士学位论文.

戴岩, 孙宁宁, 王郑, 等. 2021. 硫对环境介质中重金属环境行为的影响研究进展. 应用化工, 50(12): 3411-3413, 3419.

杜杭涛, 徐睿, 徐慧, 等. 2022. 不同生境来源硝化细菌群对氨氮的去除性能. 环境工程技术学报, 12(1):

81-91.

段文松, 黄观超, 郝敏, 等. 2020. 环境因素变化下城市黑臭水体中硫元素的释放特性. 科学技术与工程, 20(31): 13072-13078.

樊庆云. 2008. 黄河包头段沉积物重金属的生物有效性研究. 呼和浩特: 内蒙古大学博士学位论文.

冯雯雯. 2011. 硝酸盐还原菌与硫酸盐还原菌的相互作用. 上海: 华东理工大学硕士学位论文.

付涛, 梁海含, 牛丽霞, 等. 2022. 夏季珠江口沉积物-水界面重金属分布特征及其影响因子研究. 海洋学报, 44(10): 182-192.

韩静. 2020. 溶解性有机质对城市河道内源硫介入反硝化过程的影响研究. 上海: 华东师范大学硕士学位论文.

郝廷. 2012. 波浪扰动条件下沉积物中 Zn、Cu 释放规律水槽试验研究. 青岛: 中国海洋大学硕士学位论文.

贺丽洁, 盛培培, 胡思扬, 等. 2021. Tessier 五步提取法对土壤铬结合态分析适用性研究. 天津: 中国环境科学学会 2021 年科学技术年会——环境工程技术创新与应用分会场.

华祖林, 王苑. 2018. 水动力作用下河湖沉积物污染物释放研究进展. 河海大学学报 (自然科学版), 46(2): 95-105.

黄廷林. 1995. 水体沉积物中重金属释放动力学及试验研究. 环境科学学报, (4): 440-446.

姜明, 赵国强, 李兆冉, 等. 2018. 烟台夹河口外柱状沉积物还原性无机硫、活性铁的变化特征及其相互关系. 海洋科学, 42(8): 90-97.

康亭, 宋柳霆, 郑晓笛, 等. 2018. 阿哈湖和红枫湖沉积物铁锰循环及重金属垂向分布特征. 生态学杂志, 37(3): 751-762.

蓝巧娟. 2019. 三峡库区消落带沉积物典型重金属迁移转化机理研究. 重庆: 重庆三峡学院硕士学位论文.

梁亮. 2006. 河流沉积物重金属形态分类法的研究. 济南: 山东大学硕士学位论文.

林建云, 陈维芬, 陈涵贞, 等. 2008. 水产饲料中镉的存在形态及其在养殖动物体内累积状况的研究. 台湾海峡, (4): 491-498.

刘锦军. 2016. 湘江底泥重金属污染特征研究. 湘潭: 湘潭大学硕士学位论文.

刘群群. 2021. 滨海河流沉积物的典型重金属质量基准确定及 Cd 污染原位修复研究. 北京: 中国科学院大学博士学位论文.

刘玉梅. 2009. 中国东部浅水湖泊沉积物中重金属的赋存特征——以太湖、巢湖、淀山湖为例. 上海: 上海大学硕士学位论文.

柳肖竹, 刘群群, 王文静, 等. 2020. 水力扰动对河口沉积物中重金属再释放的影响. 生态与农村环境学报, 36(11): 1460-1467.

彭慧灵. 2017. 大型水库滨岸带沉积物重金属离子迁移转化及生态效应研究. 重庆: 重庆交通大学硕士学位论文.

任俊豪, 殷伟民, 贺酰淑, 等. 2022. 水力条件对污水管网沉积层中 SRB 与 MA 的影响. 中国给水排水, 38(23): 17-22.

孙启耀. 2016. 河口沉积物硫的地球化学特征及其与铁和磷的耦合机制初步研究. 北京: 中国科学院大学博士学位论文.

王菊英. 2004. 海洋沉积物的环境质量评价研究. 青岛: 中国海洋大学博士学位论文.

王明铭, 丁爱中, 郑蕾, 等. 2016. 沉积物金属迁移-转化的影响因素及其规律. 环境工程, 34(11): 150-154.

王沛芳, 胡燕, 王超, 等. 2012. 动水条件下重金属在沉积物水之间的迁移规律. 土木建筑与环境工程, 34(3): 151-158.

王书航, 王雯雯, 姜霞, 等. 2013. 蠡湖沉积物重金属形态及稳定性研究. 环境科学, 34(9): 3562-3571.

王思粉. 2012. 珠江口及近海沉积物中酸可挥发性硫化物及重金属污染评价. 青岛: 中国海洋大学硕士学位论文.

王图锦. 2011. 三峡库区消落带重金属迁移转化特征研究. 重庆: 重庆大学博士学位论文.

魏利, 王艳君, 马放, 等. 2009. 反硝化抑制硫酸盐还原菌活性机理及应用. 哈尔滨工业大学学报, 41(4): 85-88.

吴丽芳, 雷怀彦, 欧文佳, 等. 2014. 南海北部柱状沉积物中黄铁矿的分布特征和形貌研究. 应用海洋学学报, 33(1): 21-28.

伍松林, 张莘, 陈保冬. 2013. 丛枝菌根对土壤-植物系统中重金属迁移转化的影响. 生态毒理学报, 8(6): 847-856.

武超. 2016. 地球化学环境对土壤铬固化的影响及控制机理. 北京: 中国地质科学院博士学位论文.

姚静, 赵晓光, 温娜, 等. 2021. 含水率对水稻土中重金属 Cr 形态的影响. 节水灌溉, (10): 65-70.

尹洪斌. 2008. 太湖沉积物形态硫赋存及其与重金属和营养盐关系研究. 北京: 中国科学院研究生院博士学位论文.

余芬芳. 2013. 外源硫酸盐对武汉墨水湖沉积物营养盐和重金属的作用. 武汉: 华中农业大学硕士学位论文.

俞慎, 历红波. 2010. 沉积物再悬浮-重金属释放机制研究进展. 生态环境学报, 19(7): 1724-1731.

张亚宁, 朱维晃, 董颖, 等. 2023. 氧化还原和微生物作用对沉积物中重金属迁移转化的影响. 环境工程, 41(6):101-108.

赵栩宁, 马冬雪, 赵阳国. 2022. 海水养殖生境中硫酸盐还原菌活性的抑制机制. 微生物学报, 62(8): 3048-3061.

朱广伟, 陈英旭, 田光明. 2002. 运河 (杭州段) 沉积物中 Cu 和 Zn 的释放特征. 环境化学, (5): 436-442.

朱雨锋, 孙柳, 李立青, 等. 2023. 黑臭水体治理 I: 水体氧状态对沉积物中重金属形态及生物有效性的影响. 环境科学学报, 43(2): 1-10.

Al-Mur B A. 2020. Geochemical fractionation of heavy metals in sediments of the Red Sea, Saudi Arabia. Oceanologia, 62: 31-44.

Bianchi T S. 2006. Geochemistry of Marine Sediments. Princeton: Princeton University Press.

Billon G, Ouddane B, Gengembre L, et al. 2002. On the chemical properties of sedimentary sulfur in estuarine environments. Physical Chemistry Chemical Physics, 4(5): 751-756.

Burdige D. 2006. Geochemistry of Marine Sediments. Princeton: Princeton University Press.

Burton E D, Bush R T, Sullivan L A. 2006. Elemental sulfur in drain sediments associated with acid sulfate soils. Applied Geochemistry, 21(7): 1240-1247.

Capone D G, Kiene R P. 1988. Comparison of microbial dynamics in marine and freshwater sediments: contrasts in anaerobic carbon catabolism. Limnology and Oceanography, 33(4): 725-749.

Caschetto M, Colombani N, Mastrocicco M, et al. 2017. Nitrogen and sulphur cycling in the saline coastal aquifer of Ferrara, Italy. A multi-isotope approach. Applied Geochemistry, 76: 88-98.

Chen Y, Ge J, Huang T, et al. 2020a. Restriction of sulfate reduction on the bioavailability and toxicity of trace metals in Antarctic lake sediments. Marine Pollution Bulletin, 151: 110807.

Chen Y, Shen L, Huang T, et al. 2020b. Transformation of sulfur species in lake sediments at Ardley Island and Fildes Peninsula, King George Island, Antarctic Peninsula. Science of the Total Environment, 703: 135591.

Cooper D C, Morse J W. 1998. Biogeochemical controls on trace metal cycling in anoxic marine sediments. Environmental Science & Technology, 32(3): 327-330.

Dang F, Wang W X. 2009. Assessment of tissue-specific accumulation and effects of cadmium in a marine fish fed contaminated commercially produced diet. Aquatic Toxicology, 95(3): 248-255.

Davidson C M, Ferreira P C S, Ure A M. 1999. Some sources of variability in application of the three-stage sequential extraction procedure recommended by BCR to industrially-contaminated soil. Fresenius Journal of Analytical Chemistry, 363: 446-451.

Deditius A P, Utsunomiya S, Reich M, et al. 2011. Trace metal nanoparticles in pyrite. Ore Geology Reviews, 42(1): 32-46.

di Toro D M, Mahony J D, Hansen D J, et al. 1990. Toxicity of cadmium in sediments: the role of acid volatile sulfide. Environmental Toxicology and Chemistry: An International Journal, 9(12): 1487-1502.

Ding H, Yao S, Chen J. 2014. Authigenic pyrite formation and re-oxidation as an indicator of an unsteady-state redox sedimentary environment: evidence from the intertidal mangrove sediments of Hainan Island, China. Continental Shelf Research, 78: 85-99.

Dinu M I. 2013. Metals complexation with humic acids in surface water of different natural-climatic zones. E3S Web of Conferences, 1: 32011.

Fan X, Ding S, Chen M, et al. 2019. Mobility of chromium in sediments dominated by macrophytes and cyanobacteria in different zones of Lake Taihu. Science of the Total Environment, 666: 994-1002.

Fang L, Li L, Qu Z, et al. 2018. A novel method for the sequential removal and separation of multiple heavy metals from wastewater. Journal of Hazardous Materials, 342: 617-624.

Fdz-Polanco F, Fdz-Polanco M, Fernandez N, et al. 2001. New process for simultaneous removal of nitrogen and sulfur under anaerobic conditions. Water Research, 35(4): 1111-1114.

Ferreira T O, Otero X L, Vidal-Torrado P, et al. 2007. Effects of bioturbation by root and crab activity on iron and sulfur biogeochemistry in mangrove substrate. Geoderma, 142(1-2): 36-46.

Froelich P N, Klinkhammer G P, Bender M L, et al. 1979. Early oxidation of organic-matter in pelagic sediments of the eastern equatorial Atlantic: suboxic diagenesis. Geochimica et Cosmochimica Acta, 43(7): 1075-1090.

Gagnon C, Mucci A, Pelletier E. 1995. Anomalous accumulation of acid-volatile sulphides (AVS) in a coastal marine sediment, Saguenay Fjord, Canada. Geochimica et Cosmochimica Acta, 59(13): 2663-2675.

Guven D E, Akinci G. 2012. Effect of sediment size on bioleaching of heavy metals from contaminated sediments of Izmir Inner Bay. Journal of Environment Science, 25: 1784-1794.

Huo S, Xi B, Yu X, et al. 2013. Application of equilibrium partitioning approach to derive sediment quality criteria for heavy metals in a shallow eutrophic lake, Lake Chaohu, China. Environmental Earth Sciences, 69(7): 2275-2285.

Hwang I H, Aoyama H, Abe N, et al. 2015. Subcritical hydrothermal treatment for the recovery of liquid fertilizer from scallop entrails. Environmental Technology, 36(1): 11-18.

Jakobsen R, Postma D. 1999. Redox zoning, rates of sulfate reduction and interactions with Fe-reduction and methanogenesis in a shallow sandy aquifer, Romo, Denmark. Geochimica et Cosmochimica Acta, 63(1): 137-151.

Je C H, Hayes D F, Kim K S. 2007. Simulation of resuspended sediments resulting from dredging operations by a numerical flocculent transport model. Chemosphere, 70: 187-195.

Jonge M D, Teuchies J, Meire P, et al. 2012. The impact of increased oxygen conditions on metal-contaminated sediments part I: effects on redox status, sediment geochemistry and metal bioavailability. Water Research, 46(7): 2205-2214.

Kalnejais L H, Martin W R, Signall R P, et al. 2007. Role of sediment resuspension in the remobilization of particulate-phase metals from coastal sediments. Environmental Science and Technology, 41(7): 2282-2288.

Kang X, Liu S, Zhang G. 2014. Reduced inorganic sulfur in the sediments of the Yellow Sea and East China Sea. Acta Oceanologica Sinica, 33(9): 100-108.

Kersten M, Förstner U. 1986. Chemical fractionation of heavy metals in anoxic estuarine and coastal sediments. Water Science and Technology, 18(4-5): 121-130.

Król A, Mizerna K, Bożym M. 2020. An assessment of pH-dependent release and mobility of heavy metals from metallurgical slag. Journal of Hazard Materials, 384: 121502.

Kucuksezgin F, Uluturhan E, Batki H. 2008. Distribution of heavy metals in water, particulate matter and sediments of Gediz River (Eastern Aegean). Environmental Monitoring and Assessment, 141: 213-225.

Laing G D, Rinklebe J, Vandecasteele B, et al. 2009. Trace metal behavior in estuarine and riverine floodplain soils and sediments: a review. Science of the Total Environment, 407(13): 3972-3985.

Lau S S S. 2000. The significance of temporal variability in sediment quality for contamination assessment in a coastal wetland. Water Research, 34: 387-394.

Lee J S, Lee J H. 2005. Influence of acid volatile sulfides and simultaneously extracted metals on the bioavailability and toxicity of a mixture of sediment-associated Cd, Ni, and Zn to polychaetes *Neanthes arenaceodentata*. Science of the Total Environment, 338(3): 229-241.

Li H Y, Shi A B, Li M Y, et al. 2013. Effect of pH, temperature, dissolved oxygen, and flow rate of overlying water on heavy metals release from storm sewer sediments. Journal of Chemistry, (1): 434012.

Li T, Wang D S, Zhang B, et al. 2006. Characterization of the phosphate adsorption and morphology of sediment particles under simulative disturbing conditions. Journal of Hazardous Materials, 137(3): 1624-1630.

Lin S, Huang K M, Chen S K. 2002. Sulfate reduction and iron sulfide mineral formation in the southern East China Sea continental slope sediment. Deep-Sea Research Part I-Oceanographic Research Papers, 49(10): 1837-1852.

Liu Q, Sheng Y, Wang W, et al. 2021. Efficacy and microbial responses of biochar-nanoscale zero-valent during in-situ remediation of Cd-contaminated sediment. Journal of Cleaner Production, 287: 125076.

Liu S J, Liu Y G, Tan X F, et al. 2018. The effect of several activated biochars on Cd immobilization and microbial community composition during in-situ remediation of heavy metal contaminated sediment. Chemosphere, 208: 655-664.

Liu X, Sheng Y, Liu Q, et al. 2022. Dissolved oxygen drives the environmental behavior of heavy metals in coastal sediments. Environmental Monitoring and Assessment, 194: 297.

Lovley D R, Phillips E J P. 1986. Organic-matter mineralization with reduction of ferric iron in anaerobic sediments. Applied and Environmental Microbiology, 51(4): 683-689.

Ma T, Sheng Y, Meng Y, et al. 2019. Multistage remediation of heavy metal contaminated river sediments in a mining region based on particle size. Chemosphere, 225: 83-92.

Machado A A D, Spencer K, Kloas W, et al. 2016. Metal fate and effects in estuaries: a review and conceptual model for better understanding of toxicity. Science of the Total Environment, 541: 268-281.

McKenzie R. 1980. The adsorption of lead and other heavy metals on oxides of manganese and iron. Australian Journal of Soil Research, 18(1): 61-73.

Molinuevo B, Cruz G M, Karakashev D, et al. 2009. Anammox for ammonia removal from pig manure effluents: effect of organic matter content on process performance. Bioresource Technology, 99(7): 2171-2175.

Morse J W, Luther G W. 1999. Chemical influences on trace metal-sulfide interactions in anoxic sediments. Geochimica Et Cosmochimica Acta, 63(19-20): 3373-3378.

Morse J W, Millero F J, Cornwell J C, et al. 1987. The chemistry of the hydrogen sulfide and iron sulfide systems in natural waters. Earth-Science Reviews, 24(1): 1-42.

Nasr S M, Khairy M A, Okbah M A, et al. 2014. AVS-SEM relationships and potential bioavailability of trace metals in sediments from the Southeastern Mediterranean sea, Egypt. Chemistry and Ecology, 30(1): 15-28.

Peng J F, Song Y H, Yuan P, et al. 2009. The remediation of heavy metals contaminated sediment. Journal of

Hazardous Materials, 161(2-3): 633-640.

Percak-Dennett E, He S, Converse B, et al. 2017. Microbial acceleration of aerobic pyrite oxidation at circumneutral pH. Geobiology, 15(5): 690-703.

Prica M, Dalmacija B, Dalmacija M, et al. 2010. Changes in metal availability during sediment oxidation and the correlation with the immobilization potential. Ecotoxicology and Environmental Safety, 73(6): 1370-1377.

Rauret G, Lopez-Sanchez J F, Sahuquillo A, et al. 1999. Improvement of the BCR three step sequential extraction procedure prior to the certification of new sediment and soil reference materials. Journal of Environmental Monitoring, 1: 57-61.

Roden E E, Tuttle J H. 1993. Inorganic sulfur cycling in mid and lower Chesapeake Bay sediments. Marine Ecology Progress Series, 93(1-2): 101-118.

Sheng Y, Sun Q, Shi W, et al. 2015. Geochemistry of reduced inorganic sulfur, reactive iron, and organic carbon in fluvial and marine surface sediment in the Laizhou Bay region, China. Environmental Earth Sciences, 74(2): 1151-1160.

Simpson S L, Rosner J, Ellis J. 2000. Competitive displacement reactions of cadmium, copper, and zinc added to a polluted, sulfidic estuarine sediment. Environmental Toxicology and Chemistry, 19(8): 1992-1999.

Sun Q, Sheng Y, Yang J, et al. 2016. Dynamic characteristics of sulfur, iron and phosphorus in coastal polluted sediments, north China. Environmental Pollution, 219: 588-595.

Sut-Lohmann M, Ramezany S, Kästner F, et al. 2022. Using modified Tessier sequential extraction to specify potentially toxic metals at a former sewage farm. Journal of Environmental Management, 304: 114229.

Teasdale P R, Apte S C, Ford P W, et al. 2003. Geochemical cycling and speciation of copper in waters and sediments of Macquarie Harbour, Western Tasmania. Estuarine Coastal and Shelf Science, 57(3): 475-487.

Teran-Baamonde J, Carlosena A, Soto-Ferreiro R M, et al. 2017. Fast assessment of bioaccessible metallic contamination in marine sediments. Marine Pollution Bulletin, 125(1-2): 310-317.

Tessier A, Campbell P G C, Bisson M. 1979. Sequential extraction procedure for the speciation of particulate trace metals. Analytical Chemistry, 51(7): 844-851.

Thach T T, Harada M, Oniki A, et al. 2017. Experimental study on the influence of dissolved organic matter in water and redox state of bottom sediment on water quality dynamics under anaerobic conditions in an organically polluted water body. Paddy and Water Environment, 15(4): 889-906.

Thomas Y, Courties C, El Helwe Y, et al. 2010. Spatial and temporal extension of eutrophication associated with shrimp farm wastewater discharges in the New Caledonia Lagoon. Marine Pollution Bulletin, 61: 387-398.

Torre R J, Cesar A, Pastor V A, et al. 2015. A critical comparison of different approaches to sediment-quality assessments in the Santos estuarine system in Brazil. Archives of Environmental Contamination and Toxicology, 68(1): 132-147.

Trefry J H, Metz S, Trocine R P, et al. 1985. A decline in lead transport by the Mississippi River. Science, 230(4724): 439-441.

Ure A M, Quevauviller P, Muntau H, et al. 1993. Speciation of heavy metals in soils and sediments: an account of the improvement and harmonization of extraction techniques undertaken under the auspices of the BCR of the commission of the European Communities. International Journal of Environmental Analytical Chemistry, 51(1-4): 135-151.

Vershinin A V, Rozanov A G. 1983. The platinum electrode as an indicator of redox environment in marine sediments. Marine Chemistry, 14(1): 1-15.

Wang L, Long X X, Chong Y X, et al. 2016. Potential risk assessment of heavy metals in sediments during the denitrification process enhanced by calcium nitrate addition: effect of AVS residual. Ecological Engineering, 87: 333-339.

Wasmund K, Mussmann M, Loy A. 2017. The life sulfuric: microbial ecology of sulfur cycling in marine sediments. Environmental Microbiology Reports, 9(4): 323-344.

Woszczyk M, Spychalski W. 2013. Fractionation of metals in the Sa1/2 sediment core from Lake Sarbsko (northern Poland) and its palaeolimnological implications. Chemical Speciation and Bioavailability, 25(4): 235-246.

Wu Y, Leng Z, Li J, et al. 2022. Sulfur mediated heavy metal biogeochemical cycles in coastal wetlands: from sediments, rhizosphere to vegetation. Frontiers of Environmental Science & Engineering, 16(8): 102.

Xie M, Wang N, Gaillard J F, et al. 2016. Hydrodynamic forcing mobilizes Cu in low-permeability estuarine sediments. Environmental Science & Technology, 50(9): 4615-4623.

Xiong J, Koopal L K, Weng L, et al. 2015. Effect of soil fulvic and humic acid on binding of Pb to goethite-water interface: linear additivity and volume fractions of HS in the Stern layer. Journal of Colloid and Interface Science, 457: 121-130.

Xue W J, Peng Z W, Huang D L, et al. 2018. Nanoremediation of cadmium contaminated river sediments: microbial response and organic carbon changes. Journal of Hazardous Material, 359: 290-299.

Yang Y, Zhang L, Chen F, et al. 2014. Seasonal variation of acid volatile sulfide and simultaneously extracted metals in sediment cores from the Pearl River estuary. Soil & Sediment Contamination, 23(4): 480-496.

Ye L, Meng X, Jing C. 2020. Influence of sulfur on the mobility of arsenic and antimony during oxic-anoxic cycles: differences and competition. Geochimica et Cosmochimica Acta, 288: 51-67.

Yuan H Z, Yin H B, Yang Z, et al. 2020. Diffusion kinetic process of heavy metals in lacustrine sediment assessed under different redox conditions by DGT and DIFS model. Science of the Total Environment, 741: 140418.

Zhang C, Yu Z G, Zeng G M, et al. 2014. Effects of sediment geochemical properties on heavy metal bioavailability. Environment International, 73: 270-281.

Zhong A P, Guo S H, Li F M, et al. 2006. Impact of anions on th heavy metals release from marine sediments. Journal of Environmental Sciences-China, 18(6): 1216-1220.

第6章

硫污染防治技术

6.1 水体中挥发性有机硫化物的去除技术

6.1.1 恶臭控制技术工艺介绍

1. 生物除臭法

生物除臭法一般包含生物过滤法、土壤法、生物滴滤法和生物洗涤法，这些方法在具体应用方面各有优缺点（Groenestijn and Hesselink，1993）。在上述四种生物除臭法中，生物过滤法因为操作简单和成本低廉等优点应用最为广泛（Pinjing et al.，2001），具体除臭工艺流程见图6-1。

生物过滤法的原理如下：当废气被抽送到生物过滤塔时，恶臭气体被进气口的纯水喷淋雾化，然后进入装载吸附大量微生物的复合有机填料（堆肥、泥炭、树皮等）的生物床。在生物床中，无量纲的气-液分配系数最高可以达到10，气-液表面面积达到$300\sim1000\text{m}^2/\text{m}^3$，气体在生物塔中的时间长达$30\sim60\text{s}$（Groenestijn and Hesselink，1993）。因此，在大量微生物的生物降解作用和不同极性填料的吸附作用下，废气中的恶臭物质被有效去除（Mcnevin and Barford，2000）。生物滴滤法和生物洗涤法的除臭设备和除臭原理与生物过滤法大体相似，只是将生物填料塔改为滴滤塔或喷淋塔，主要区别在于这两种方法比较适合处理气-液分配系数较低（低于0.01）的含恶臭化合物的废气（Dolfing et al.，1993）。

2. 物理化学方法

在各式各样的物理化学除臭法中，用于控制恶臭挥发性有机物（VOC）的方法主要为化学洗涤法，用于去除其他恶臭物质的方法还有掩蔽法、吸附法和焚烧法（Smet and Langenhove，1998）。其中，化学洗涤法的目的是将恶臭污染物从气相转移到液相，然后再对液相进行处理，转移的效果或除臭效率取决于目标化合物的亨利系数（气-液分配系数）。对于废气中挥发性有机硫化物（VOS）的去除，一般采用碱性溶液作为吸收剂，从而提高对H_2S、MT等的去除率（Laplanche et al.，1994）。若采用镍作为催化剂的固定床反应器，同时采用单一强碱溶液作为吸收剂，既可以简化操作程序，又可以提高处理效

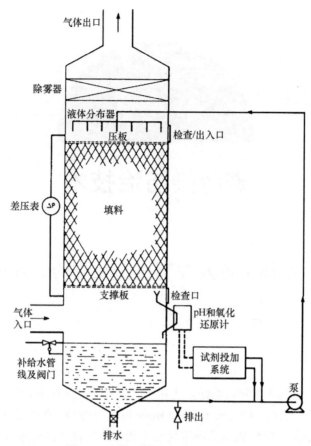

气体出口

除雾器

液体分布器

压板

检查/出入口

差压表

填料

支撑板

检查口

气体入口

pH和氧化还原计

补给水管线及阀门

试剂投加系统

排水

排出

泵

图6-1　生物过滤法除臭工艺流程图

率。掩蔽法是在恶臭区域添加某种具有特殊气味的物质，从而使环境中的恶臭气味减弱的方法，但这种方法的应用往往存在一定的风险，这种掩蔽剂如果掩蔽了某些具有高毒性的恶臭化合物，将可能产生无法想象的后果（Paillard and Blondeau，1988），而且一般掩蔽剂会随着空气的流动或其他因素的影响而逐步稀释，从而低于要掩蔽的目标化合物的臭阈值或者自身气味强度减弱（Laffort，1994；Anderson，1984）。

目前可行的吸附法主要采用活性炭、硅藻土、沸石粉、活性铝及合成树脂等作为吸附剂来吸附废气中的 VOC 或 H_2S 等气体（Muezzinoglu et al.，2000；Turk et al.，1989）。焚烧法是一种非常有效的除臭方法，但如果臭气的浓度比较低或者臭气的流速比较快，用此方法进行的恶臭处理费用将非常高昂，因为一般需要 700～1000℃ 的高温和 0.5～1.0s 以上的停留时间（Paillard and Blondeau，1988），而且此方法在实际操作时往往存在催化剂中毒（因为 H_2S 和 SO_2 的存在）及造成酸雨等二次污染问题（Tichy et al.，1998）。

等离子体法也称为高能离子脱臭法，高能离子脱臭净化系统能有效地去除空气中的细菌、可吸入颗粒物、硫化物等有害物质，其核心装置 BENTAX 离子空气净化系统的工作原理是：置于室内的离子发生装置发射出高能正、负离子，与室内空气中的 VOC 接触，打开 VOC 分子的化学键，将其分解成 CO_2 和 H_2O（对 H_2S、NH_3 同样具有分解作用）；离子发生装置发射的离子与空气尘埃粒子及固体颗粒碰撞，使颗粒荷电产生聚合作用，形成的较大颗粒靠自身重力沉降下来，达到净化目的；发射的离子还可以与室内静电、异味等相互发生作用，并将其完全消除。高能离子脱臭净化系统在欧洲主要应用于医院、办公室、公众大厅等，近年来逐步开发应用于污水厂和污水提升泵的脱臭方面（赵丽君等，2003）。这一技术主要通过两个途径实现除臭：一是在高能电子的瞬时高能量作用下，打开某些有害气体分子的化学键，使其直接分解成单质原子或无害分子；二是在大量高能电子、离子、激发态粒子和氧自由基、羟自由基（自由基因带有不成对电子而具有很强的活性）等作用下，氧化分解成无害产物。从除臭机制上分析，主要发生以下反应（王建明等，2005）：

$$H_2S + O_2、O_2^-、O_2^+ \longrightarrow SO_3 + H_2O \tag{6-1}$$

$$NH_3 + O_2、O_2^-、O_2^+ \longrightarrow NO_x + H_2O \tag{6-2}$$

$$VOCs + O_2、O_2^-、O_2^+ \longrightarrow SO_3 + CO_2 + H_2O \tag{6-3}$$

从上述反应来看，恶臭组分经过处理后，转变为 SO_3、NO_x、CO_2、H_2O 等小分子，由于产物的浓度极低，均能被周边的大气所接受，因此无二次污染。

3. 生物土壤处理法

生物土壤处理法是使恶臭气体自下而上通过土壤层中的土壤胶粒及种类繁多的细菌、放线菌、霉菌、原生动物、藻类等微生物的吸收、降解达到处理的目的。土壤脱臭一般采用固定床，其组成为黏土约 1.2%、有机质沃土约 15.3%、细砂土约 53.9%、粗砂约 26.9%。土壤层厚为 0.5~1m，水分保持在 40%~70%，pH 保持在 7~8，气体流速一般为 2~17mm/s。若在土壤层中添加一些改性剂，脱臭效果将更好，如加入少量鸡粪和珍珠岩后，可提高对恶臭气体甲基硫醇、二甲基硫、二甲基二硫的去除率（骆梦文，1989）。土壤处理系统使用一年后会发生酸化，应及时加入石灰调整其 pH。生物土壤处理法因通气性能良好、适于微生物生长、除臭效果比较好，在国际上得到了广泛应用。韩国研制成功的一种"土壤微生物废气处理设备"，利用 200 余种微生物去除化工厂、食品厂排放废气中的烟煤臭味，除臭率达 99.9%（彭清涛，2000）。该设备的设计原理是：将废气加压，使其透过土层，臭气成分被粒子吸附或被土壤中的水分溶解，然后被栖息在土壤中的微生物氧化分解。现在普遍采用的活性炭吸附法作用时间较长、除臭率较低，且活性炭价格昂贵，每 6~8 个月就需更换一次，而土壤处理设备只需每 7 年换一次微生物土壤就可继续使用，是一种永久性设备（彭清涛，2000）。

6.1.2　不同除臭系统对挥发性有机硫化物的去除效果

1. 生物土壤法对 VOS 的去除效果

为了验证生物土壤法对 VOS 的去除效果并探讨除臭机制，对该除臭系统的进气和出气所含有的 VOS 进行了采样分析。其中，进气样品采集于反应池密封盖体内不同工艺单元，包括所有厌氧池、缺氧池和曝气池；出气样品采集于土壤堆体表面不同地点，分为距土壤堆体两侧边缘 1.5m 处和正中央的 3 个点，采样位置距离堆体表面草坪约为 0.2m。生物土壤法对 VOS 的去除效果见表 6-1，其中样品的进气浓度和出气浓度均指所采集样品浓度的均值。

表 6-1 　生物土壤法对 VOS 的去除效果 　　　（单位：mg/m³）

VOS	进气浓度	出气浓度	排放标准
COS	0.0002	/	/
MT	/	/	0.007
DMS	0.0449	/	0.07
CS_2	0.0026	/	3.0
DMDS	0.0044	0.0008	0.06

注："/"表示未检测到。

由表 6-1 可以看出，生物土壤法除臭设施对恶臭 VOS 的去除效果明显，除 MT 没有监测到外，其他 VOS 的去除率几乎达到 100%。恶臭 VOS 经生物土壤法处理后，出气中只有 DMDS 能够检测到，但其浓度水平已经远远低于排放标准。

生物土壤法对 VOS 的去除能够达到较高的处理效率，主要原因可能是土壤中的有机质及矿物质将臭气吸附、浓缩到土壤中，然后通过土壤中富集的微生物将其充分降解。该除臭系统的具体处理过程和机制为：由穿孔管构成的空气分布系统位于生物土壤底部，收集的臭气借风机进入穿孔管，然后缓慢地在土壤介质中扩散，向上穿过土壤介质，并暂时吸附在载体表面、微生物表面或薄膜水层中，然后臭气被微生物吸收，参与微生物代谢，被转化成 CO_2 和 H_2O 等无臭化合物，臭气中的 VOS 被转化为硫酸，而硫酸又可作为硫杆菌等微生物的食物，从而逐步被消耗，最终达到去除 VOS 的目的。

2. 生物滴滤法对 VOS 的去除效果

为评价生物滴滤法对恶臭 VOS 的去除效果，对该除臭系统的进气和出气分别进行了采样分析。其中，进气采样地点选择厌氧池、缺氧池和曝气池的玻璃密封盖体以下，每个处理单元采集 3 个样品。由于在除臭系统的进气口无法直接采样，因此将进气口之前不同处理单元采集样品的 VOS 均值作为进气浓度。该除臭系统出气口样品直接在生物塔顶端气流出口处采集。生物滴滤法除臭工艺示意见图 6-2，对 VOS 的去除效果见表 6-2。

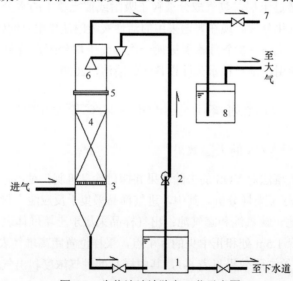

图 6-2 　生物滴滤法除臭工艺示意图

1. 循环水槽；2. 恒流；3. 布气；4. 填料；5. 法兰盘；6. 喷淋头；7. 出气采样点；8. 出气洗涤槽

表 6-2　生物滴滤法对 VOS 的去除效果　　　　（单位：mg/m³）

VOS	进气浓度	出气浓度	排放标准
COS	0.0009	0.0001	/
MT	/	/	0.007
DMS	0.0155	0.0017	0.07
CS_2	0.0046	0.0008	3.0
DMDS	0.0018	0.0012	0.06

注："/" 表示未检测到。

由表 6-2 可以看出，生物滴滤法除臭设施对恶臭 VOS 的去除效果比较明显，其中对 DMS 的去除率达到 89%，对 CS_2 的去除率达到 83%，但对 DMDS 的去除率仅为 33%。恶臭 VOS 经生物滴滤法处理后，虽然出气中依然有一定含量，但其浓度水平明显低于排放标准。

3. 等离子体法对 VOS 的去除效果

大坦沙污水处理厂所采用的等离子体法只对一期和二期工程的污泥脱水车间进行处理。高能离子脱臭净化系统安装在室内，整个除臭系统由离心风机、过滤器、活性氧设备、控制系统等组成，设计进气量为 5000m³/h，工程设计采用 24h 连续运行，处理设备中气体流速达到 0.7m/s，废气在反应区停留时间为 2s。为方便污泥外运，该厂将所产生的污泥全部收集于珠江南岸的三楼脱水机房，以便脱水后直接用船舶装载外运。采样地点分别为二楼污泥堆放密封车间和三楼离子净化系统出气口。等离子体法对 VOS 的去除效果见表 6-3。

表 6-3　等离子体法对 VOS 的去除效果　　　　（单位：mg/m³）

VOS	进气浓度	出气浓度	排放标准
COS	0.002	/	/
MT	/	/	0.007
DMS	0.1404	0.0817	0.07
CS_2	0.0677	0.0022	3.0
DMDS	0.13939	0.0708	0.06

注："/" 表示未检测到。

由表 6-3 可以看出，等离子体法除臭设施对恶臭 VOS 的去除效果相对于前两种处理方法较差，对 DMS 和 DMDS 的去除率均低于 50%。王建明等（2005）研究发现，等离子体活性氧净化装置对 H_2S 的去除率可达到 81.3%，对 NH_3 的去除率可达到 88.1%，对臭气的去除率也可达到 99.5%。工程实践证明，将等离子体活性氧净化装置应用于城市污水处理设施的恶臭污染物治理技术应用于低浓度、高流速、大风量恶臭气体的处理，可以得到较高的去除效率。但在本研究中，未对 H_2S 和 NH_3 等无机化合物做检测分析，所以与文献报道的相关结果无法对比。但就有机硫化物来说，去除效率远低于无机硫化物，这种现象或许表明，等离子体活性氧净化装置对 VOS 的去除效率较低。导致处理效率低下的可能原因主要有两点：一是因为废气湿度较大，大量的水蒸气阻碍了离子间的相互碰撞和组合；二是因为可能进气中 VOS 的含量较高，在较短的停留时间内 VOS 的分子结构不能被完全破坏。

6.1.3 不同除臭工艺比较

根据生物土壤法、生物滴滤法和等离子体法三种除臭系统的不同特性，从以下四个方面对所采用的不同除臭系统进行分析。①从脱臭效果分析：生物土壤法脱臭效率最高，生物滴滤法次之，等离子体法脱臭效率最低。②从脱臭系统的运行成本分析：等离子体法成本偏高、管理复杂；生物滴滤法效率不高，存在因更换滤料等问题而使工程操作技术难度增大和成本升高；生物土壤法除臭效果明显，运行费用较低，运行管理也比较方便。③从除臭系统的占地面积分析：生物滴滤法和等离子体法均需在室内或室外安装一定体积的专用设备，所以均需占用一定的建筑面积，从而增加了厂区建筑密度，但生物土壤法一般将除臭设施深埋于地下，而地上部分采用草坪覆盖，所以既不占地又增加了厂区的绿化面积，可以认为是一种绿色的环保设施。④从使用寿命分析：生物滴滤法一般为 5～8 年；生物土壤法一般为 20 年左右；而等离子体法的寿命目前还没有明确说法，估计为 5 年左右。

6.2 水体中硫化物的去除技术

6.2.1 水体中硫化物的去除方法

1. 物理法

1）汽提法

汽提法是指在汽提设备中，让含硫废水与水蒸气直接接触，利用气液平衡原理，保持气相中的 H_2S 浓度始终小于该条件下的平衡浓度，使废水中的挥发性 H_2S 按一定比例扩散到气相中，不断排出气体，从而使废水中溶解的硫化物得以去除（周西臣等，2012）。Onodera 等（2022）开发了一种带有气液分配阀门（GLP）的厌氧反应器（IPSR），通过汽提法来去除废水中的硫化物，对于硫酸盐浓度为 800mg S/L、有机质装载率为 10kg COD/(m³·d) 的合成废水，该反应器使用自身产生的沼气，可使 H_2S 减少量比无 GLP 的减少量高 39%～50%，可使出水的硫化物浓度比无 GLP 的低 19%。该反应器示意图如图 6-3 所示。该方法不需要添加额外的化学试剂，但需要对汽提气体进行进一步净化（Wiemann et al.，1998），增加了运行成本。

2）真空抽提法

真空抽提法是将含硫废水的 pH 调节在 4 以下，使废水中硫化物以 H_2S 气体的形式在一定的温度和真空负压条件下与水相互分离，然后将 H_2S 气体抽吸到碱吸收室吸收或氧化成单质硫去除。先花等（2010）对含有高浓度二价硫的油田回注污水进行了真空抽提法室内探究，研究结果表明除硫速率随真空度增加而加快，降低 pH 或提高温度可以

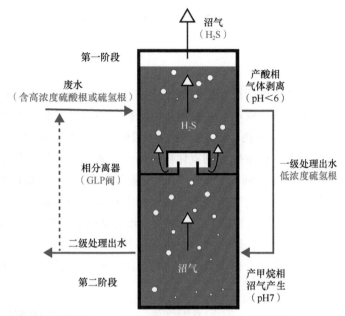

图 6-3　带有气液分配阀门（GLP）的厌氧反应器（IPSR）示意图（Onodera et al.，2022）

提高除硫效果。真空抽提法除硫彻底，但是需要加酸调节 pH，对处理设备要求较高，不适合小规模废水处理。

3）乳化液膜分离法

自 Li（1968）开发了乳化液膜分离技术并用于分离碳氢化合物以来，乳化液膜分离法（ELM）已被广泛用于废水处理。该方法是一种以液膜为分离介质，以浓度差为推动力的膜分离操作，主要包括乳化、萃取、分离、破乳四个步骤，操作过程简单，去除率高，能同时进行萃取和反萃取，投资成本较低，其原理如图 6-4 所示（Hussein et al.，2019）。Hu 等（2012）以二乙醇胺（DEA）为载体，煤油为溶剂，span 80 为表面活性剂，利用

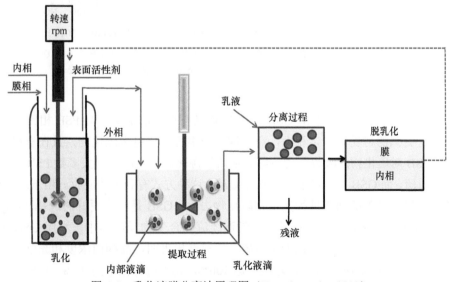

图 6-4　乳化液膜分离法原理图（Hussein et al.，2019）

乳化液膜分离法对高盐度废水中的 H_2S 进行了去除，在最优操作参数下，硫化物的去除率为97.3%。

2. 生物法

生物法是指利用微生物的新陈代谢将废水中的硫化物氧化为其他形式硫的过程。硫酸盐还原菌和硫化物氧化菌（SOB）是参与生物硫循环的两大主要微生物，其中硫酸盐还原菌可还原硫酸盐产生硫化物，而硫化物氧化菌则是将还原性硫化物氧化成元素硫。根据能量来源和生长条件，可将硫化物氧化菌分为光养硫细菌和化学营养无色硫细菌两种（Lin et al.，2018）。光养硫细菌主要包括绿色硫细菌（GSB）及紫色硫细菌（PSB），该类细菌需在厌氧条件下利用光能从还原性硫化物中获取电子和氢并消耗无机碳以供细胞生长。化学营养无色硫细菌通常指无色硫细菌，该类细菌不需要光能，能以 O_2 或 NO_3^- 作为电子受体，氧化所有还原性硫化物以及甲硫醇等含硫有机物。因此，生物法除硫主要分为缺氧氧化、好氧氧化以及自氧反硝化三种，不同硫化物氧化菌氧化硫化物的电子转移链如图6-5所示。

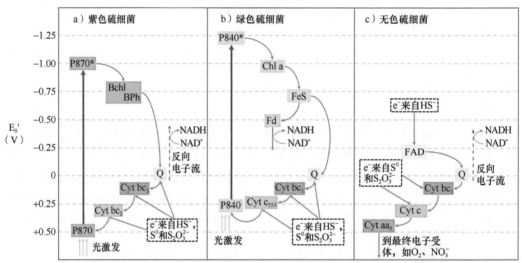

图6-5　不同硫化物氧化菌氧化硫化物的电子转移链（Lin et al.，2018）

Bchl-细菌叶绿素；BPh-细菌脱镁叶绿素；Q-醌；Cyt-细胞色素；FeS-铁硫蛋白；Fd-铁氧化还原蛋白；FAD-黄素腺嘌呤二核苷酸；NADH-烟酰胺腺嘌呤二核苷酸还原态；NAD^+烟酰胺腺嘌呤二核苷酸

1）缺氧氧化

对于废水中硫化物的去除，GSB 要比 PSB 具有更大的优势。与 PSB 相比，GSB 对硫化物具有更强的耐受性和亲和力，在每次光照中可氧化更多硫化物，且在有机营养物存在时，PSB 对硫化物的吸收能力下降。从硫资源化利用角度看，大多数 PSB 是在细胞内积聚单质硫，而 GSB 是在细胞外沉积单质硫，这种方式有利于硫回收。由于这些原因，如果要通过接种光养硫细菌进行光生物硫化物去除，GSB 是一个更好的选择（Frigaard，2016）。Henshaw 和 Zhu（2001）在固定膜连续流光合生物反应器中，利用 GSB 去除合成工业废水中的 H_2S 并将其转化为单质硫，研究结果表明，高细菌浓度和光强可使硫化物浓度为 $111\sim286mg/(h\cdot L)$ 时，除硫率达100%，元素硫转化率为92%～95%。

2）好氧氧化

由于不需要光照、强大的环境适应力以及高硫化物耐受性，化学营养无色硫细菌被广泛用于处理含低浓度有机物的含硫废水。以 O_2 为电子受体氧化 H_2S 是一种常见的生物除硫方法。Cheng 等（2018）在实验室中利用污水污泥在弱碱性条件下成功富集了硫化物氧化菌，然后将其用于沼气厂的生物脱硫，并考查了 pH、溶解氧（DO）、沼气流量对 H_2S 脱除的影响，结果表明，产生元素硫的最佳 DO 浓度为 $0.8\sim1.2mg/L$，且经过两个月的运行后，除硫率可达 95%。

3）自养反硝化

虽然化学营养无色硫细菌是需氧生长的，但有些菌属如硫杆菌属（*Thiobacillus*）可以使用 NO_3^- 或 NO_2^- 作为最终电子受体，对硫化物进行氧化。Eleni 等（2005）在厌氧条件下，以硝酸盐为最终电子受体，通过自养反硝化对炼油工业的含硫废水进行了去除，结果表明，反应结束后浓度为 110mg/L 的硫化物可完全被转化为硫酸盐。

与传统方法相比，生物法运行成本低、无须投加其他化学试剂，而且可将硫化物转化为单质硫回收，但由于高浓度的硫化物对生化系统有危害作用，该方法不适合处理大规模含硫废水。

3. 化学法

1）化学沉淀法

化学沉淀法主要是向含硫污水中投加脱硫剂，利用脱硫剂中的金属离子（Fe^{2+}、Fe^{3+}、Ca^{2+}、Cu^{2+}、Zn^{2+}）与 S^{2-} 反应生成硫化物沉淀来去除废水中溶解的硫化物。该方法生成的沉淀颗粒细小、不易分离，影响水质，通常与化学混凝法联用。Altas 和 Buyukgungor（2008）对于含硫量为 20mg/L 的污水处理厂絮凝池进水采用 $FeSO_4\cdot7H_2O$ 铁盐与 $Ca(OH)_2$ 助沉剂相结合的方式进行处理，硫化物去除率可达 96%~99%。此法不仅除硫率高，而且除硫速度快，但往往需要输入大量脱硫剂，且处理后产生大量含金属污泥，增加了操作成本。

2）化学氧化法

化学氧化法是指通过投加氧化剂的方式，利用氧化还原反应，将还原性硫化物转化为无毒害的其他形式硫的方法。常见的化学氧化法为空气氧化法、化学药剂氧化法、湿式空气氧化法以及光催化氧化法。

（1）空气氧化法：利用空气中的氧气，将废水中的硫化物氧化成硫代硫酸盐和硫酸盐以去除，同时在废水中营造一个好氧环境，抑制硫酸盐还原菌的活性，避免硫化物的产生。但由于氧气的氧化能力较弱，与硫化物反应速率缓慢，这种方法已逐渐淡出人们的视野。事实上，利用空气中的氧气处理硫化物不仅成本最低，而且对环境危害最小，若能提高氧气对硫化物的反应性，可使该方法得到广泛应用。Maie 等（2022）利用臭氧的强氧化性以及纳米气泡（≤100nm）的高气体传递效率和在水中的长期保持性，采用超细孔法生成高密度氧气和臭氧纳米气泡（O_2/O_3-HDNBs），对工地隧道中溶解的 H_2S 进行了原位处理，结果表明，$625m^3$ 的含硫废水（120mg/L）可在 3d 内被完全去除，实现了对空气氧化法的改进。

（2）化学药剂氧化法：向含硫废水中投加氯气（Cl_2）、过氧化氢（H_2O_2）、高锰酸钾（$KMnO_4$）等氧化能力较强的化学试剂，将硫化物氧化为其他形式的含硫化合物去除的方法。Cl_2 通常在水中以次氯酸（$HClO$）和次氯酸根（ClO^-）的形式与硫化物反应，根据 pH、温度以及反应程度的不同，产物通常是胶体硫、亚硫酸盐、硫代硫酸盐或硫酸盐（Azizi et al., 2015）。$KMnO_4$ 能快速将硫化物氧化为 SO_4^{2-}，同时生成二氧化锰（MnO_2）和单质硫（S_0）等固体（Cadena and Peters, 1988）。Huang 等（2020）比较了 $HClO$ 和 $KMnO_4$ 氧化去除硫化物的效果，结果表明，在相同投加剂量下，$HClO$（97.8%）具有比 $KMnO_4$（87.6%）更高的除硫率、更高的 SO_4^{2-} 转化率，SO_4^{2-} 的存在促进了 $HClO$ 对硫化物的去除，但抑制了 $KMnO_4$ 的氧化过程，该研究为选择合适的硫化物氧化方法提供了参考。H_2O_2 会分解成 O_2 和 H_2O，不产生有毒残留物，是一种环境友好的氧化剂（Bergstedt et al., 2022）。Ksibi（2006）利用 H_2O_2 对硫化物浓度为 12mg/L 的二次生活废水进行了处理，结果表明，H_2O_2 可将硫化物氧化为硫酸盐，同时降低废水的化学需氧量（COD）和生物需氧量（BOD），并且废水中的大肠菌数量随 H_2O_2 投加量增加而降低。然而，该方法需要补充消耗的氧化剂，增加了成本。

（3）湿式空气氧化法：在高温（120~320℃）高压（0.5~20MPa）下，纯氧或空气的液相氧化过程中，硫化物被转化为硫代硫酸盐、亚硫酸盐和硫酸盐以去除，该过程可降低 COD，常被用作生物除硫的预处理步骤（Barge and Vaidya, 2019）。该方法可处理许多复杂废水，但反应条件苛刻，需要较高的运行成本，通过使用合适的催化剂可以改善反应条件，提高氧化能力，加快反应速度（Alipour and Azari, 2020）。Barge 和 Vaidya（2019）对浓度为 8000mg/L 的硫化物溶液，使用低成本的 $FeSO_4$ 催化剂对湿式空气氧化法除硫进行了催化，结果表明，在温度为 120℃、压力（O_2）为 0.69MPa、催化剂浓度为 0.8g/L 的条件下，硫化物全部被转化为硫酸盐，几乎可降解全部的 COD，解离型朗缪尔-欣谢尔伍德模型可以更好地拟合 COD 降解动力学数据。

（4）光催化氧化法：通过紫外线辐射产生高活性自由基，并与催化剂表面的化合物发生反应的方法，该方法矿化能力高，运行成本和操作条件较低（Alipour and Azari, 2020）。Tzvi 和 Paz（2019）使用短紫外光（254nm）和氧气结合的方法处理 H_2S 含量为 20mg/L 的自来水和天然井水，结果表明，在几分钟内可去除 90% 的硫化物，且产物主要为硫酸盐，不产生任何单质硫颗粒。去除机制为 HS^- 吸收光被激发，与氧气反应形成多硫化物离子，这些多硫化物离子有助于充分氧化硫化物形成单质硫，再氧化形成硫酸盐。

4. 电化学法

目前，应用于含硫废水处理的电化学技术主要为电化学絮凝和电化学氧化两种方法。

1）电化学絮凝法

电化学絮凝法是在电流作用下电解阳极原位产生金属离子，然后金属离子以聚氢氧化物和絮凝剂的形式，通过中和以及吸附机制去除废水中的硫化物（图 6-6）。阳极材料通常为 Fe 或 Al。在反应过程中，阳极产生相应金属离子，阴极产生氢气（Chen, 2004），氢气会帮助絮凝颗粒浮出水面。

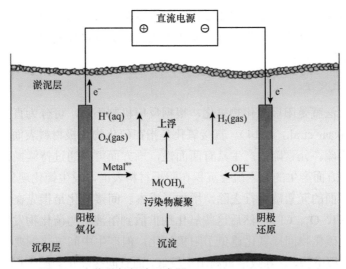

图 6-6　电化学絮凝法示意图（El-Taweel et al.，2015）

对于 Fe 阳极材料：

阳极反应为

$$Fe-2e^- \longrightarrow Fe^{2+} \tag{6-4}$$

碱性条件下为

$$Fe^{2+}+2OH^- \longrightarrow Fe(OH)_2 \tag{6-5}$$

酸性条件下为

$$4Fe^{2+}+O_2+2H_2O \longrightarrow 4Fe^{3+}+4OH^- \tag{6-6}$$

对于 Al 阳极材料：

阳极反应为

$$Al-3e^- \longrightarrow Al^{3+} \tag{6-7}$$

碱性条件下为

$$Al^{3+}+3OH^- \longrightarrow Al(OH)_3 \tag{6-8}$$

酸性条件下为

$$Al^{3+}+3H_2O \longrightarrow Al(OH)_3+3H^+ \tag{6-9}$$

阴极反应为

$$2H_2O+2e^- \longrightarrow H_2\uparrow+2OH^- \tag{6-10}$$

此外，在 Fe 作为阳极材料时，硫化物也可通过与电解产生的亚铁离子反应生成不溶性 FeS 沉淀以去除（Pikaar et al.，2014），反应式如下：

$$Fe^{2+}+HS^- \longrightarrow FeS+H^+ \tag{6-11}$$

Shankar 等（2021）研究了操作参数对 Al 和 Fe 电极电絮凝去除硫化物的影响，结果表明，在硫化物浓度为 600mg/L 的碱性条件下，Fe 电极（87%）比 Al 电极（82%）具有更高的硫化物去除率，电絮凝过程中产生的 $Al(OH)_3$、$Fe(OH)_3$、$Fe(OH)_2$ 可以很好地吸附硫化物，吸附过程符合朗缪尔非线性吸附以及准二级动力学模型，是一种非自发的化学吸附。该方法无须添加化学试剂，调控电压或电流就可控制絮凝剂的添加量，操作简单，但应用初期投资较大。

2）电化学氧化法

电化学氧化法就是阳极硫化物氧化，根据反应机制不同，可分为直接氧化和间接氧化两种方式（Pikaar et al.，2014）。直接氧化是指在硫化物电极材料表面发生氧化，氧化产物通常为元素硫。元素硫的产生具有两面性，一方面可以通过持续操作将元素硫作为资源回收，另一方面产生的元素硫会沉积在阳极材料表面，发生钝化现象，降低除硫率，而且需对电极表面的元素硫进行去除，增加了成本。间接氧化是指先在电极表面产生中间氧化剂（·OH、O_2、Cl_2），然后这些氧化剂扩散到溶液中与硫化物发生氧化反应。与直接氧化相比，硫化物间接氧化避免了阳极钝化，但产生中间氧化剂要比硫化物直接氧化需要更高的电极电势，这导致能量利用率较低，而且间接氧化会产生Cl_2等有毒副产物，不能用于复杂废水的处理。

电极材料和操作参数（硫化物浓度、pH、电极电势等）决定了硫化物氧化的方式以及最终氧化产物的种类。Sergienko 和 Radjenovic（2021）合成了氧化锰包覆的 TiO_2 纳米管阵列（NTA），并将其应用于硫化物的电催化氧化，结果表明，Ti/TiO_2 NTA-Mn_xO_y 阳极具有极好的催化活性，可通过硫离子和锰氧化物之间形成的内球复合物，将硫化物选择性氧化为元素硫。并且在 pH 为 8 时，元素硫从阳极解吸并进一步络合成胶体硫（S_8），避免了阳极钝化，并在后续应用中具有稳定的催化活性。Pikaar 等（2011）采用 Ir/Ta 混合金属氧化物（MMO）涂层钛电极去除合成和真实废水中的硫化物，结果表明，对于硫化物浓度大于 30mg/L 的生活废水，最大硫化物去除率为（11.8±1.7）g S/(m^2 电极表面·h），获得的最终产物为硫酸盐、亚硫酸盐以及元素硫，主要机制为原位产生氧气的硫化物间接氧化。该方法在常温常压下就能进行，操作简单、除硫率高、操作成本较低，但适用范围较小，不适用于大规模含硫废水处理。电化学氧化法的原理如图 6-7 所示。

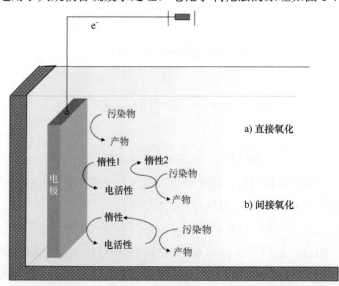

图 6-7　电化学氧化法的原理（Vasudevan，2016）

5. 材料吸附法

材料吸附法去除废水中的硫化物是指利用具有特异性吸附的大比表面积固体材料,通过物理吸附、静电、离子交换以及螯合等不同作用,实现对硫化物富集转化的方法(何军勇,2018)。根据吸附材料与硫化物相互作用方式的不同,可将吸附分为物理吸附(范德瓦尔斯力或静电)和化学吸附(化学键)。通过物理吸附去除的硫化物,由于吸附质与吸附剂之间的结合力较弱,容易脱附,而化学吸附则由吸附质与吸附剂之间的化学键所引起,通常比较稳定。该方法成本低廉、工艺简单、操作便捷、除硫率高,已被广泛用于废水中硫化物的去除。近年来,开发具有良好表面功能的吸附材料,以及提高材料的硫化物吸附性能在材料化学领域引起了相当大的关注。

1)活性炭吸附

由于具有高孔隙率和大表面积,活性炭已被广泛用于去除各种有毒化学物质。由于单纯的活性炭吸附效能不够好,因此需要采取各种方式对活性炭进行改性以提高其除硫效率。活性炭在500℃煅烧后,能有效吸附炼油废水中的硫化物,其吸附容量为58.82mg/g(Hariz and Monser,2014)。Habeeb 等(2020)用 KOH 对由椰壳、棕榈仁壳和木屑制备的活性炭进行了浸渍,然后用于去除模拟炼油厂废水中的 $H_2S_{(aq)}$,结果表明,浸渍后的棕榈仁壳有最高的硫化物去除率。虽然活性炭吸附性能优异,但其对硫化物选择性差,不利于吸附技术在硫化物去除方面的应用。

2)多孔石墨碳吸附

多孔石墨碳(PGC)是一类具有极高孔隙率、大表面积和良好机械稳定性的活性炭,是一种有效替代传统活性炭的吸附剂。Edathil 等(2020)使用化学湿法沉积法合成了 MnO_2-PGC 吸附剂,研究了其对废水中硫化物的吸附去除行为,结果表明,MnO_2 和 PGC 活性位点上的氧原子可将硫化物氧化为硫酸盐和单质硫以去除,并且不受溶液 pH 的影响,吸附行为符合准二级动力学模型以及朗缪尔等温线模型,最大吸附容量为526.3mg/g。

3)金属氧化物吸附

金属氧化物可以通过吸附和氧化相结合的方式有效地去除水体中溶解的硫化物,其中锰(Ⅳ)氧化物和铁(Ⅲ)氧化物的应用最为广泛。Jacukowicz-Sobala 等(2015)通过羧基阳离子交换剂制备了含有铁氧化物的杂化聚合物,该吸附剂可通过铁(Ⅲ)氧化物的异相氧化和还原性溶解有效去除硫化物,吸附容量为60mg/g。Wilk 等(2020b)以大孔强碱性阴离子交换剂为载体,制备了含 MnO_2 的混合离子交换剂,研究了其在厌氧水溶液中对硫化物的吸附去除效果,结果表明,大约60%的硫化物被氧化成 $S_2O_3^{2-}$ 并随后解离到溶液中,15%以多硫化物的形式与吸附剂结合,最大吸附容量为152mg/g。

4)石墨烯基材料吸附

石墨烯结构为由单原子层 sp^2 杂化碳排列成的蜂窝状,这种结构特征使石墨烯具有大的表面积和极好的机械性能。石墨烯吸附剂主要通过吸附质与吸附剂之间的 π-π 或静电相互作用吸附污染物。石墨烯基材料孔径分布丰富,吸附能力强,化学稳定性好,可重复使用，可作为一种优良的吸附剂应用于水净化（Mondal et al.，2018）。Edathil 等（2019）利用沙漠沙和蔗糖合成了一种石墨烯基杂化吸附剂，该吸附剂可将硫化物转化为单质硫和硫酸盐以去除，对硫化物的最大吸附量为 370mg/g，硫化物在吸附剂上的吸附行为符合朗缪尔吸附等温线和准二级动力学模型。Wang 等（2022）利用氧化石墨烯（GO）与四水合氯化亚铁（$FeCl_2 \cdot 4H_2O$）之间的氧化还原反应制备了还原氧化石墨烯/四氧化三铁（RGO/Fe_3O_4）吸附剂，吸附剂上的含氧官能团（—OH 和—COOH）可将硫化物转化为元素硫和砜类有机物（C—O—C 和 C=O），其对硫化物的吸附在 180min 内达到平衡，吸附效果不受 pH 影响，硫化物的吸附符合准二级动力学模型，单层朗缪尔吸附量最大可达 173.01mg/g。

6. 矿化法

矿化法是一种新兴的硫化物去除方法，具体是指根据黄铁矿（FeS_2）形成路径，通过开发相应技术，将硫化物转化为稳定的 FeS_2，在彻底去除硫化物的同时，实现污染物向资源的转变。该方法可从根本上解决氧化法将硫化物转化为硫酸盐，需进行二次处理的问题。下一节将对矿化法详细展开。

6.2.2 水体中硫化物的矿化去除

1. 水体中硫化物成矿机制

1）Fe(Ⅱ)和多硫化物反应机制

1847 年，Bunsen 首次报道了 FeS 可以在溶液中与多硫化物反应生成 FeS_2，但该工作在当时未引起足够重视。1969 年，Roberts 等发现溶解性 Fe(Ⅱ)可直接与多硫化物反应生成 FeS_2。1972 年，Hallberg 发现 Fe_3S_4 是 FeS 通过该机制生成 FeS_2 的中间产物。1974 年，Goldhaber 和 Kaplan 认为该机制是沉积物中 FeS_2 形成的主要方式。1975 年，Rickard 研究了低温条件下的硫化物、元素硫以及硫化亚铁三者反应生成 FeS_2 的反应，给出了多硫化物反应机制的速率方程和反应机制。

在该机制中，FeS 与多硫化物之间的反应是 FeS_2 形成的速率控制步骤，FeS_2 形成速率对多硫化物是一级的，对 FeS_m 的表面积是二级的，其速率方程为

$$\partial[FeS_2]/\partial t = kA_{FeS}^2 A_{S(0)} \{S(-II)\}_T \{H^+\} \qquad (6-12)$$

式中，k 是速率常数；A_{FeS} 是 FeS 的表面积（cm^2）；$A_{S(0)}$ 是 S^0 的表面积（cm^2）；$\{S(-II)\}$ 是总溶解硫化物活性；$\{H^+\}$ 是氢离子活性。

该速率方程可看作由三项组成，即由 S^0 和 $S(-II)$反应生成多硫化物的速率、FeS 表面积以及氢离子活性。近年来，H_2S-S_n^{2-}-S^0 体系中多硫化物的形成速率已被广泛报道，其速率大小随元素硫形态的不同而不同（Avetisyan et al.，2019）。当元素硫为环八硫（S_8）时，其与 HS^- 之间的反应可在 10s 内达平衡（Kamyshny et al.，2003）。对于用水稀释甲醇溶液沉淀的胶体硫，S^0 与 S_n^{2-} 之间的同位素交换可在 2min 内达到平衡的 50%（Fossing and Jørgensen，1990）。对于正交硫（α-S_8），其与 HS^- 的反应对硫化物是一级的，且反应 5h 后未达平衡（Boulegue and Michard，1977）。事实上，多硫化物是影响 FeS_2 生成速率

快慢的重要因素，多硫化物亲核性越强，浓度越高，则 FeS_2 生成速率越快。该速率方程对 FeS_m 是二级的，意味着 FeS_m 参与了不止一个速率决定反应，而方程在恒定 S(-Ⅱ) 下对 $\{H^+\}$ 是一级的，表明 FeS_m 的溶解参与了速率决定步骤。FeS_m 会与部分 FeS_m 溶解后生成的铁离子和硫离子迅速达到平衡，而 FeS_2 的形成速率相对于 FeS_m 的溶解速率较慢，因此 FeS_m 是 FeS_2 形成所需溶解性 Fe 和 S 组分的连续来源，FeS_2 形成过程中存在 FeS_m 的溶解。

综合对上述速率方程的分析，可对 FeS_2 在该机制下的形成过程做进一步的具体阐述。FeS_m 形成后会再溶解放出 Fe^{2+} 和硫化物，释放的 Fe^{2+} 与硫离子会再反应生成 [FeS] 反应中间体，然后该中间体被亲核多硫化物攻击，形成 FeS_2（Rickard，1975）。FeS 与 S_5^{2-} 之间的反应如下所示：

$$Fe^{2+} + S(-Ⅱ) \longrightarrow [FeS] \tag{6-13}$$

$$[FeS] + S_5^{2-} \longrightarrow FeS_2 + S_4^{2-} \tag{6-14}$$

其中需注意的是，[FeS] 是水溶性反应中间体，不等同于 FeS_m，而且 Fe^{2+} 通常以六配位水合离子的形式 $[Fe(H_2O)_6^{2+}]$ 存在于溶液中，配位的水分子可以影响 Fe^{2+} 所参与反应的产物形成速率和形成机制（Rickard，2006）。因此，[FeS] 反应中间体的形成涉及配体取代反应，其中硫化物取代 $Fe(H_2O)_6^{2+}$ 第一配位球中的水，取代速率仅与 Fe^{2+} 的水交换速率有关，HS^- 和 H_2S 具体替代反应如下：

对于 HS^-，

$$Fe(H_2O)_6^{2+} + HS^- = Fe(H_2O)_6 \cdot HS^+ \tag{6-15}$$

$$Fe(H_2O)_6 \cdot HS^+ = FeSH \cdot (H_2O)_5^+ + H_2O \tag{6-16}$$

对于 H_2S，

$$Fe(H_2O)_6^{2+} + H_2S = Fe(H_2O)_6 \cdot H_2S^{2+} \tag{6-17}$$

$$Fe(H_2O)_6 \cdot H_2S^{2+} = FeH_2S \cdot (H_2O)_5^{2+} + H_2O \tag{6-18}$$

此外，多硫化物的亲核性顺序遵循相应亲核试剂最高占据分子轨道 (HOMO) 的能量顺序（Rickard and Luther，2007），即 $S^{2-} > S_5^{2-} > S_4^{2-} > HS^- > HS^{2-} > S_3^{2-} > H_2S$。长链多硫化物要比短链多硫化物更具亲核，可加快 [FeS] 反应中间体与多硫化物反应生成 FeS_2。因此，FeS_2 是通过六水合 Fe(Ⅱ) 和多硫化物之间的反应生成的，所形成的 FeS_2 中所有的 S 原子都来自于 S_n^{2-}。

1991 年，Luther 在 pH 范围为 5.5～8.0 的条件下研究了 Fe(Ⅱ) 和 Fe(Ⅲ) 与多硫化物 $Na_2S_x(x = 2, 4, 5)$ 溶液在 25℃和 100℃下的反应，对该机制提出了不同的见解，他认为固相 FeS 的溶解或 Fe(SH)$^+$ 络合物中 Fe—S 键的解离并不是合成 FeS_2 的必要步骤，固体 FeS 或 Fe(SH)$^+$ 可以直接与多硫化物反应。具体反应过程如下：由于多硫化物链末端的硫原子具有亲核性，而链中心的硫原子具有亲电性，强亲核性多硫化物在攻击固体 FeS 的 Fe(Ⅱ) 中心时，末端硫原子会将电子电荷转移到 Fe(Ⅱ) 中心，一方面致使多硫化物链的中心硫原子变得更容易受到亲核攻击，另一方面造成 Fe—S 键强度变弱，导致 FeS 中的硫亲核性更强。因此，在反应过程中多硫化物末端硫原子攻击 Fe(Ⅱ) 中心时，FeS 中的硫也会攻击多硫化物中心硫原子，引起固体 FeS 中的 Fe—S 键以及多硫化物链中心附近的 S—S 键断裂，同时形成新的 Fe—S 键（多硫化物末端硫原子与 FeS 的 Fe 之间，即 FeS$_2$ 生成）和新的 S—S 键（多硫化物中心硫原子与 FeS 的 S 之间，即短链多硫化物生成）。该过程也造成 Fe(II) 的自旋状态从前体 FeS 或 Fe(SH)$^+$ 中的高自旋 ($t_{2g}^4 e_g^2$) 转化为 FeS$_2$ 中的低自旋 (t_{2g}^4)，由于低自旋态是动力学惰性的，因此黄铁矿表现出稳定性和不溶性。此外，同样的机制也可以发生在固相表面。在能量方面，该过程中断键和成键的数量是相同的，但可以在 Fe(II) 自旋态从高自旋变为低自旋过程中获得能量。对于该机制需进一步探究反应过程中多硫化物链呈现的分子结构或多硫化物链向 FeS 中硫原子移动的方式。

2）FeS(aq) 和 H$_2$S 反应机制

Berzelius 在 1845 年首次观察到 FeS 与 H$_2$S 生成 FeS$_2$ 的反应，反应式见公式（6-19），由于具有较小的吉布斯自由能值（$\Delta G_r^0 = -29 \text{kJ/mol}$），该反应可在室温下自发进行。由多硫化物亲核性顺序可知，H$_2$S 亲核性最弱，这是由于 H$_2$S 的最高占据分子轨道（HOMO）能量值太小（大约为 -10eV），很难作为电子供体给出电子，但其最低未占据分子轨道（LUMO）能量值较大（-1.1eV），可以作为很好的电子受体（即氧化剂）。

$$\text{FeS} + \text{H}_2\text{S} \longrightarrow \text{FeS}_2 + \text{H}_2 \tag{6-19}$$

Fe(II) 与 H$_2$S 反应生成 FeS$_2$ 的机制再次涉及 [FeS] 作为反应中间体，但在这种情况下，H$_2$S 在亲核攻击中不是取代 [FeS]-S^{2-}，而是参与氧化还原反应，导致 [FeS]-S^{2-} 被氧化为 S$_2^{2-}$。其机制包括 [FeS] 和 H$_2$S 之间形成内球络合物，S(-II) 和 H(I) 之间进行电子转移生成 S$_2$(-II)（Rickard，1997；Rickard and Luther，1997），其中 [Fe-SS $\longrightarrow$ H$_2$] 是反应中间体。在该反应中，H$_2$S 对 [FeS] 起氧化剂的作用：

$$\text{FeS} + \text{H}_2\text{S} \longrightarrow \text{FeS}_2 + \text{H}_2 \tag{6-20}$$

$$[\text{FeS}] + \text{H}_2\text{S} \longrightarrow \left[\text{Fe-S} \longrightarrow \text{SH}_2\right] \longrightarrow \text{FeS}_2 + \text{H}_2 \tag{6-21}$$

H$_2$S 机制的速率方程为

$$\partial[\text{FeS}_2]/\partial t = k[\text{FeS}][\text{H}_2\text{S}] \tag{6-22}$$

式中，[FeS] 是 FeS 的摩尔浓度；[H$_2$S] 是 H$_2$S 的摩尔浓度；k 为速率常数。

3）黄铁矿形成的相对速率

在大多数 FeS$_2$ 形成体系中，多硫化物和硫化物一般会同时存在，两种 FeS$_2$ 生成机制相互作用，共同控制 FeS$_2$ 的形成速率。Rickard 和 Morse（2005）将多硫化物和 H$_2$S 形成机制的速率方程结合起来得出一个主速率方程，如下所示：

$$\partial[\text{FeS}_2]/\partial t = k_{\text{H}_2\text{S}}[\text{FeS}_m][\text{H}_2\text{S}] + k_{\text{S}_n(-\text{II})}[\text{FeS}_m]^2[\text{S}^0][\text{S}(-\text{II})]_\text{T}[\text{H}^+] \tag{6-23}$$

式中，$k_{\text{H}_2\text{S}}$ 和 $k_{\text{S}_n(-\text{II})}$ 分别是 H$_2$S 和多硫化物反应的速率常数；第二项中 FeS$_m$ 和 S^0 的表面积与总 FeS 浓度 $[\text{FeS}_m + \text{FeS(aq)}]$ 成正比。此外，还假定 $[\text{S}(-\text{II})]_\text{T} \approx \{\text{S}(-\text{II})\}$ 且 $[\text{H}^+] \approx \{\text{H}^+\}$。

Rickard 和 Morse（2005）应用该公式计算了 pH 为 8 的厌氧水生和沉积体系中 FeS$_2$

非生物生成的速率，结果表明，对于 H_2S 浓度范围为 0.1μmol/L 至 0.1mmol/L、FeS_m 浓度范围为 1～100μmol/L 的湿沉积物，在 $[S^0]$ 为 0、速率常数 k 为 10^{-4} mol/(L·s) 的常温条件下，湿沉积物的 FeS_2 形成速率范围为 10^{-11} ～ 10^{-6} μmol/L。而在 pH 为 7、H_2S 浓度范围为 0.5μmol/L 至 0.5mmol/L，其余条件相同时，FeS_2 形成速率范围为 1.5×10^{-3} ～ 1.5×10^2 μmol/(gdw·a)。当 H_2S 浓度很低时，该式变为只描述多硫化物反应机制的速率方程。

Rickard 和 Luther（2007）探究了 S^0 与 FeS_m 浓度在相同量级的情况下 FeS_2 的相对非生物生成速率，除 S^0 与 FeS 的物质的量相等外，其余环境条件与上述只有 H_2S 机制控制 FeS_2 非生物生成的条件相同，结果表明，FeS_2 形成速率为 10^{-11} ～ 10^{-2} μmol/(gdw·a)，这仅是在没有 S^0 的情况下的 H_2S 机制形成速率的 10^{-8} ～ 10^{-4}。因此，通过多硫化方式形成 FeS_2 的速率非常缓慢。

然而，公式（6-23）仅阐述了非生物条件下 FeS_2 的生成速率，没有考虑微生物对 FeS_2 生成的催化作用。硫化物环境中缺氧/好氧边界含有硫歧化微生物，它们与沉积 FeS_2 的形成密切相关。同位素证据表明（Canfield et al.，2003），在细菌硫歧化过程中，FeS_2 在多硫化方式和 H_2S 方式两种反应路径中生成速率相近，总速率比非生物过程快 10^5 倍，但催化机制尚不明确。

4）黄铁矿成核和晶体生长

FeS_2 的形成由成核和晶体生长两个过程组成。FeS_2 晶体的生长速度相对较快，但成核速度较慢，是速度的限制步骤（Schoonen and Barnes，1991）。Rickard 等（2007）研究了有机底物存在时 FeS_2 的过饱和极限（Ω^*_{pyrite}），发现 Ω^*_{pyrite} 要比纯 FeS_2 大约低 3 个数量级，表明 FeS_2 自发成核所必需的过饱和与底物有关。Wang 和 Morse（1996）在室温条件下利用硅胶技术在 4 种不同的铁反应试剂体系（$FeS_{(1-x)(mackinawite)}$、$Fe_3S_{4(greigite)}$、$FeOOH_{(goethite)}$、$Fe^{2+}_{(aq)}$）中合成了 FeS_2 晶体，发现在 $FeS_{(1-x)}$ 或 Fe_3S_4 存在时 FeS_2 的成核被加速。

FeS_2 的成核通常有非均相成核和繁殖成核两种方式（Wang and Morse，1996）。非均相成核是 FeS_2 晶体在前体固相表面的直接过度生长。由于均相成核需要较高的活化能，而非均相成核能显著减小临界核的大小，因此在自然环境中非均相成核是水溶液中矿物形成的主要机制（Stumm and Morgan，1981）。此外，由于通过非均相成核方式成核的晶体和前体具有相似的结构，因此晶体核和前体之间的界面能变小，可在较低的过饱和度下实现成核。从晶体学角度考虑，晶体结构中存在的缺陷可以产生具有核晶格发生非均相成核所需匹配度的结构区域，且由于表面松弛或重构，某些矿物表面的原子位置与体结构中的原子位置不同（Eggleston and Hochella，1992），小尺寸的核可以具有不同于宏观晶体的结构和性质，这表明一对不同结构的固相之间可以发生非均相成核。因此，尽管 FeS_2 和 FeS 或 Fe_3S_4 的晶体结构缺乏相似性，但纳米级 FeS_2 核和 FeS 或 Fe_3S_4 表面之间的错配可能很小，FeS 或 Fe_3S_4 可以作为 FeS_2 成核的有效前体。晶体核和前体之间的原子排列并不需要完全匹配，因为当核与前体之间的界面能小于核与水溶液之间的界面能时，前体表面就可作为成核的有效催化剂（Wang and Morse，1996）。

繁殖成核是指在 FeS 和 Fe_3S_4 存在时，FeS_2 晶体从溶液中直接析出。该成核机制基于一种模型，即在固体分子场的影响下，结晶相的分子簇积聚在前驱体固体的表面

（Nyvlt et al.，1985）。许多研究证实，在相对于体相过饱和的溶液中，原子或分子会相互作用形成团簇（Larson，1991），这些团簇比临界核小，具有类固体结构。然而，由于 FeS_2 在室温下的溶解度极低，即使在非常高的过饱和的硫化铁溶液中，FeS_2 团簇也很少见，因此这些团簇通过相互碰撞并结合，从而在体相溶液中达到临界核的概率很小。但当 FeS 和 Fe_3S_4 存在时，团簇会被吸引到这些前驱体相的界面区域，在前驱体晶体表面和体溶液之间形成过渡层。FeS_2 团簇在该过渡层中的浓度远高于体溶液，因此更容易发生 FeS_2 团簇的碰撞和凝聚，从而大大加速了 FeS_2 核的形成。

从微观角度来看，外表面的存在可以在更大程度上控制成核，因为晶体核和前驱体表面之间的界面能通常低于与溶液接触的晶体之间的界面能（de Yoreo and Vekilov，2003）。这是由于晶体中的分子可以与前驱体中的分子形成比溶剂化更强的键。自由能的焓贡献主要来自化学键，化学键越强，则界面自由能越小。显然，界面上的成键强度很大程度上取决于前驱体表面的结构和化学性质。如果前驱体表面的原子结构与成核相的特定平面紧密匹配，使得晶格应变最小化，且前驱体表面呈现出一系列促进与原子核强烈成键的化学机能，那么界面自由能的焓贡献就会变小，成核优先发生在该晶体平面上（de Yoreo and Vekilov，2003）。以上黄铁矿的成核方式仍属于推测，没有直接证据，在未来的研究中，可将先进表征技术（透射电镜、同步辐射等）与理论计算相结合，确定 FeS_2 的具体成核机制和分子路径。

2. 痕量元素在黄铁矿形成过程中的行为和动力学影响

1）痕量元素在黄铁矿形成过程中的掺入机制

水中的金属或类金属杂质可以通过影响元素的固溶分配系数及其在 FeS_2 晶体中的掺入方式来影响 FeS_2 沉淀的动力学。Morin 等（2017）探究了室温下 Ni（Ⅱ）在 FeS_2 生成过程中的掺入行为，结果表明，溶液中微量浓度的 Ni^{2+} 会通过形成富 Ni 核的方式加速 FeS_2 成核，成核速率比未添加 Ni^{2+} 增大了 5 倍。掺入机制为 Ni^{2+} 具有比 Fe^{2+} 更慢的水交换速率，Ni^{2+} 趋向于吸附在铁硫化物表面或者与铁硫化物发生共沉淀，其可能的掺入及成矿反应式如式（6-24）～式（6-31）所示（Morse and Luther，1999）。此外，le Pape 等（2016）报道，水溶性亚砷酸盐（H_3AsO_3）在室温酸性条件下会延缓 FeS_2 的形成，且 As 分别以 $As^{Ⅱ,Ⅲ}$ 和 As^{-1} 的形式掺入 FeS_2 结构中的 Fe(Ⅱ) 和 S^{-1} 位点，这种动力学效应在低温下显著，可能与发生在海洋和大陆沉积物中的早期成岩作用有关。Baya 等（2022）在室温和水相中 V、Mn、Co、Ni、Cu、Zn、As、Se、Mo 存在的条件下，通过将 FeS 前驱体与单质硫反应合成 FeS_2，提供了一个研究痕量元素在 FeS_2 通过多硫化方式形成过程中掺入的方法框架。研究结果表明，成核速率顺序为 Ni≫Mn、Co＞Cu、Zn、Se＞对照组（无痕量元素掺入）、V≫As、Mo，反应完成后，Mn 留在溶液中，Ni、Co、V、Cu、Se 快速沉淀并一直保留在固相中，Zn、Mo 沉淀然后进一步释放到溶液中，As 部分并入固体中。此外，Co、Cu、Zn、As 和 Se 在 FeS_2 颗粒上均匀分布，而 Ni-FeS_2 则呈现富集核。

$$Fe^{2+}+HS^- \longrightarrow FeS+H^+, \quad FeS形成 \qquad (6\text{-}24)$$

$$FeS+Me^{2+} \longrightarrow Fe\text{-}S\text{-}Me^{2+}, \quad 金属在FeS的吸附 \qquad (6\text{-}25)$$

$$\text{Fe-S+Me} \longrightarrow \text{Fe(Me)S}，\text{金属掺杂进 FeS} \tag{6-26}$$

$$\text{FeS+Me}^{2+} \longrightarrow \text{MeS+Fe}^{2+}，\text{置换或金属交换反应} \tag{6-27}$$

FeS_2 形成：

$$\text{Fe(Me)S+S}^0 \longrightarrow \text{Fe(Me)S}_2，\text{FeS}_2\text{形成} \tag{6-28}$$

$$\text{Fe(Me)S+H}_2\text{S} \longrightarrow \text{Fe(Me)S}_2+\text{H}_2 \tag{6-29}$$

$$\text{FeS}_2+\text{Me}^{2+} \longrightarrow \text{Fe-S-S-Me}^{2+}，\text{金属在 FeS 的吸附} \tag{6-30}$$

$$\text{Fe-S-S+Me} \longrightarrow \text{Fe(Me)S}_2，\text{金属掺杂进 FeS} \tag{6-31}$$

Baya 等（2021）在痕量 Ni(Ⅱ) 和 As(Ⅲ) 存在的情况下，利用 Fe(Ⅲ) 和 H_2S 水溶液在室温下通过多硫化方式分别合成了 FeS_2，结果表明，Ni(Ⅱ) 促进 FeS_2 成核，而 As(Ⅲ) 抑制 FeS_2 成核，这主要是由于 Ni(Ⅱ) 和 As(Ⅲ) 与 FeS 前驱体有不同类型的相互作用。Ni(Ⅱ) 会结合在 FeS 前驱体的结构中，而 As(Ⅲ) 则会与溶液中的（多）硫化物相互作用形成硫代砷，再结合或沉淀到 FeS 表面，从而减缓 FeS 向 FeS_2 的转变。FeS_2 生成反应机制如式（6-32）、式（6-33）所示。

在室温下，通常需要 FeS 作为 FeS_2 生成反应的前驱体，Fe^{3+} 可以在酸性条件下与硫化物发生如下反应，$\text{FeS}_{(\text{cluster,nanoMck})}$ 和 $\text{S}^0_{(\alpha\text{-sulfur})}$ 可在反应前 30min 形成：

$$\text{Fe}_{(\text{aq})}^{3+}+\text{HS}_{(\text{aq})}^{-} \longrightarrow 1/2\text{Fe}_{(\text{aq})}^{2+}+1/2\text{FeS}_{(\text{cluster,nanoMck})}+1/2\text{S}^0_{(\alpha\text{-sulfur})}+\text{H}_{(\text{aq})}^{+} \tag{6-32}$$

$\text{H}_2\text{S}_{n(\text{aq})}$ 会嵌入层状 $\text{Fe}_x\text{S}_{x(\text{aq})}$ 结构中，然后和 $\text{H}_2\text{S}_{n(\text{aq})}$ 反应生成 FeS_2：

$$\text{Fe}_x\text{S}_{x(\text{aq})}+\text{H}_2\text{S}_{n(\text{aq})} \longrightarrow \text{Fe}_{x-1}\text{S}_{x-1(\text{aq})}+\text{H}_2\text{S}_{n-1}+\text{FeS}_2 \tag{6-33}$$

该过程多硫化物形成途径为反应一开始，$\text{HS}_{(\text{aq})}^{-}$ 对 $\text{Fe}_{(\text{aq})}^{3+}$ 的还原与 Avetisyan 等（2019）提出的含铁矿物 (Ⅲ) 在 pH >7 时可直接氧化硫化物生成多硫化物的反应式类似，如式（6-34）所示

$$\text{Fe}_{(\text{aq})}^{3+}+n/[2(n-1)]\text{HS}_{(\text{aq})}^{-} \longrightarrow \text{Fe}_{(\text{aq})}^{2+}+1/[2(n-1)]\text{H}_n\text{S}_{n(\text{aq})}+(n-2)/[2(n-1)]\cdot\text{H}_{(\text{aq})}^{+} \tag{6-34}$$

或者 $\text{S}(0)_{(\alpha\text{-sulfur})}$ 被 $\text{H}_2\text{S}_{(\text{aq})}$ 还原溶解产生多硫化物：

$$(n\text{-}1)\text{S}(0)_{(\alpha\text{-sulfur})}+\text{H}_2\text{S}_{(\text{aq})} \Longleftrightarrow \text{H}_2\text{S}_{n(\text{aq})} \tag{6-35}$$

多硫化物（高 n）的产生可以通过 $\text{S}(0)_{(\alpha\text{-sulfur})}$ 与 FeS_2 形成产生的还原多硫化物（低 n）之间的反应来维持：

$$\text{S}(0)_{(\alpha\text{-sulfur})}+\text{H}_2\text{S}_{n-1(\text{aq})} \Leftrightarrow \text{H}_2\text{S}_{n(\text{aq})} \tag{6-36}$$

此外，$\text{S}(0)_{(\alpha\text{-sulfur})}$ 的可用性也可能促进高 n 多硫化物的形成：

$$\text{S}(0)_{(\alpha\text{-sulfur})}+\text{H}_2\text{S}_{n(\text{aq})} \Leftrightarrow \text{H}_2\text{S}_{n+1(\text{aq})} \tag{6-37}$$

2）痕量元素掺入对黄铁矿成核和生长的影响

由于当前已有工作只对 Ni 和 As 两种元素在黄铁矿成核方面的影响做了深入探究，因此以这两种元素为例阐述痕量元素对黄铁矿成核和生长的影响。无论 Ni 或 As 是否掺入，

在 FeS_2 之前形成矿物相的实际性质是相同的，它们均是在反应开始时形成 $FeS_{(cluster, nanoMck)}$ 连续体和 S^0，并在多硫化物存在下相互作用生成 FeS_2。前驱物相的这种一致性表明，Ni 或 As 在 FeS_2 中的掺入取决于这些元素与 $FeS_{(cluster, nanoMck)}$ 前驱体、FeS_2 核以及伴生的多硫化物之间的相互作用。

Kwon 等（2015）基于第一性原理计算，利用带色散校正的密度泛函理论（DFT）研究了掺杂二价过渡金属 FeS 的组成与结构之间的关系，结果表明，对于层状 FeS 结构，与在层间插入相比，Ni^{2+} 取代 FeS 结构中的 Fe^{2+} 在能量上是更为有利的，这与它们具有相同的价态和相近的离子半径一致，并且这种取代可增强 FeS 的稳定性。Wilkin 和 Beak（2017）也报道了 Ni-FeS 和多硫化物之间的反应导致 FeS_2 的形成，并且 Ni 保留在固相中。然而，Swanner 等（2019）观察到，与不含 Ni 相比，当 Ni 最初存在于 FeS_m 固体中时，FeS_2 的形成受到部分抑制。这种相反现象的出现可能取决于与 FeS 前体相互作用的 Ni 的形态，以及 FeS 前体在转化为 FeS_2 之前的结晶度。Ni 可以以非晶态 NiS 和 (Fe、Ni)S 的形式存在，也有可能 NiS 和 (Fe、Ni)S 颗粒在整个 FeS_2 形成过程中都保持纳米尺寸，对于后者，这种形态实际上抑制了 (Fe、Ni)S 向 FeS_2 的进一步转化。Swanner 等（2019）的研究表明，在 65℃ 的实验条件下，部分结晶的 FeS 要比未取代的 FeS 更难以进一步转化为 FeS_2。

Ni 主要是以替代 FeS 中 Fe 的方式进入 FeS 前体，但之后与多硫化物反应形成 FeS_2 的加速机制尚不清楚，它可能依赖于配体交换速率和/或由于 FeS 的金属特性而增强的电子转移。事实上，富含铁的 ab 平面的局部掺入 Ni 可能会增加 d 电子从价带到导带的离域（Baya et al.，2021）。因此，需要进一步研究明确该加速机制的化学以及分子过程，确定从 FeS 到 FeS_2 转变过程中 Ni 形态的逐步演化，给出该促进机制的根本性解释。

As 可以替代 FeS_2 结构中的 S 和 Fe 原子（Mullet et al.，2002），但这种替代在分子水平上的机制尚不清楚。对于 As 与 FeS 之间的反应，As 会吸附在 FeS 表面而不是掺杂（Saunders et al.，2018）。但由于 As 复杂的地球化学行为，不同的研究提出了不同的吸附过程，目前仍没有清晰明确的机制来描述 As 在 FeS 表面的吸附（Baya et al.，2021）。但可以明确的是，As 的吸附位点对于 Fe(Ⅱ) 硫化物的进一步转化至关重要。因此，虽然吸附机制尚不明确，但可以推断 As(Ⅲ) 在 $FeS_{(nanoMck)}$ 和 $FeS_{(cluster)}$ 上的附着可以阻碍两者与多硫化物的反应。此外，As(Ⅲ) 在 FeS_2 核上的附着会通过遮蔽表面位点阻碍核的生长。也可能是局部形成的无定形 As_2S_3 会钝化矿物表面，减缓 FeS 向 FeS_2 的转化和/或 FeS_2 晶体的生长。还有可能是 As(Ⅲ) 在被多硫化物或 S^0 硫化或氧化后，可能部分留在溶液中形成氧硫代砷吸附在 FeS 表面，或者可能直接与多硫化物相互作用，从而抑制成核 (Baya et al.，2021)。

3. 矿化法除硫的研究

1）纳米零价铁

由于 nZVI 表面积大、生物毒性低以及反应性高已被广泛用于废水废物中硫化物的去除。Li 等（2007）采用 nZVI 处理污水处理厂中的生物固体，结果表明，nZVI 溶于水后会在铁颗粒外表面生成一层羟基氧化铁（FeOOH）壳，对于 100ml H_2S 浓度为

1000mg/L 的生物固体溶液，硫化物先以表面复合物的形式（FeS、FeOSH）吸附在铁颗粒以及 FeOOH 表面，再进一步与硫化物反应，最终以 FeS（36%）以及 FeS$_2$（64%）的形式固定在 nZVI 上。Yan 等（2010）探究了不同剂量 nZVI 对硫化物的吸附转化效果，结果表明，对于浓度为 1000mg/L 的硫化物，0.5g/L 的 nZVI 在 15min 内就可将其全部去除，而且反应 4h 后就在 nZVI 上检测到了 S^{2-} 向 S$_2^{2-}$ 的转化，吸附机制为 nZVI 外层的 FeOOH 壳与硫化物反应生成 FeS 和元素硫，然后两者进一步反应生成 FeS$_2$。但 nZVI 不易保存，难以大规模实际应用。

2）羟基氧化铁

羟基氧化铁（α-FeOOH、β-FeOOH、γ-FeOOH）是常见的铁氧化物，它们可以通过铁 [Fe(Ⅲ)] 和亚铁 [Fe(Ⅱ)] 之间的氧化还原循环，极大地影响环境中水、空气和土壤的质量（Zhang et al.，2022）。硫化物能与羟基氧化铁反应生成 Fe(Ⅱ) 和单质硫，生成的 Fe(Ⅱ) 一部分会与剩余的硫离子反应生成 FeS 沉淀，不与硫化物相结合的 Fe(Ⅱ) 则会吸附在铁基材料表面 [过量 Fe(Ⅱ)]（Hellige et al.，2012）。随着反应的进行，这些产物会进一步转化为 FeS$_2$ 等热力学更稳定的产物，反应式如下：

$$FeS + S(0) + Fe_{excess}^{II} + 2FeOOH \longrightarrow FeS_2 + Fe_3O_4 + 2H^+ \tag{6-38}$$

Peiffer 等（2015）研究了不同结晶程度铁氢氧化物硫化时的矿物转化路径，结果表明，FeS$_2$ 的形成与过量 Fe(Ⅱ) 正相关，与 FeS 的数量无关。在这种情况下，黄铁矿的形成速率至少比硫化物过量的情况快 2～3 个数量级。

3）Fe/MgO/Ni(Ⅱ) 体系

从上述讨论可知，由多硫化物控制的 FeS$_2$ 生成速率是非常慢的。从除硫技术的应用角度来说，反应时间越长，耗费越大，成本越高，因此应尽可能地提高黄铁矿的生成速率并增大 FeS$_2$ 生成量。Ni 元素的添加可促进 FeS$_2$ 成核，加快 FeS$_2$ 生成，基于此原理，Wang 等（2024）通过构建 Fe/MgO/Ni(Ⅱ) 体系去除合成废水中的硫化物，结果表明，该体系在镍离子（Ni^{2+}）促进作用下最快可在反应 360min 后将硫化物转化为 FeS$_2$，FeS$_2$ 生成机制是 FeS 和多硫化物（H$_2$S$_n$）之间的反应，促进机制主要是 Ni 取代 FeS 中的 Fe 形成 Ni 掺杂 FeS 前体，通过促进 FeS$_2$ 成核，加速 FeS$_2$ 的生成。但该方法 FeS$_2$ 生成量较低，需进一步研究提高 FeS$_2$ 转化率。

4）含镍针铁矿

针铁矿和黄铁矿分别是好氧和厌氧条件下常见的铁矿物，都是镍的主要储集层。由于在富硫酸盐环境中好氧与厌氧条件的交替，针铁矿和黄铁矿之间的转换频繁发生，为明确 Ni 对该转换过程的影响以及该过程中 Ni 的形态演化，Wu 等（2023）将所合成的纯针铁矿、Ni 掺杂针铁矿以及 Ni 吸附针铁矿与硫化物反应，探究了针铁矿的硫化过程。在经过 44d 的硫化后，与纯针铁矿相比，在 Ni 掺杂针铁矿以及 Ni 吸附针铁矿存在时，黄铁矿生成速率下降，黄铁矿产量从 93% 降至 67%，抑制机制为 Ni 的存在阻碍了针铁矿与硫化物之间的反应，增强了针铁矿稳定性，且 Ni 在新生成的 FeS$_2$ 中均匀分布。

6.3 烟气脱硫技术

6.3.1 SO$_2$ 控制技术

目前 SO$_2$ 控制技术已经超过 200 种，一般将 SO$_2$ 控制技术按照不同阶段分为燃烧前脱硫、燃烧中脱硫、燃烧后脱硫三类（佘启明，2013）。

燃烧前脱硫主要是通过对煤炭清洗等手段控制煤炭中的硫含量，最终达到减少 SO$_2$ 排放的目的（杨根生，2013），但是目前的清洗技术仅能去除少量无机硫，对我国高硫煤中占比最大的有机硫效果甚微，且费用较高（郭永军等，2011）；燃烧中脱硫则普遍存在脱硫效率低、处理容量小、技术要求高等缺陷，难以达到工业化应用的标准；燃烧后脱硫即烟气脱硫，被认为是目前火力发电厂最有效的脱硫方式，也是唯一实现大规模工业化的脱硫技术（李昌河，2014）。一般将烟气脱硫技术按吸收剂的形态分为湿法脱硫、干法脱硫、半干法脱硫三大类。

1. 湿法脱硫

湿法脱硫是指用液态或浆态吸收剂吸收烟气中的 SO$_2$，且脱硫产物也在液态或浆态下进行处理的脱硫方法（Buecker，2006）。该方法是世界上工业化应用最多、最成熟的烟气脱硫方法，目前该技术在世界脱硫市场中的占有率为 85% 左右（任如山等，2010）。

石灰/石灰石-石膏法是最典型的湿法脱硫技术。用 5%～15% 的石灰或石灰石作为固硫剂，对烟气中的 SO$_2$ 进行吸收，最终产物为石膏。该技术具有处理量大、脱硫效果好、运行稳定等特点，一般脱硫效率可达 95% 以上。我国燃煤电厂采用石灰/石灰石-石膏脱硫工艺的比例约为 92%（王振铭，2010）。

为了克服石灰/石灰石-石膏法设备易堵塞的缺陷，双碱法应运而生。该技术先利用钠碱溶液对烟气中的 SO$_2$ 进行吸收，再用石灰等将吸收了 SO$_2$ 的钠碱溶液再生并循环利用。该工艺结合了钠基吸收液活性强、效率高和钙基吸收液价格低廉、产物易收集的优点，且克服了石灰/石灰石-石膏湿法脱硫中设备易堵塞的缺陷，但由于置换效率低，对连续脱硫运行的适应能力较差（梁磊，2014）。

海水脱硫是新兴的湿法脱硫技术，主要是利用海水的天然碱性和其中含有的大量碳酸盐对 SO$_2$ 进行吸收。相关研究表明，海水中的痕量金属元素也会对 SO$_2$ 的吸收起到促进作用（Zhao et al.，2003）。海水脱硫具有工艺简单稳定、节约淡水资源、建设和运行费用低、不易结垢堵塞、脱硫废弃物处理简单等优点，且脱硫效率可达 90% 以上（Darake et al.，2016）。在世界范围内，海水脱硫在湿法脱硫中所占的比例已经达到了 7% 左右，且应用规模仍在不断扩大。我国已有近 50 套海水脱硫设备正在建设或已投入运行（关毅鹏等，2012）。

此外，湿法脱硫技术还有千代田法、氧化锰法、氧化镁法及多元醇、胺溶液吸附法等（任如山等，2010；朱智颖，2014；Xu et al.，2000），但大多处于实验室研究阶段，实现工业化的报道较少。

2. 干法脱硫

干法脱硫是吸收剂在干态下进行脱硫反应，且脱硫产物也在干态下进行处理的脱硫工艺（Wang et al.，2012），常见的有循环流化床脱硫技术、膜分离法、氧化铜/氧化铝法等。相较湿法脱硫，干法脱硫可以省去废水处理装置，具有运行费用低、占地面积小、设备简单等优点，但普遍存在脱硫反应慢、脱硫效率低等缺陷（Chu and Hwang，2005），真正实现工业化应用的干法脱硫技术并不多见。

3. 半干法脱硫

半干法脱硫技术一般在湿态下脱除 SO_2，在干态下进行脱硫产物的处理。该技术介于干法脱硫与湿法脱硫之间，兼具湿法脱硫和干法脱硫的特点，可将湿法脱硫的反应速率快与干法脱硫的产物处理简单、占地面积小等优点结合起来，因而受到大量学者的青睐。目前较为成熟的半干法脱硫技术是旋转喷雾干燥烟气脱硫法，但该技术还存在脱硫效率偏低、设备磨损严重、稳定性不高等问题（李锦时等，2014）。

6.3.2　赤泥与矿井废水脱硫能力评价

1. 赤泥脱硫能力评价

将赤泥（山东铝业有限公司）与自来水配制成不同固体浓度的吸收剂进行洗脱脱硫实验，获取不同赤泥投加浓度下吸收剂的穿透硫容（Sc）及穿透后的 pH（EpH），以对赤泥的脱硫能力做出评价。Sc 即单位体积的吸收剂在烟气脱硫反应中，当尾气的 SO_2 浓度达到某一特定值时吸收的 SO_2 总量。本研究以《火电厂大气污染物排放标准》（GB13223-2011）中规定的重点区域排放限值为参考，将这一特定值设置为 $50\ mg/m^3$。

Sc 和 EpH 随赤泥浓度的变化见图 6-8。随着赤泥投加浓度的增大，赤泥自来水吸收剂的 Sc 也不断增大，当赤泥投加浓度从 0mg/L 逐步提高到 800mg/L 时，Sc 从 270mg/L 增大到 620mg/L。实验结果表明，赤泥对模拟烟气中的 SO_2 具有较强的吸收能力。

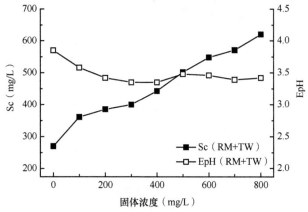

图 6-8　Sc 和 EpH 随赤泥投加浓度的变化

注：RW+TW-赤泥自来水吸收剂

经过计算可知，Sc 与赤泥投加浓度呈良好的线性关系（$R^2>0.9$），在保证尾气浓度小于 50mg/m³ 的前提下，赤泥的最大固硫量约为 430g SO₂/kg，这一结论与陈义等（2007）得出的 28g SO₂/kg 有较大差距，而与李惠萍等（2013）的相关研究结果差距较小。出现这种差距的原因可能有以下几点。

（1）由于氧化铝生产方式不同、铝土矿成分不同等，不同企业生产的赤泥存在成分上的差别。本实验选用山东铝业有限公司采用烧结法生产氧化铝过程中产生的赤泥，南相莉等（2009）在相关研究中提到山东铝业有限公司产生的赤泥中钙含量高于其他赤泥，而钙对 SO₂ 有极强的吸收能力，因此本实验中得出的最大固硫量较大。

（2）陈义等（2007）的大型喷淋实验中，烟气流速较高，处理量较大，反应时间较短，导致反应不够充分；本实验中气体流速很低（50ml/min），气液两相接触时间更长，反应更充分，因此本实验中得出的最大固硫量较大。

（3）本实验中赤泥投加浓度很低，赤泥中的有效固硫成分得到了充分利用；其他研究中赤泥投加浓度很高，多为浆状，反应中产生的脱硫产物会包裹赤泥颗粒，使有效固硫成分不能充分溶出，赤泥的利用率低下，因而最终获得的最大固硫量偏小。

从图 6-8 还可以看出，当尾气浓度达到 50mg/m³，吸收剂被穿透时，其 EpH 为 3.5～4.0。这说明赤泥自来水吸收剂的 pH 低于 4.0 后就会逐渐丧失对 SO₂ 的吸收能力。因此，为保证脱硫效果，在应用时应将系统的最低 pH 控制在 4.0 以上。

在相同的实验条件下，将赤泥与石灰的脱硫能力进行对比，结果见图 6-9，可以看出，赤泥对 SO₂ 的吸收能力比石灰弱。当吸收剂中石灰投加浓度由 0mg/L 增加到 800mg/L 时，吸收剂的 Sc 由 270mg/L 增加到 833mg/L。经过计算得出，在保证尾气浓度小于 50mg/m³ 的前提下，石灰的最大固硫量约为 700g SO₂/kg，高于赤泥的 430g SO₂/kg。

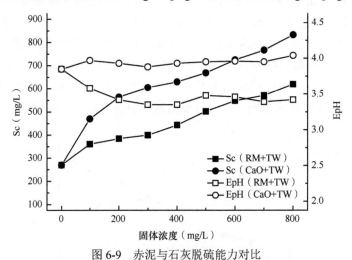

图 6-9 赤泥与石灰脱硫能力对比

注：RW+TW-赤泥自来水吸收剂；CaO+TW-石灰自来水吸收剂

从图 6-9 还可看出，石灰自来水吸收剂的 EpH 在 4.0 左右，高于赤泥自来水吸收剂的 3.5～4.0。这说明用赤泥制成的吸收剂可以在更低的 pH 环境下保持脱硫能力。相关研究表明，吸收剂 pH 的降低可以有效抑制软垢的产生（Guan et al.，2012），据此将赤泥制成的吸收剂应用于烟气脱硫工业可能会对塔内结垢的防治具有重要意义。

另外，在实验过程中发现，随着反应的进行，吸收剂中的固体成分明显变少。出现这种现象的原因可能是 SO_3^{2-} 离子发生转化，可用图 6-10 的亚硫酸根平衡曲线进行解释。当 SO_2 气体被吸收进液相后，主要以三种离子形态存在，分别为 SO_3^{2-}、HSO_3^-、H_2SO_3。其中，SO_3^{2-} 离子会与 Ca^{2+} 等离子形成难溶的亚硫酸盐，并以固体小颗粒的形式析出。随着反应的进行，pH 逐渐降低，由平衡曲线可以看出，SO_3^{2-} 离子会逐渐向 HSO_3^- 离子转化，因而会导致亚硫酸盐逐渐溶解，固体成分逐渐减少。

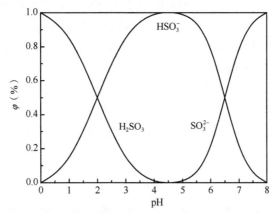

图 6-10 离子体积分数（φ）与 pH 的关系曲线（侯庆伟等，2005）

综上所述，从对 SO_2 的吸收能力来看，本研究所用赤泥的最大固硫量为石灰的 61% 左右，基本达到工业应用的需求，且相比于石灰，赤泥具有以下优势。

（1）赤泥是一种工业废弃物，几乎无成本，因而可以极大降低烟气脱硫的运行费用。

（2）赤泥通常被认为是一种污染物，将其应用于工业烟气脱硫，可以在脱硫的同时解决赤泥的多渠道化利用问题，达到以废治废的目的。

（3）用赤泥制成的吸收剂可以在 pH 较低的环境下有效脱硫，这可以抑制脱硫过程中 $CaSO_3$ 的产生，对塔内结垢、管路堵塞的防控具有重要意义。

因此，本研究认为山东铝业有限公司生产的赤泥是一种较为理想的脱硫吸收剂原料。

2. 矿井废水脱硫能力评价

本实验使用图 6-11 中的洗脱实验装置对矿井废水的脱硫能力进行评价，并以 Sc 及 EpH 两项指标为参考，将其脱硫能力与目前工业上广泛应用的自来水进行对比，结果见表 6-4。

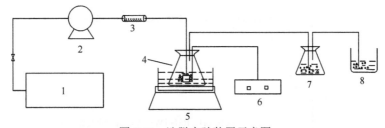

图 6-11 洗脱实验装置示意图

1. 气体采样袋；2. 蠕动泵；3. 气体流量计；4. 鼓泡反应器；5. 恒温水浴磁力搅拌器；6. pH 计；7. 吸收瓶；8. 尾气吸收瓶

表 6-4　矿井废水与自来水脱硫能力对比

	反应前 pH	Sc(mg/L)	EpH
自来水	7.2	270	3.9
矿井废水	8.1	385	3.5

由表 6-4 可知，在保证尾气中 SO_2 浓度小于 $50mg/m^3$ 的前提下，矿井废水的 Sc 高达 385mg/L，而目前工业上普遍使用的自来水的 Sc 为 270mg/L，矿井废水的 Sc 比自来水高约 43%。同时，矿井废水的 EpH 为 3.5，低于自来水的 3.9，这表明矿井废水可以有效吸收 SO_2 的 pH 范围大于自来水。

本实验结果证明矿井废水具有较强的固硫能力，同时其有效固硫的 pH 范围较广，若能应用于烟气脱硫工业，不仅可以极大地提高吸收剂的脱硫能力，还可以一并解决大量矿井废水无害化利用难题，节约自来水资源。据此，本研究认为矿井废水较适合应用于烟气脱硫工业。

3. 赤泥与矿井废水联合脱硫能力评价

尽管赤泥脱硫能力评价实验结果表明，将赤泥应用于烟气脱硫工业有诸多优势，但是也必须正视赤泥存在最大固硫量偏低的事实，这可能会导致在实际应用过程中需要更大的液气比或更高的吸收剂固体浓度，无疑会增加能耗及维护费用。为此，许多学者探索了提高赤泥固硫量的方法。例如，采用添加黏结剂改善孔隙结构和添加造孔剂增大孔隙率等方法提高赤泥脱硫效果（张新玲等，2008）；对赤泥进行干燥、焙烧处理以提高其脱硫效果（Uysal et al.，1988）；向赤泥中添加一定量的 Na_2CO_3 来提高其吸附 SO_2 的能力（卓九凤等，2010）。但是上述方法无疑会使吸收剂原料成本大幅度增加，与降低脱硫成本、实现以废治废的基本初衷相矛盾。本研究尝试从改变赤泥吸收剂溶剂的角度出发，以新的思路提高赤泥吸收剂的固硫量。由矿井废水脱硫能力评价实验结果可知，矿井废水是一种固硫能力很强的工业废水，本实验将赤泥与矿井废水联合制成吸收剂，并对其脱硫能力进行评价。

在吸收剂的配制过程中发现，随着赤泥投加浓度的增大，赤泥矿井废水吸收剂的 pH 上升缓慢，而赤泥自来水吸收剂的 pH 上升迅速，见图6-12。当赤泥投加浓度为0mg/L 时，

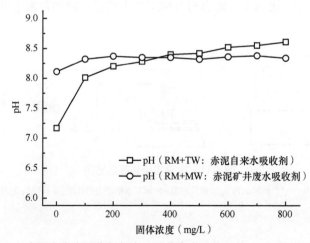

图 6-12　赤泥自来水吸收剂与赤泥矿井废水吸收剂的 pH 对比（脱硫前）

赤泥矿井废水吸收剂的 pH 为 8.1，高于赤泥自来水吸收剂的 7.2。但是随着赤泥投加浓度逐渐增大到 400mg/L，赤泥自来水吸收剂的 pH 达到了 8.4，首次超过了赤泥矿井废水吸收剂的 8.3。随着赤泥投加浓度的继续增大，吸收剂的 pH 差距也越来越大。这表明矿井废水具有缓冲吸收剂 pH 的作用，这种缓冲作用可能是矿井废水中含有的大量 HCO_3^- 离子与赤泥中的 CO_3^{2-} 离子形成的酸碱共轭体系所导致的。矿井废水的这种缓冲作用可能会对工业应用过程中的加速 SO_2 吸收和防止设备腐蚀等产生重要影响。

　　将赤泥自来水吸收剂和赤泥矿井废水吸收剂的脱硫能力进行对比，以评价矿井废水对赤泥吸收剂脱硫能力的作用效果，实验结果见图 6-13。可明显看出，赤泥矿井废水吸收剂的 Sc 高于赤泥自来水吸收剂。随着赤泥投加浓度由 0mg/L 增大到 800mg/L，赤泥矿井废水吸收剂的 Sc 由 385mg/L 增加到 793mg/L，而赤泥自来水吸收剂的 Sc 最高为 620mg/L。这证实了将矿井废水作为溶剂应用于赤泥脱硫会对吸收剂的固硫能力产生促进作用的猜测。但是赤泥矿井废水吸收剂与赤泥自来水吸收剂的 EpH 并没有太大差距，这表明在使用矿井废水作为吸收剂溶剂时，吸收剂的有效固硫 pH 范围并没有发生变化。经过计算可知，在以矿井废水作为吸收剂溶剂的情况下，赤泥的最大固硫量约为 510g SO_2/kg（尾气浓度小于 50mg/ m^3）。

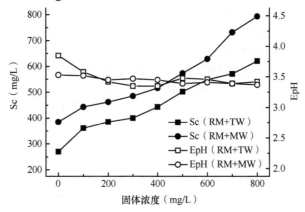

图 6-13　赤泥自来水吸收剂与赤泥矿井废水吸收剂脱硫能力对比

　　在之前的实验中得出结论，自来水作为溶剂时，赤泥的最大固硫量约为收 430g SO_2/kg。通过对比可知，矿井废水对赤泥吸收剂脱硫能力的促进效果不仅是因为其本身具有固硫能力，还因为其中的某些成分对赤泥的最大固硫也产生了一定的促进作用。这可能是由于赤泥中含有的铁、铝等离子在碱性环境中聚集成固体颗粒并形成胶核，经过一系列离子吸附之后成为带正电荷的胶粒，带正电荷的胶粒吸附大量阴离子（包括 SO_3^{2-}）形成胶团。矿井废水中的大量电解质离子（K^+、Na^+ 等）促使胶团聚沉，这一过程会直接固定 SO_3^{2-} 离子，促进 SO_2 的吸收过程。Davini 等（1992）的研究表明，Cl^- 会对石灰石的脱硫过程起到一定的催化作用，而矿井废水中含有大量 Cl^-，这也可能是矿井废水对赤泥固硫起促进作用的原因之一。

　　综上所述，赤泥矿井废水吸收剂具有较好的烟气脱硫效果，使用矿井废水作为溶剂是提高赤泥固硫能力的新方式。

参 考 文 献

陈义, 李军旗, 黄芳, 等. 2007. 拜耳赤泥吸收 SO_2 废气的性能研究. 贵州工业大学学报 (自然科学版), 36(4): 30-32.

关毅鹏, 李晓明, 张召才, 等. 2012. 海水脱硫应用现状与研究进展. 中国电力, 45(2): 40-44.

郭永军, 李全明, 赵家雨. 2011. 火电厂的脱硫技术. 科技传播, (21): 107.

何军勇. 2018. 羟基磷灰石纳米吸附材料的设计、制备及对水中微污染物去除机理研究. 合肥: 中国科学技术大学博士学位论文.

侯庆伟, 石荣桂, 李永臣, 等. 2005. 湿法烟气脱硫系统的pH值及控制步骤分析. 山东大学学报 (工学版), (05):41-44.

李昌河. 2014. 火电厂二氧化硫污染的控制措施. 中国科技信息, (18): 45.

李惠萍, 靳苏静, 李雪平, 等. 2013. 工业烟气的赤泥脱硫研究. 郑州大学学报 (工学版), 34(3): 34-37.

李锦时, 朱卫兵, 周金哲, 等. 2014. 喷雾干燥半干法烟气脱硫效率主要影响因素的实验研究. 化工学报, 65(2): 724-730.

梁磊. 2014. 钠钙双碱法脱硫工艺改进应用. 电力科学与工程, 30(6): 11-15.

骆梦文. 1989. 恶臭治理技术——生物分解脱臭. 环境工程, 7(2): 31-36.

南相莉, 张廷安, 刘燕, 等. 2009. 我国主要赤泥种类及其对环境的影响. 过程工程学报, 9(S1): 459-464.

彭清涛. 2000. 恶臭污染及其治理技术. 现代科学仪器, 5: 44-46.

任如山, 黄学敏, 石发恩, 等. 2010. 湿法烟气脱硫技术研究进展. 工业安全与环保, 36(6): 14-15.

佘启明. 2013. 烟气脱硫技术的现状及进展. 科技致富向导, (24): 386.

王建明, 袁武建, 陈目, 等. 2005. 污水处理厂恶臭污染物控制技术的研究. 安全与环境工程, 12(3): 33-38.

王振铭. 2010. 大中型火电机组供热改造势在必行. 热电技术, (3): 4-6.

先花, 苗建生, 李志锋, 等. 2010. 负压抽提去除油田污水中二价硫技术研究. 精细石油化工进展, 11(4): 5-8.

杨根生. 2013. 对我国火电厂烟气脱硫的现状研究及未来发展展望. 科技创新与应用, (25): 61.

张新玲, 李春虎, 侯影飞, 等. 2008. 用白泥和赤泥制备烟气脱硫剂. 化工环保, (3): 258-261.

赵丽君, 范淑平, 梁力. 2003. 污水处理厂除臭技术及工程化. 中国给水排水, (6): 46-48.

周西臣, 曲虎, 刘静, 等. 2012. 气提法去除油田污水中 H_2S 的实验研究. 工业水处理, 32(1): 66-69.

朱智颖. 2014. 烟气脱硫技术的发展与应用. 工程设计与研究, (1): 3-9.

卓九凤, 康静文, 田建民, 等. 2010. 赤泥在环境污染治理中的应用及资源化途径. 科技情报开发与经济, 20(4): 136-139.

Alipour Z, Azari A. 2020. COD removal from industrial spent caustic wastewater: a review. J. Environ. Chem. Eng., 8(3): 103678.

Altas L, Buyukgungor H. 2008. Sulfide removal in petroleum refinery wastewater by chemical precipitation. J. Hazard. Mater., 153(1-2): 462-469.

Anderson R. 1984. Sewage treatment processes: the solution to the odour problem//Vigneron S, Hermia J, Chaouki J. Characterization and Control of Odoriferous Pollutants in Process industries. Amsterdam: Elsevier Science B.V.: 471-496.

Avetisyan K, Buchshtav T, Kamyshny A. 2019. Kinetics and mechanism of polysulfides formation by a reaction between hydrogen sulfide and orthorhombic cyclooctasulfur. Geochim. Cosmochim. Ac., 247: 96-105.

Azizi M, Biard P F, Couvert A, et al. 2015. Competitive kinetics study of sulfide oxidation by chlorine using sulfite as reference compound. Chem. Eng. Res. Des., 94: 141-152.

Barge A S, Vaidya P D. 2019. Kinetics of wet air oxidation of sodium sulfide over heterogeneous iron catalyst.

Int. J. Chem. Kinet., 52(2): 92-98.

Baya C, le Pape P, Baptiste B, et al. 2021. Influence of trace level As or Ni on pyrite formation kinetics at low temperature. Geochim. Cosmochim. Ac., 300: 333-353.

Baya C, le Pape P, Baptiste B, et al. 2022. A methodological framework to study the behavior and kinetic influence of V, Mn, Co, Ni, Cu, Zn, As, Se and Mo during pyrite formation via the polysulfide pathway at ambient temperature. Chem. Geol., 613: 121139.

Bergstedt J H, Skov P V, Letelier-Gordo C O. 2022. Efficacy of H_2O_2 on the removal kinetics of H_2S in saltwater aquaculture systems, and the role of O_2 and NO_3^-. Water Res., 222: 118892.

Berzelius J J. 1845. Traite' de Chimie. 2nd ed. Paris: Didot.

Boulegue J, Michard G. 1977. Dissolution du soufre elementaire dans les solutions aqueuses diluees d 'hydrogene sulfure. Comptes Rendus Acad. Sc. Paris C., 284: 713-716.

Buecker B. 2006. Wet-limestone scrubbing fundamentals. Power Engineering, 110(8): 32.

Bunsen R. 1847. Ueber den innern Zusammenhang der pseudovulkanischen Erscheinungen Islands. Ann. Chem. Pharm., 62: 1.

Cadena F, Peters R W. 1988. Evaluation of chemical oxidizers for hydrogen-sulfide control. J. Water Pollut. Con. F., 60(7): 1259-1263.

Canfield D E, Thamdrup B, Fleischer S. 2003. Isotope fractionation and sulfur metabolism by pure and enrichment cultures of elemental sulfur‐disproportionating bacteria. Limnol. Oceanogr., 43(2): 253-264.

Chen G. 2004. Electrochemical technologies in wastewater treatment. Sep. Purif. Technol., 38(1): 11-41.

Cheng Y, Yuan T, Deng Y, et al. 2018. Use of sulfur-oxidizing bacteria enriched from sewage sludge to biologically remove H_2S from biogas at an industrial-scale biogas plant. Bioresour. Technol. Rep, 3: 43-50.

Chu C Y, Hwang S J. 2005. Flue gas desulfurization in an internally circulating fluidized bed reactor. Powder Technology, 154(1): 14-23.

Darake S, Hatamipour M S, Rahimi A, et al. 2016. SO_2 removal by seawater in a spray tower: experimental study and mathematical modeling. Chemical Engineering Research and Design, 109: 180-189.

Davini P, Demichele G, Ghetti P. 1992. An investigation of the influence of sodium chloride on the desulphurization properties of limestone. Fuel, 71(7): 831-834.

de Yoreo J J, Vekilov P G. 2003. Principles of crystal nucleation and growth. Rev. Mineral. Geochem., 54(1): 57-93.

Dolfing J, van den Wijngaard A J V D, Janssen D B.1993. Microbiological aspects of the removal of chlorinated hydrocarbons from air. Biodegradation, 4: 261-282.

Edathil A A, Zain J H, Haija M A, et al. 2019. Scalable synthesis of an environmentally benign graphene-sand based organic–inorganic hybrid for sulfide removal from aqueous solution: an insight into the mechanism. New J. Chem., 43(8): 3500-3512.

Edathil A A, Kannan P, Banat F. 2020. Adsorptive oxidation of sulfides catalysed by δ-MnO_2 decorated porous graphitic carbon composite. Environ. Pollut., 266: 115218.

Eggleston C M, Hochella Jr. M F. 1992. Scanning tunneling microscopy of pyrite (100): surface structure and step reconstruction. Am. Mineral., 77: 221-224.

Eleni V, Paris M, Alexander A. 2005. Sulfide removal in wastewater from petrochemical industries by autotrophic denitrification. Water Res., 39(17): 4101-4109.

El-Taweel Y A, Nassef E M, Elkheriany I, et al. 2015. Removal of Cr(VI) ions from waste water by electrocoagulation using iron electrode. Egypt. J. Pet., 24(2): 183-192.

Fossing H, Jørgensen B B. 1990. Isotope exchange reactions with radiolabeled sulfur compounds in anoxic seawater. Biogeochemistry, 9: 223-245.

Frigaard N U. 2016. Biotechnology of anoxygenic phototrophic bacteria. Adv. Biochem. Eng. Biotechnol., 156: 139-154.

Goldhaber M B, Kaplan I R. 1974. The sedimentary sulfur cycle//Goldberg E D. The Sea. 5th ed. New York: John Wiley & Sons.

Groenestijn J W V, Hesselink P G M. 1993. Biotechniques for air pollution control. Biodegradation, 4(4): 283-301.

Guan B, Kong B, Fu H, et al. 2012. Pilot scale preparation of α-calcium sulfate hemihydrate from FGD gypsum in Ca–K–Mg aqueous solution under atmospheric pressure. Fuel, 98: 48-54.

Habeeb O A, Kanthasamy R, Ali G A M, et al. 2018. Hydrogen sulfide emission sources, regulations, and removal techniques: a review. Rev. Chem. Eng., 34(6): 837-854.

Habeeb O A, Kanthasamy R, Saber S E M, et al. 2020. Characterization of agriculture wastes based activated carbon for removal of hydrogen sulfide from petroleum refinery waste water. Mater. Today.: Proc., 20: 588-594.

Hallberg R O. 1972. Iron and zinc sulfides formed in a continuous culture of sulfate-reducing bacteria: Neues Jahrb. Mineralogie, 11: 481-500.

Hariz I B, Monser L. 2014. Sulfide removal from petroleum refinery wastewater by adsorption on chemically modified activated carbon. Water Sci. Technol., 4(4): 264-267.

Hellige K, Pollok K, Larese-Casanova P, et al. 2012. Pathways of ferrous iron mineral formation upon sulfidation of lepidocrocite surfaces. Geochim. Cosmochim. Ac., 81: 69-81.

Henshaw P F, Zhu W. 2001. Biological conversion of hydrogen sulphide to elemental sulphur in a fixed-film continuous flow photo-reactor, Water Res., 35(15): 3605-3610.

Hu Y, Zhang N, Qu C, et al. 2012. Removal of hydrogen sulphide from high salinity wastewater by emulsion liquid membrane. Can. J. Chem. Eng., 90(1): 120-125.

Huang Y, Liu Z, Guo Y, et al. 2020. A comparative study on sulfide removal by HClO and $KMnO_4$ in drinking water. Environ. Sci.: Wat. Res., 6(10): 2871-2880.

Hussein M A, Mohammed A A, Atiya M A. 2019. Application of emulsion and Pickering emulsion liquid membrane technique for wastewater treatment: an overview. Environ. Sci. Pollut. R., 26(36): 36184-36204.

Jacukowicz-Sobala I, Wilk L J, Drabent K, et al. 2015. Synthesis and characterization of hybrid materials containing iron oxide for removal of sulfides from water. J. Colloid. Interf. Sci., 460: 154-163.

Kamyshny A, Goifman A, Rizkov D, et al. 2003. Kinetics of disproportionation of inorganic polysulfides in undersaturated aqueous solutions at environmentally relevant conditions. Aquat. Geochem., 9: 291-304.

Ksibi M. 2006. Chemical oxidation with hydrogen peroxide for domestic wastewater treatment. Chem. Eng. J., 119(2-3): 161-165.

Kwon K D, Refson K, Sposito G. 2015. Transition metal incorporation into mackinawite (tetragonal FeS). Am. Mineral., 100(7): 1509-1517.

Laffort P. 1994. The application of synergy and inhibition phenomena to odor reduction//Vigneron S, Hermia J, Chaouki J. Characterization and Control of Odoriferous Pollutants in Process Industries. Amsterdam: Elsevier Science B.V.: 150-117.

Laplanche A, Bonnin C, Darmon D. 1994. Comparative study of odors removal in a wastewater treatment plant by wet scrubbing and oxidation by chlorine or ozone//Vigneron S, Hermia J, Chaouki J. Characterization and Control of Odoriferous Pollutants in Process Industries. Amsterdam: Elsevier Science B.V.: 277-294.

Larson M A. 1991. Solute clustering and secondary nucleation//Garside J, Davey R J, Jones A G. Advances in Industrial Crystallization. Oxford: Butterworth-Heinemann: 20-30.

le Pape P, Blanchard M, Brest J, et al. 2016. Arsenic incorporation in pyrite at ambient temperature at both tetrahedral S^{-1} and octahedral Fe^{II} sites: evidence from EXAFS–DFT analysis. Environ. Sci. Technol., 51(1): 150-158.

Li N. 1968. Liquid surfactant membranes. US Patent No. 3,410,794.

Li X Q, Brown D G, Zhang W X. 2007. Stabilization of biosolids with nanoscale zero-valent iron (nZVI). J. Nanopart. Res., 9(2): 233-243.

Lin S, Mackey H R, Hao T, et al. 2018. Biological sulfur oxidation in wastewater treatment: a review of emerging opportunities. Water Res., 143: 399-415.

Luther G W. 1991. Pyrite synthesis via polysulfide compounds. Geochim. Cosmochim. Ac., 55(10): 2839-2849.

Maie N, Anzai S, Tokai K, et al. 2022. Using oxygen/ozone nanobubbles for *in situ* oxidation of dissolved hydrogen sulfide at a residential tunnel-construction site. J. Environ. Manage., 302: 114068.

Mcnevin D, Barford J. 2000. Biofiltration as an odour abatement strategy. Biochemical Engineering Journal, 5: 231-242.

Mondal M K, Roy D, Chowdhury P. 2018. Designed functionalization of reduced graphene oxide for sorption of Cr(VI) over a wide pH range: a theoretical and experimental perspective. New J. Chem., 42(20): 16960-16971.

Morin G, Noël V, Menguy N, et al. 2017. Nickel accelerates pyrite nucleation at ambient temperature. Geochem. Perspect. Let., 5: 6-11.

Morse J W, Luthe G W. 1999. Chemical influences on trace metal-sulfide interactions in anoxic sediments. Geochim. Cosmochim. Ac., 63(19-20): 3373-3378.

Muezzinoglu A, Sponza D, Koken I, et al. 2000. Hydrogen sulfide and odor control in Izmir Bay. Water, Air, and Soil Pollution, 123: 245-257.

Mullet M, Boursiquot S, Abdelmoula M, et al. 2002. Surface chemistry and structural properties of mackinawite prepared by reaction of sulfide ions with metallic iron. Geochim. Cosmochim. Ac., 66(5): 829-836.

Nyvlt J, Sohnel O, Matuchova M, et al. 1985. The Kinetics of Industrial Crystallization. Amsterdam: Elsevier.

Onodera T, Takemura Y, Aoki M, et al. 2022. Anaerobic reactor with a phase separator for enhancing sulfide removal from wastewater by gas stripping. Bioresour. Technol. Rep., 20: 101216.

Paillard H, Blondeau F. 1988. Les nuisances olfactives an assainissement: causes et reèdes. Tsm. Techniques Sciences Méthodes, Génie Urbain Génie Rural, 83(2): 79-88.

Peiffer S, Behrends T, Hellige K, et al. 2015. Pyrite formation and mineral transformation pathways upon sulfidation of ferric hydroxides depend on mineral type and sulfide concentration. Chem. Geol., 400: 44-55.

Pikaar I, Likosova E M, Freguia S, et al. 2014. Electrochemical Abatement of Hydrogen Sulfide from Waste Streams. Crit. Rev. Env. Sci. Tec., 45(14): 1555-1578.

Pikaar I, Rozendal R A, Yuan Z, et al. 2011. Electrochemical sulfide removal from synthetic and real domestic wastewater at high current densities. Water Res., 45(6): 2281-2289.

Pinjing H, Liming S, Zhiwen Y, et al. 2001. Removal of hydrogen sulfide and methyl mercaptan by a packed tower with immobilized micro-organism beads. Water Science and Technology, 44: 327-333.

Rickard D T. 1975. Kinetics and mechanism of pyrite formation at low temperatures. Am. J. Sci., 275(6): 636-652.

Rickard D. 1997. Kinetics of pyrite formation by the H_2S oxidation of iron (II) monosulfide in aqueous solutions between 25 and 125℃: the rate equation. Geochim. Cosmochim. Ac., 61(1): 115-134.

Rickard D. 2006. Metal sulfide complexes and clusters. Rev. Mineral. Geochem., 61(1): 421-504.

Rickard D, Grimes S, Butler I, et al. 2007. Botanical constraints on pyrite formation. Chem. Geol., 236(3-4): 228-246.

Rickard D, Luther G W. 1997. Kinetics of pyrite formation by the H_2S oxidation of iron(II) monosulfide in aqueous solutions between 25 and 125℃: the mechanism. Geochim. Cosmochim. Ac., 61(1): 135-147.

Rickard D, Luther G W. 2007. Chemistry of iron sulfides. Chem. Rev., 107: 514-562.

Rickard D, Morse J W. 2005. Acid volatile sulfide (AVS). Mar. Chem., 97(3-4): 141-197.

Roberts W M B, Walker A L, Buchanan A S. 1969. The chemistry of pyrite formation in aqueous solution and its relation to the depositional environment. Mineral. Deposita., 4: 18-29.

Santos A A, Venceslau S S, Grein F, et al. 2015. A protein trisulfide couples dissimilatory sulfate reduction to energy conservation. Science, 350(6267): 1541-1545.

Saunders J A, Lee M K, Dhakal P, et al. 2018. Bioremediation of arsenic-contaminated groundwater by sequestration of arsenic in biogenic pyrite. Appl. Geochem., 96: 233-243.

Schoonen M A A, Barnes H L. 1991. Reactions forming pyrite and marcasite from solution: I. nucleation of FeS_2 below 100℃. Geochim. Cosmochim. Ac., 55(6): 1495-1504.

Sergienko N, Radjenovic J. 2021. Manganese oxide coated TiO_2 nanotube-based electrode for efficient and selective electrocatalytic sulfide oxidation to colloidal sulfur. Appl. Catal. B: Environ., 296: 120383.

Shankar R, Sharan S, Varma A K, et al. 2021. Sulphide removal from water through electrocoagulation: kinetics, equilibrium and thermodynamic analysis. J. Inst. Eng. India Ser. A., 102(2): 603-621.

Smet E, Langenhove H. 1998. Abatement of volatile organic sulfur compounds in odorous emissions from the bio-industry. Biodegradation, 9: 273-284.

Stumm W, Morgan J J. 1981. Aquatic Chemistry. 2nd ed. New York: John Wiley & Sons.

Swanner E D, Webb S M, Kappler A. 2019. Fate of cobalt and nickel in mackinawite during diagenetic pyrite formation. Am. Mineral., 104(7): 917-928.

Tichy R, Grotenhuis J T C, Bos P, et al. 1998. Solid-state reduced sulfur compounds: environmental aspects and bioremediation. Crit. Rev. Environmental Science & Technology, 28: 1-40.

Turk A, Sakalis E, Lessuck J, et al. 1989. Ammonia injection enhances capacity of activated carbon for hydrogen sulfide and methyl mercaptan. Environmental Science & Technology, 23: 1242-1245.

Tzvi Y, Paz Y. 2019. Highly efficient method for oxidation of dissolved hydrogen sulfide in water, utilizing a combination of UVC light and dissolved oxygen. J. Photoch. Photobio. A., 372: 63-70.

Uysal B Z, Aksahin I, Yucel H. 1988. Sorption of SO_2 on metal-oxides in a fluidized-bed. Industrial & Engineering Chemistry Research, 27(3): 434-439.

Vasudevan S. 2016. Can electrochemistry make the worlds water clean? – A systematic and comprehensive overview. Int. J. Waste Resour., 6(2): 1-5.

Wang F, Wang H, Zhang F, et al. 2012. SO_2/Hg removal from flue gas by dry FGD. International Journal of Mining Science and Technology, 22(1): 107-110.

Wang Q, Morse J W. 1996. Pyrite formation under conditions approximating those in anoxic sediments I. Pathway and morphology. Mar. Chem., 52(2): 99-121.

Wang Z, Cui H, Xu H, et al. 2022. Decorated reduced graphene oxide transfer sulfides into sulfur and sulfone in wastewater. RSC. Adv., 12(44): 28586-28598.

Wang Z, Li Z, Liu Q, et al. 2024. Sulfides in waters could be converted to pyrites through mineralization with Fe/MgO/Ni(II) promotion. Chem. Eng. J., 483: 149335.

Wiemann M, Schenk H, Hegemann W. 1998. Anaerobic treatment of tannery wastewater with simultaneous sulphide elimination. Water Res., 32(3): 774-780.

Wilk Ł J, Ciechanowska A, Kociołek-Balawejder E. 2020a. Adsorptive-oxidative removal of sulfides from water by MnO$_2$-loaded carboxylic cation exchangers. Materials, 13(22): 1-19.

Wilk Ł J, Ciechanowska A, Kociołek-Balawejder E. 2020b. Removal of sulfides from water using a hybrid ion exchanger containing manganese(IV) oxide. Sep. Purif. Technol., 231: 115882.

Wilkin R T, Beak D G. 2017. Uptake of nickel by synthetic mackinawite. Chem. Geol., 462: 15-29.

Wu Z, Zhang T, Lanson B, et al. 2023. Sulfidation of Ni-bearing goethites to pyrite: the effects of Ni and implications for its migration between iron phases. Geochim. Cosmochim. Ac., 353: 158-170.

Xu G W, Guo Q M, Kaneko T, et al. 2000. A new semi-dry desulfurization process using a powder-particle spouted bed. Advances in Environmental Research, 4(1): 9-18.

Yan W, Herzing A A, Kiely C J, et al. 2010. Nanoscale zero-valent iron (nZVI): aspects of the core-shell structure and reactions with inorganic species in water. J. Contam. Hydrol., 118(3-4): 96-104.

Yuan B, Luan W, Tu S T, et al. 2015. One-step synthesis of pure pyrite FeS$_2$ with different morphologies in water. New J. Chem., 39(5): 3571-3577.

Zhang S, Peiffer S, Liao X, et al. 2022. Sulfidation of ferric (hydr) oxides and its implication on contaminants transformation: a review. Sci. Total Environ., 816: 151574.

Zhao Y, Ma S C, Wang X M, et al. 2003. Experimental and mechanism studies on seawater flue gas desulfurization. Journal of Environmental Sciences, 15(1): 123-128.

第7章

硫介导的水处理技术原理与应用

硫在环境中的功能和定位需要辩证地认识。一方面，硫是生物所必需的大量元素，是动植物和微生物生长发育及代谢所必需的矿质营养元素，在植物光合作用、动物和微生物的呼吸作用及蛋白质和脂类合成等重要生理生化过程中发挥重要作用，同时硫循环也是生物地球化学循环的关键环节，然而，环境水体和沉积物中硫的存在也会引起黑臭现象。另一方面，硫能够以 −2 价、0 价、+4 价和 +6 价等多种价态形式存在，常见的物质包括单质硫、硫化物、硫代硫酸盐、亚硫酸盐、硫酸盐和硫铁矿等，基于硫的不同价态和物质可将其应用于农业、医药、橡胶、建材和火药等领域，也正是基于硫的诸多价态，其在水处理方面具有广泛的应用。例如，基于硫化物的沉淀技术用于去除重金属废水，硫铁矿介导的氧化技术用于降解有机污染物，硫自养反硝化生物处理技术用于处理硝酸盐污水等。可以说，硫介导的多种技术在水处理领域发挥着不可替代的作用，具有广阔的应用前景。

本章首先按照不同的硫系物质系统阐述其所介导的物理/化学水处理技术原理、去除的污染物类型、去除能效及影响因素，其次探讨硫驱动的生物法水处理工艺及与其他技术的耦合模式，最后从水污染控制的需求出发，简单展望硫介导的水处理技术的未来发展趋势。

7.1 硫化物/硫氧化合物介导的物理/化学水处理技术

7.1.1 硫化沉淀技术

硫化钠，又称臭碱、臭苏打、硫化碱，是一种无色结晶粉末，易溶于水，不溶于乙醚，微溶于乙醇，硫化钠触及皮肤和毛发时会造成灼伤，故又称作硫化碱。硫化钠露置在空气中时，会放出有臭鸡蛋气味的有毒 H_2S 气体。工业硫化钠含有杂质，色泽呈粉红色、棕红色、土黄色。基于硫化钠的硫化沉淀与氢氧根沉淀、共沉淀作为三种经典沉淀处理工艺用于处理含重金属工业废水，如镉、铬、铊等高毒性重金属离子，具有处理工艺简单、运行成本低、去除效率高等优势。硫化沉淀法处理含铊重金属废水的工艺流程如图 7-1 所示。

图 7-1　硫化沉淀法处理含铊重金属废水的工艺流程（李薇等，2018）

　　硫化钠在水溶液中会解离出硫化根离子，其具有较强的配位能力和高电负性且离子半径小，能够与多数金属离子反应生成沉淀。同时，硫化钠可充当催化剂加快硫化反应，提高硫化物沉淀的生成速度。金属硫化物的溶度积常数如表 7-1 所示，硫化物与重金属反应时的亲和力较高，形成的金属硫化物的溶度积常数普遍较小，远小于重金属氢氧化物的溶解度，因此硫化沉淀更加稳定。由于重金属硫化物具有不同的溶度积常数，因此也可以据此选择性分离不同的重金属。例如，当废水中同时含有 Cu^{2+}、Zn^{2+}、Ni^{2+}、Co^{2+} 和 Mn^{2+} 多种重金属离子时，通过调控 pH 和溶液电位等，逐步完成对不同重金属的分离（Fukuda et al.，2004；许玉东等，2012；Liu et al.，2017b）。也有研究利用热镀锌酸洗废水浸取锌灰中的锌，在加入硫化钠后，锌沉淀率为 99.99%，铁回收率为 97.12%。

表 7-1　金属硫化物的溶度积常数

金属硫化物	K_{sp}	pK_{sp}
FeS	3.2×10^{-18}	17.5
ZnS	2.5×10^{-22}	21.6
CuS	6.3×10^{-36}	35.2
NiS	3.2×10^{-19}	18.5
CoS	4.0×10^{-21}	20.4
MnS	2.5×10^{-13}	12.6
CdS	7.9×10^{-27}	26.1
SnS	1.0×10^{-25}	25.0
PbS	8.0×10^{-28}	27.9
HgS	4.0×10^{-58}	52.4

　　从技术角度上来说，硫化沉淀技术拥有更广的 pH 范围，绝大部分重金属硫化物在 pH 为 7.0～9.0 时就开始形成硫化物沉淀，使得该技术能够在低 pH 范围内更高效地处理重金属废水且净化液更加接近中性。此外，硫化钠制备成本较低、易于获取，且生产的硫化沉淀物具有明显的颜色，便于观察分离。硫化沉淀法处理含镍废水时应尽量维持在弱酸性条件下进行，相比于 NaOH 法，无须大幅度地调节 pH，具有药剂投加量少、出水含盐浓度低等优势，且产生的硫化镍沉淀可以作为冶炼原料回收利用（杜琦，2021），实现了废弃资源再回收。

　　硫化沉淀技术在投加硫化钠时会造成废水中产生过量的钠离子，重金属与硫离子沉淀后，往水溶液体系中引入了大量的钠盐，如硫酸钠、氯化钠等，增大了废水的电导率。对此，有时也直接通入 H_2S 气体，即 H_2S 沉淀技术，该技术需要使用 H_2S 气体发生器或者 H_2S 储罐，通过密封的曝气装置将 H_2S 气体打入重金属废水中，实现废水中的重金属去除，其最大优势在于 H_2S 与废水中的重金属反应的产物是重金属硫化物沉淀和新生成的水，不会增大废水的电导率。但是，当应用 H_2S 沉淀技术处理酸性废水时，由于 H_2S 溶解度较低，产生的硫化物颗粒细小，沉淀效率较慢，因此需向废水中加入絮凝剂，使小颗粒迅速发生团聚转化为大颗粒，从而提高沉淀分离效率，同时节省沉降时间、减小沉淀池容积。

虽然硫化沉淀技术具有较好的技术优势，但是也存在一定的短板，主要是硫化物形成的沉淀带有一定的电荷，容易在水中形成胶体，而且在处理过程中可能会产生 H_2S 气体并发生溢出，而 H_2S 具有明显的臭味，导致发生二次污染。因此，在未来的研究中应该聚焦在优化工艺参数、抑制胶体形成等关键点上。

7.1.2 硫代硫酸钠还原脱氯技术

硫代硫酸钠，又称次亚硫酸钠、海波、大苏打，是一种无色晶体或白色粉末，易溶于水，不溶于乙醇，水溶液呈微弱的偏碱性，因可用性、稳定性和安全性而成为一种受欢迎的还原性盐，被广泛应用于水处理领域。例如，硫代硫酸钠可作为还原剂去除污水处理厂二沉池出水中的余氯 [公式（7-1）]，作为游泳池水处理中的脱氯剂降低消毒副产物的毒性，而且硫代硫酸钠的投加量与脱氯效率呈正相关关系。以某废水处理厂水质净化服务区的进水作为研究对象，脱氯效果随着硫代硫酸钠投加量和脱氯时间的变化而变化，其中硫代硫酸钠投加量对脱氯效果的影响更大（图7-2）。当时间保持恒定时，脱氯效果随着硫代硫酸钠投加量增大而明显减弱；当硫代硫酸钠投加量保持定值时，脱氯效果随着时间增加而有所减弱，但减弱程度有限。当硫代硫酸钠投加量一定时，污水中的余氯在脱氯反应起初的 1min 就可被去除 90% 左右，而剩余 10% 左右的余氯去除比较慢（李振华，2023）。当以硫代硫酸钠作为脱氯剂时，影响污水脱氯效果的主要因素是硫代硫酸钠投加量，脱氯时间是次要因素。这可能是因为硫代硫酸钠溶液加入后会与污水中的余氯发生氧化还原反应，生成氯化钠等，脱氯反应是在瞬时发生的，且这一氧化还原反应过程主要受到反应物含量变化的影响。

$$Na_2S_2O_3 + 4Cl_2 + 5H_2O \longrightarrow 2NaCl + 6HCl + 2H_2SO_4 \tag{7-1}$$

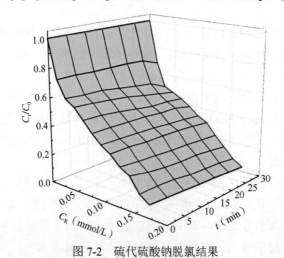

图 7-2 硫代硫酸钠脱氯结果

C_R. 脱氯剂投加量；t. 脱氯时间；C_t. 投药后污水余氯；C_0. 投药前原污水余氯

将硫代硫酸钠与高铁酸钾按照不同的比例进行复配可以产生氧化自由基以去除水体中的抗生素类新污染物［公式（7-2）～公式（7-6）］，较高或较低的比例均不利于污染物降解，当比例为1∶8时对抗生素的降解效果最好（图7-3）（Zhang et al.，2020）。硫代硫酸钠在临床上常被用作氰化物的解毒剂，其可以提供活泼的硫原子，在体内酶的参与下能与体内游离的氰根离子相结合，生成低毒的硫氰酸盐，硫代硫酸钠与氰根离子的反应产物 SO_3^{2-} 具有还原性，能够还原高价态重金属离子，因此硫代硫酸盐可用于处理含氰化物废水和氰化物及重金属联合污染的土壤（王伟彬，1984；陈恺等，2019）。此外，硫代硫酸钠还可作为杀菌剂、循环冷却水的铜缓蚀剂以及锅炉水系统的脱氧剂等。

$$Fe(\text{VI}) + HSO_3^- / SO_3^{2-} \longrightarrow Fe(\text{V}) + SO_3^{\cdot-} \tag{7-2}$$

$$SO_3^{\cdot-} + O_2 \longrightarrow SO_5^{\cdot-} \tag{7-3}$$

$$SO_5^{\cdot-} + HSO_3^- / SO_3^{2-} \longrightarrow SO_4^{\cdot-} + SO_4^{2-}(+H^+) \tag{7-4}$$

$$SO_4^{\cdot-} + H_2O \longrightarrow SO_4^{2-} + OH^{\cdot} + H^+ \tag{7-5}$$

$$Fe(\text{V}) / Fe(\text{VI}) + S_2O_3^{2-} \longrightarrow Fe(\text{II}) / Fe(\text{III}) + SO_4^{2-} \tag{7-6}$$

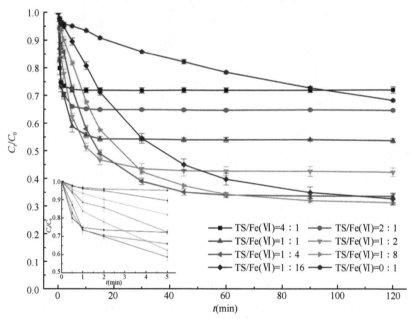

图 7-3　硫代硫酸钠与高铁酸钾摩尔比对抗生素降解的影响（Zhang et al.，2021）

TS. 硫代硫酸钠；Fe（VI）. 高铁酸钾；C_0 为初始浓度；C_t 为 t 时的浓度

7.1.3　过硫酸盐氧化技术

过硫酸盐因能够被活化产生 $SO_4^{\cdot-}$ 而被人们所熟知，实际上它本身也是一种强氧化剂，目前常用的主要包括单过硫酸氢钾复合盐（PMS，$KHSO_5 \cdot 0.5KHSO_4 \cdot 0.5K_2SO_4$）和过二硫酸盐［PDS，$Na_2S_2O_8$、$K_2S_2O_8$ 和 $(NH_4)_2S_2O_8$ 等］，它们是白色或无色晶体，易溶于水。水温为20℃时，$Na_2S_2O_8$ 和 PMS 在水中的溶解度分别为55.6g 和 25.0g（Zhou et al.，2019）。它们的化学结构如图7-4所示，可以类比为 H_2O_2 的衍生物，只是氢原子被磺基

（—SO$_3$）取代。需要说明的是，PDS 有两个氢被磺基取代且结构对称，而 PMS 有一个氢被磺基取代但结构不对称，因此 PMS 更容易被活化产生 SO$_4^{\cdot-}$。虽然 PMS 更容易被活化，但是其有效活性氧化剂比例较 PDS 低，目前研究中常用的 PMS 多为美国杜邦公司生产的过硫酸氢钾复合盐（OXONE），其价格也相对较高，但是有效活性氧化剂比例为 50%。近年来，国产 PMS 逐渐替代进口 PMS 应用于改善水产养殖水体的水质和底质（孙文博等，2024），上海泰缘生物科技股份有限公司生产的 PMS 有效活性氧化剂比例可以达到 65%。此外，由于 PMS 为 KHSO$_4$、K$_2$SO$_4$ 和 KHSO$_5$ 的复合盐，在反应结束后会产生更多的 SO$_4^{\cdot-}$，因此对处理滨海水体和含高硫酸盐水体时应慎重选择，同时对反应体系溶液的 pH 要求也更严。

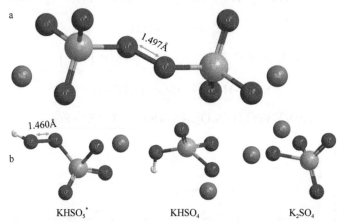

图 7-4   PMS 和 PDS（Na$_2$S$_2$O$_8$）的化学结构（Wacławek et al.，2017）

从表 7-2 可以看出，PDS 和 PMS 的标准电极电势分别为 2.01V 和 1.82V，理论上均高于 H$_2$O$_2$、KMnO$_4$、ClO$_2$ 和 Cl$_2$，略低于 O$_3$、SO$_4^{\cdot-}$ 和 OH$^\cdot$。因此，过硫酸盐在无须活化的前提下即可直接用于水处理。例如，PMS 与 I$^-$ 的二级反应速率常数高达 10^7L/(mol·s)（Lente et al.，2009），而 Mn(Ⅶ) 和 I$^-$ 的二级反应速率常数仅为 6.9L/(mol·s)（Zhao et al.，2016）。实际上，过硫酸盐能够直接氧化去除一些污染物，如酚类、芳香胺类、甾体类雌激素和抗生素等有机污染物，在降解过程中所生成的醌类中间体能够催化过硫酸盐生成 ^{1}O$_2$，其机制可以描述为 HSO$_5^-$ 与对苯醌中的羰基发生亲核加成反应，生成过氧化物中间体 Ⅰ；中间体 Ⅰ 的共轭碱（即中间体 Ⅱ）发生分子内亲核取代反应，生成双环氧中间体 Ⅲ；中间体 Ⅲ 随后被电离态的 PMS 离子（SO$_5^{2-}$）亲核进攻，产生 ^{1}O$_2$ 并生成对苯醌（Zhou et al.，2015，2017）。但是，过硫酸盐在直接氧化芳香胺类污染物时没有形成自催化现象，芳香胺类物质中取代基的种类和位置会影响其降解效率，降解遵循伪一级反应动力学。然而，过硫酸盐对甾体类雌激素的直接氧化降解遵循二级反应动力学，主要是通过氧化雌激素中分子中的酚环结构，初始阶段主要发生羟基化反应生成羟基化产物，再氧化实现开环生成含有羧基、羰基、羟基等亲水官能团的产物（Zhou et al.，2018c）。同时，过硫酸盐能够高效地氧化去除四环素类和氟喹诺酮类抗生素，且受水质背景成分的影响较小，并显著降低抗生素的抑菌活性（Gao et al.，2018）。

表 7-2　不同氧化剂的标准电极电势

氧化剂	标准电极电势（V）
$SO_4^{\cdot-}$	2.5～3.1
$OH^{\cdot}$	1.9～2.7
O_3	2.07
PDS	2.01
PMS	1.82
H_2O_2	1.8
$KMnO_4$	1.68
ClO_2	1.5
Cl_2	1.4

　　基于过硫酸盐的高级氧化技术逐渐成为水处理领域的重要研究热点，虽然过硫酸盐本身也具有较强的氧化能力，但是过硫酸盐本身的氧化能力要弱于 $SO_4^{\cdot-}$，因此需要活化过硫酸盐能以更好地应用于水处理领域。目前，比较成熟的过硫酸盐活化方法主要有金属活化、热活化、碱活化、光活化和碳材料活化等（Huang et al.，2002；Herrmann，2007；Furman et al.，2010；Ren et al.，2019；Kohantorabi et al.，2021），虽然活化材料或手段不同，但活化的基本原理大致相同（图 7-5）。这些活化技术均能高效地催化过硫酸盐产生氧化自由基，此处不再赘述，后边将重点介绍与硫相关的 FeS_x 金属活化。与 $OH^{\cdot}$ 相比，过硫酸盐被活化后产生的 $SO_4^{\cdot-}$ 具有更高的氧化还原电位（2.5～3.1V）（Giannakis et al.，2021），与有机污染物的二级反应速率常数最大可达 10^9 L/(mol·s)，而且其氧化选择性更广，受处理水体中背景物质干扰较小，如碱度、天然有机物等。此外，$SO_4^{\cdot-}$ 氧化过程对溶液 pH 的耐受性更强，pH 为 2～8 时均可较好地降解常规有机污染物，更重要的是，其半衰期为 30～40μs，远大于 $OH^{\cdot}$（Oh et al.，2016；Lee et al.，2020）。因此，相较于基于 $OH^{\cdot}$ 的芬顿氧化技术，过硫酸盐高级氧化技术在处理难降解有机物特别是新污染物时具有明显的优势。例如，FeS/过硫酸盐体系能够高效地降解氯苯胺和三氯乙烯（Fan et al.，2018；Sühnholz et al.，2020）。

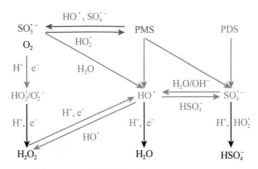

图 7-5　过硫酸盐活化的基本原理（Giannakis et al.，2021）

7.1.4　硫酸盐沉淀技术

　　硫酸钠，又称元明粉（高纯度、细颗粒），常作为沉淀剂或软化剂应用于水处理中，其工作原理是与污水中的钙、镁等离子以及悬浮物、胶体物质等发生离子交换和/或沉淀作用。因此，硫酸钠作为原材料用于制备水处理剂，如缓蚀剂、阻垢剂和消毒剂等，这些水处理剂可以防止水垢形成，保护管道和设备的表面，并杀死水中的细菌和病毒。此外，硫酸钠可以用于调节污水处理厂废水的 pH，以满足污水处理要求。需要注意的是，硫酸钠需要根据实际情况进行适量添加，过多或过少都会影响处理效果。同时，硫酸钠不能用于处理含有大量硫酸根离子的水，否则会导致水体污染。因此，在使用硫酸钠进行水处理时，需要合理控制使用量和使用条件。

7.2　FeS$_x$ 介导的氧化/还原技术

7.2.1　FeS 有氧氧化

硫铁矿是硫酸盐还原菌代谢生成的天然硫矿物，广泛存在于自然环境中，在地球铁、硫、氧和碳等元素的生物地球化学循环及污染物迁移转化过程中起重要作用。硫化亚铁（FeS）是硫铁矿的主要成分之一，特殊的结构和组成使其具有较大的比表面积、亲硫属性、氧化还原能力和催化能力，被广泛用于水环境修复。长久以来，FeS 一直被作为 O_2 捕获剂用于保护目标对象不被氧化（Bi et al.，2014）。然而，人们发现 FeS 在有氧氧化过程中会诱导三价砷［As(Ⅲ)］和非晶型四价铀（UO_2）发生氧化，利用苯甲酸作为探针化合物发现，FeS 与 O_2 反应产生的 OH$^{\cdot}$ 在氧化三价砷和四价铀时起主要作用（Bi et al.，2015；Cheng et al.，2016b）。研究者进一步发现，FeS 在有氧条件下可氧化降解苯酚、三氯乙烯等污染物，并明确了 OH$^{\cdot}$ 是主要的氧化活性物质（图 7-6）（成东，2021）。FeS 浓度是影响污染物去除的关键因素，当 FeS 浓度小于 1g/L 时，OH$^{\cdot}$ 利用率高但产率低；当 FeS 浓度大于 1g/L 时，OH$^{\cdot}$ 产率高但利用率低，在 FeS 氧化早期会形成一种中间 Fe(Ⅱ) 物质，它与结构态 S(-Ⅱ) 先于结构态 Fe(Ⅱ) 氧化有关，从而导致 OH$^{\cdot}$ 在氧化初期产率较高。

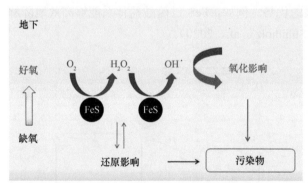

图 7-6　FeS 有氧氧化生成 OH$^{\cdot}$ 的机制（Cheng et al.，2016b）

在 FeS 有氧氧化的实际应用过程中会面临各种复杂环境，反应体系可能为酸性或碱性，水体中的溶解氧浓度也会发生波动变化，而沉积物中常见阳离子、大分子有机质和小分子有机酸配体等更是无法避免，因此以下将统一介绍这些环境因子对 FeS 有氧氧化的影响。

1. pH 和 O_2 浓度

pH 和 O_2 浓度影响 FeS 有氧氧化生成 $OH^·$ 的效果。pH 主控溶液中离子态 Fe^{2+} 的浓度，在酸性条件下，H^+ 加快 FeS 溶解氧化，一部分硫以 H_2S 的形式挥发，另一部分硫转化为 S^0、$S_2O_3^{2-}$ 和 SO_4^{2-} 等，而 Fe(Ⅱ) 主要以离子态的形式进行氧化并生成针铁矿；在碱性条件下，Fe(Ⅱ) 主要以结构态 Fe(Ⅱ) 的形式存在；而在中性条件下，FeS 有氧氧化主要受质子促进 FeS 溶解-氧化过程和表面氧化双重控制（Wang et al.，2020c），因此 pH 调控 Fe(Ⅱ) 氧化生成 $OH^·$ 的效率（Cheng et al.，2016a），FeS 有氧氧化的最适宜 pH 条件为中性。地下水和沉积物中的溶解氧含量相差较大，在微量与饱和水平之间不断发生变化（Yabusaki et al.，2017）。随着 O_2 浓度的增大，FeS 有氧氧化体系中产生的 $OH^·$ 累积浓度也逐渐增大，由气体溶解双膜理论可知，在反应体系中如果顶空浓度较高，溶解氧与饱和溶解氧的溶度差更大，进而加快体系中溶解氧的补给和 $OH^·$ 的生成。

2. 腐殖酸和柠檬酸

腐殖酸是动植物遗骸（主要是植物的遗骸）经过微生物的分解和转化，以及地球化学的一系列过程造成和积累起来的一类有机物质，广泛存在于环境介质中。腐殖酸中含有醌、酚等官能团，可以作为电子受体或电子供体，这主要取决于所处的氧化还原条件（Aeschbacher et al.，2010）。当 FeS 有氧氧化体系中加入腐殖酸时，它可以络合 Fe(Ⅱ)，进而降低 Fe^{2+}/Fe^{3+} 的氧化还原电位并加快 Fe(Ⅱ)/Fe(Ⅲ) 循环，促进 Fe(Ⅱ) 与 H_2O_2 反应生成 $OH^·$（Paciolla et al.，1999）。此外，腐殖酸与 Fe^{2+} 形成腐殖酸亚铁络合物，这种物质能够抑制 FeS 表面形成铁氢氧化物，而且 FeS 能够把还原腐殖酸铁还原为还原腐殖酸亚铁，这些均有助于体系中 $OH^·$ 的生成（成东，2021）。

Fox 和 Comerford（1990）发现，土壤溶液中柠檬酸含量最高可达 1mmol/L，这类物质可以通过络合 Fe(Ⅱ) 明显增加体系中溶解态 Fe^{2+} 和 Fe^{3+} 的含量，从而提高 Fe(Ⅱ) 与 H_2O_2 反应生成 $OH^·$ 的效率。而柠檬酸与亚铁络合形成的柠檬酸亚铁中含有离子态 Fe^{2+}、吸附态 Fe^{2+}，同时 FeS 驱动柠檬酸亚铁还原形成柠檬酸铁，从而加快 Fe(Ⅱ)/Fe(Ⅲ) 循环，进而影响 FeS 的氧化过程以及伴随 $OH^·$ 的产生（成东，2021）。

3. 阳离子和有机缓冲盐

水环境体系中存在大量的阳离子，它们的存在会提高溶液的离子强度和降低 FeS 表面的负电荷，致使 FeS 发生聚集沉淀（Liao et al.，2017），而且阳离子还可能会与 Fe(Ⅱ) 竞争 S(-Ⅱ) 中的结合位点，引起结构态 Fe(Ⅱ) 溶解并转化为离子态 Fe^{2+}，从而导致体系中的 $OH^·$ 累积浓度降低（成东，2021）。虽然有机缓冲盐对 $OH^·$ 生成的影响较小，但是其对 FeS 氧化降解污染物的抑制较为明显。

除 FeS 外，黄铁矿在有氧条件下也能产生 $OH^·$[公式（7-7）]并氧化去除污染物（Zhang et al.，2016）。但是这不是黄铁矿非生物氧化产生 $OH^·$ 的唯一途径，它还能通过表面空位的方式产生 $OH^·$，表面空位一般是指在外作用力下 S—S 键断裂失去一个 S 原子，产生的不饱和 S(-Ⅰ) 氧化邻近的 Fe(Ⅱ) 生成 Fe(Ⅲ) 和 S(-Ⅱ)，Fe(Ⅲ) 氧化 H_2O 产生吸附态 $OH^·$[公式（7-8）]（Nesbitt，1998）。这一观点已经得到了广泛的认证，利用 X 射线光电子能谱证明了黄铁矿表面存在 Fe(Ⅲ) 和 S(-Ⅱ)，基于同步加速器的扫描光电子光谱显微镜检测出 FeS_2 反应过程中表面空位处的 Fe(Ⅲ) 可以氧化 H_2O 产生 $OH^·$（Chandra and Gerson，2011）。酸性条件下，FeS_2 在有氧或无氧时均可产生 $OH^·$；中性条件下，FeS_2 在有氧时可产生 $OH^·$（Zhang et al.，2016）。然而，FeS_2 氧化会产生酸液，导致滨海区域形成酸性硫酸盐土壤，这将会驱动土壤中金属离子的迁移转化，目前对于酸性硫酸盐土壤中黄铁矿氧化产酸的环境效应尚未得到充分和全面的认识。

$$H_2O_{(ad)} + \text{pyrite-Fe(Ⅲ)} \longrightarrow \text{pyrite-Fe(Ⅲ)} + OH^· + H^+_{(aq)} \tag{7-7}$$

$$Fe^{3+} + H_2O \longrightarrow Fe^{2+} + OH^· + H^+ \tag{7-8}$$

7.2.2　FeS_x 还原技术

在 FeS 晶体结构（图 7-7）中，每个 Fe 原子与 4 个 S 原子通过配位作用形成共边四面体，4 个 Fe 原子之间又分别以 0.26nm 的距离连接成一个正四边形，如此短的距离可能导致 Fe 的 d 轨道电子在基面中广泛地离域，由四面体结合在一起形成层状结构（Wolthers et al.，2003），结构层沿 c 轴方向延伸并通过范德华力结合在一起，因此特殊的结构以及其中的 Fe(Ⅱ) 和 S(-Ⅱ) 赋予了 FeS 较强的还原能力，能够有效地还原去除多种污染物。纳米形态的 FeS 具有更大的比表面积、更强的亲硫属性和还原能力，能够有效去除卤代烃、硝基芳香族化合物、多氯联苯等有机污染物（Jeong and Hayes，2007；Amir，2012；Li et al.，2016）。Butler 和 Hayes（1998）发现，FeS 可以同时在水和土壤中对卤代烃进行还原脱卤，而且结晶度较低的 FeS 也能够实现对卤代烃的还原脱卤，但还原过程受 pH 和背景有机质的影响较大。将 FeS 和氰基钴胺混合后可以加快脱卤进程，其脱卤动力学速率常数较未加入氰基钴胺增大了 145 倍（Kyung et al.，2016）。

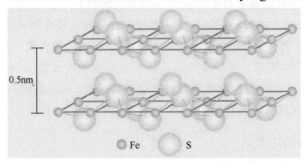

图 7-7　FeS 晶体结构（Morse and Rickard，2004）

FeS 还能够将土壤和水中的铬、砷[①]、铀等高价态重金属污染物还原为低价态重金属，常被用于重金属污染场地修复。FeS 可以直接把 As(V) 还原为 As(Ⅲ)，然后 FeS 颗粒中的 S(-Ⅱ) 与 As(Ⅲ) 反应生成 As_2S_3 沉淀，完成对酸性矿山废水中 As(Ⅲ) 的去除（Liu et al.，2016b），基于此研发的含有 FeS 的可渗透性反应墙用于地下水修复（Han et al.，2011）。此外，FeS 对 As(Ⅲ) 具有较强的吸附能力，主要吸附机制为 $H_3AsO_3/H_2AsO_3^-$ 与 FeS 反应、无定形态 FeOOH 对 As 的化学吸附以及 FeS 中 S 与 As 的取代（付君浩等，2023）。因此，FeS 也可以通过吸附、还原反应和二次沉淀等组合的方式去除土壤和水中的重金属。例如，直接把 FeS 纳米颗粒注入地下去除地下水中的铬（图 7-8）。也有研究

---

①砷（As）为非金属，鉴于其化合物具有金属属性，本书将其归入重金属一并讨论。

人员利用 FeS 纳米颗粒去除放射性核素污染，其作用机制以吸附、共沉淀和氧化还原为主。以铀为例，FeS 纳米颗粒将 U(Ⅵ) 还原为 U(Ⅳ) 并抑制 U(Ⅳ) 的再氧化，而且将 U(Ⅵ) 吸附在 FeS 纳米颗粒表面生成 U(Ⅳ)/U(Ⅵ) 混合物（Hua and Deng，2008）。

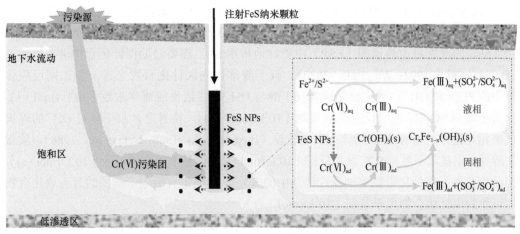

图 7-8　FeS 纳米颗粒用于去除地下水中的铬（Wang et al.，2019b）

　　虽然纳米形态的 FeS 比常规粒径的 FeS 具有更大的比表面积和更高的反应活性，但是也存在易团聚沉积、易失活等弊端，对此，通过对 FeS 纳米颗粒进行表面改性，有助于提高其分散性和抗氧化性。例如，利用海藻酸钠作为包覆剂改性 FeS 纳米颗粒，在海藻酸钠中羧基的双齿桥作用和羟基的分子间氢键作用下形成稳定的纳米球或纳米椭球，海藻酸钠所特有的静电斥力、空间位阻和隔氧作用使 FeS 纳米颗粒具备更好的分散性，因此海藻酸钠改性的 FeS 纳米颗粒在去除 Cr(Ⅵ) 和 Se(Ⅳ) 时较未改性 FeS 纳米颗粒分别提高了 19% 和 73%，而且在有氧和无氧环境下均能够保持对污染物的高效去除（Wu and Zeng，2018；邓智瀚，2020）。此外，抗坏血酸、阴离子型高分子聚合物、阳离子型聚合物瓜尔胶、表面活性剂鼠李糖脂和固体负载材料羟基铝柱撑膨润土等材料改性 FeS 纳米颗粒后也能够提高其分散性和还原去除污染物的效果（杨慧萍，2018；何梦婷等，2023）。近年来，生物法合成的 FeS 纳米颗粒不但具有较高的分散程度和反应活性，在还原去除砷（Ⅴ）、钒（Ⅴ）和铬（Ⅵ）等重金属污染物时表现出较好的效果，而且合成方法兼具环境和经济效益性，目前常用的微生物主要有希瓦氏菌 Shewanella oneidensis MR-1、嗜酸铁还原菌 Acidiphilium cryptum JF-5 和硫酸盐还原菌（Zhou et al.，2018a；胡凡等，2022；周雅琪等，2024）。相较于表面改性，采用物理化学负载的方式不仅能解决 FeS 纳米颗粒团聚的问题，还能够调控纳米颗粒的粒径，使其更适用于还原去除污染物，石灰石、氧化铝、碳基材料（如生物炭）等具有多孔或大比表面积性质的材料常作为 FeS 纳米颗粒的载体（Liu et al.，2017a；Huang et al.，2019a）。

7.2.3　FeS$_x$ 催化的过硫酸盐氧化技术

　　硫化亚铁（FeS）和二硫化亚铁（FeS$_2$）可作为 Fe(Ⅱ) 源、电子供体源用于催化活化过硫酸盐，目前已有研究发现，FeS 或 FeS$_2$ 能够有效地催化活化过硫酸盐，而 SO$_4^{-}$是体系中主要的氧化活性物质（Chen et al.，2017；Zhou et al.，2018d；Sühnholz et al.，

2020）。SO_4^{-} 的检测手段主要有电子自旋共振（ESR）技术（Onan et al.，2018）和探针化合物反应，在利用 ESR 技术时，常利用 5,5-二甲基-1-吡咯啉-N-氧化物（DMPO）作为 SO_4^{-} 的捕获剂，通过检测 DMPO 和 SO_4^{-} 反应的加合物信号来定性 SO_4^{-}（Liang and Su，2009；Teel et al.，2011）。需要注意的是，DMPO-SO_4^{-} 加合物在水中的半衰期仅有 95s，这就要求在定性 SO_4^{-} 时尽快完成，而 DMPO 和 $OH^{·}$ 反应生成的加合物半衰期可达 2.6h，因此在静电势谱图（ESP）中更好地辨别 SO_4^{-} 需要借助探针化合物进一步佐证（Davies et al.，1992；Wu et al.，2020）。叔丁醇常作为探针化合物来进一步识别反应体系中的 SO_4^{-} 和 $OH^{·}$，这主要是因为叔丁醇与 $OH^{·}$ 的二级反应速率常数 $[10^8 L/(mol \cdot s)]$ 远大于其与 SO_4^{-} 的二级反应速率常数 $[10^5 L/(mol \cdot s)]$，换言之，叔丁醇对 $OH^{·}$ 的淬灭效果相对较好，而对 SO_4^{-} 的淬灭效果较差（Buxton et al.，1988；Neta et al.，1988）。除叔丁醇外，硝基苯不易与 SO_4^{-} 发生反应 $[10^8 L/(mol \cdot s)]$ 而易于和 $OH^{·}$ 反应 $[10^9 L/(mol \cdot s)]$，因此也可作为探针化合物鉴别反应体系中的 SO_4^{-}，其他带有吸电子基团的芳香族化合物也可作为探针化合物用于鉴别 $[10^8 L/(mol \cdot s)]$。

FeS 或 FeS_2 在催化活化过硫酸盐时，铁作为重要的活化物质发挥重要作用，而且其中的铁为二价铁，可以直接催化活化过硫酸盐，其他铁系催化剂如 Fe_3O_4、Fe_2O_3 和零价铁（ZⅥ）则是二价铁或三价铁抑或零价铁，需要转化为二价铁，而且这几种催化剂因较慢的 Fe(Ⅱ) 再生速率难以保持较高的催化性能。基于 FeS/PMS 构建的氧化体系能够较好地处理新污染物，如氯霉素、甲砜霉素、环丙沙星和诺氟沙星等抗生素（图 7-9），

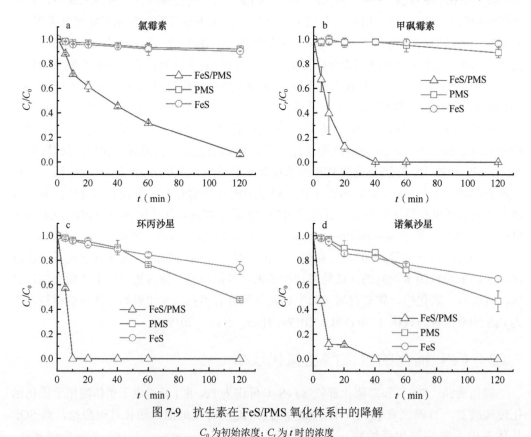

图 7-9　抗生素在 FeS/PMS 氧化体系中的降解

C_0 为初始浓度；C_t 为 t 时的浓度

在 120min 内的去除率分别高达 93.5%、98.5%、100% 和 100%（Xu and Sheng，2021）。
需要指出的是，FeS 中的 Fe 源和 S 源均能作为电子供体通过还原的方式降解有机污染物，
但在过硫酸盐参与的体系中效果相对较差。此外，PMS 本身作为氧化剂也能降解抗生素，
降解效果和抗生素本身的结构有很大关系，如对氯霉素和甲砜霉素的降解效果有限，但
对环丙沙星和诺氟沙星具有较好的降解效果，这可能是因为氟喹诺酮类抗生素中特有的
吡嗪环结构易被 PMS 破坏（Nihemaiti et al.，2020）。

在 FeS_x/过硫酸盐体系中，FeS_x 和过硫酸盐的投加量是影响污染物降解效果的两个
重要因素。一般而言，污染物的降解效率会随着过硫酸盐投加量的增加逐渐提高，但是
当过硫酸盐的投加量增加到某一值时，污染物的降解效率并不会进一步提高。而 FeS_x 投
加量也会出现类似的效果，可能是过量的 FeS_x 或过硫酸盐导致氧化活性物质的无谓消耗
（Wang et al.，2021）。因此，选择合适的 FeS_x 和过硫酸盐投加量，不仅可以提高 $SO_4^{\cdot-}$ 产量，
还能提高污染物对 $SO_4^{\cdot-}$ 的利用率，并降低运行成本。

硫在这一过程中也可能会参与过硫酸盐活化和二价铁再生，为明确硫在 FeS 催化活
化过硫酸盐过程中的作用，需要借助物理表征手段如 XPS、原位红外光谱等分析 FeS 在
反应前后的价态变化。以 FeS 反应前的 XPS 能谱图（图 7-10）为例，在反应后 S^{2-} 的比
例明显降低至 43.0%，说明 S^{2-} 作为电子供体参与了 Fe(Ⅲ) 的还原过程 [公式（7-9）]。
同时，PMS 也参与了 Fe(Ⅲ) 的还原过程 [公式（7-10）]（Zhou et al.，2018b）。而当 S^{2-}
被消耗殆尽时，PMS 还原 Fe(Ⅲ) 将成为 Fe(Ⅱ) 再生的主要途径（Li et al.，2018）。此外，
在 163.23eV 处的 S 峰被认定为聚硫的峰（S_n^{2-}），同时在 FeS 表面的 SO_4^{2-} 比例由 30.2%
增大至 35.4%，这主要来源于 S^{2-} 氧化转化为 S_n^{2-} 和 SO_4^{2-}。而在 FeS_2/PMS 体系中，当分
析硫的中间产物时会发现 S_5^{2-}、S_8^0、$S_2O_3^{2-}$ 和 SO_3^{2-} 存在，其中 SO_3^{2-} 进一步与 PMS 反应生
成 $SO_4^{\cdot-}$。ESR 对这一结论给予了充分证明（图 7-11），单独 PMS 体系下 ESR 中未出现
任何峰型，当体系中加入 SO_3^{2-} 时，1min、3min 和 5min 后出现了明显的 $SO_4^{\cdot-}$ 特征峰，
特征峰的强度随着时间的延长逐渐增大，从而证实了 SO_3^{2-} 能够有效催化活化 PMS（Zhou
et al.，2018d）。

$$S^{2-} + Fe(Ⅲ) + 4H_2O \longrightarrow Fe(Ⅱ) + SO_4^{2-} + 8H^+ \tag{7-9}$$

$$Fe(Ⅲ) + HSO_5^- \longrightarrow Fe(Ⅱ) + SO_5^{\cdot-} + H^+ \tag{7-10}$$

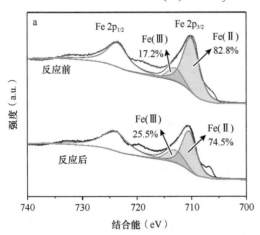
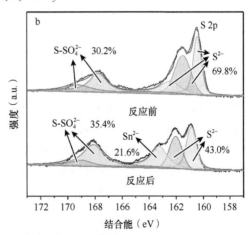

图 7-10　FeS 催化活化 PMS 反应前后的 XPS 谱图

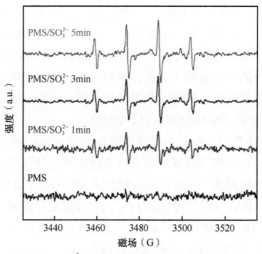

图 7-11　SO_3^{2-} 与 PMS 反应加合物的 ESR 谱图

　　然而，在均相体系 Fe(Ⅱ)/PMS 中，当 Fe 含量、PMS 和初始 pH 等与 FeS/PMS 的反应条件均相同时，抗生素的去除效率远低于其在 FeS/PMS 体系中的去除效率（图 7-12），这与中性 pH 值和高 Fe(Ⅱ)浓度有直接关系。Fe(Ⅱ)/PMS 过于依赖初始 pH 以及溶液中过多的溶解性 Fe(Ⅱ)会消耗体系中的 $SO_4^{\cdot-}$ 等因素（Liu et al., 2016a），会导致抗生素降解效果变差。因此，硫在硫铁矿催化剂和过硫酸盐氧化剂构成的高级氧化体系中发挥了重要的作用。

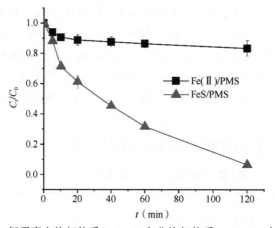

图 7-12　氯霉素在均相体系 Fe/PMS 和非均相体系 FeS/PMS 中的降解

　　FeS 催化活化 PMS 的可能机制（图 7-13）为：①FeS 表面上的 Fe(Ⅱ)直接催化 PMS 生成 $SO_4^{\cdot-}$ 和 Fe(Ⅲ)［公式（7-11）］，而从 FeS 溶出的 Fe(Ⅱ)与 PMS 反应转化为 Fe(Ⅳ)［公式（7-12）］（Wang et al., 2020b）；②$SO_4^{\cdot-}$ 与溶液中的 H_2O/OH^- 反应生成 $^{\cdot}OH$ ［公式（7-13）］，FeS 表面上的 S^{2-} 能够持续地还原 Fe(Ⅱ)，保证了 FeS 能够连续地催化活化 PMS；③FeS 中的 S 在反应过程中生成的 SO_3^{2-} 直接催化 PMS 生成 $SO_4^{\cdot-}$。

$$Fe(Ⅱ) + HSO_5^- \longrightarrow Fe(Ⅲ) + SO_4^{\cdot-} + H^- \qquad (7-11)$$

$$Fe(Ⅱ) + HSO_5^- \longrightarrow Fe^{Ⅳ}O^{2+} + SO_4^{2-} + H^+ \qquad (7-12)$$

$$SO_4^{\cdot-} + H_2O \longrightarrow SO_4^{2-} + {}^{\cdot}OH + H^+ \qquad (7\text{-}13)$$

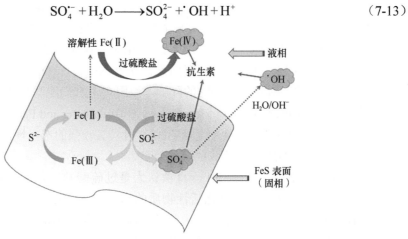

图 7-13 FeS 催化活化 PMS 的可能机制

稳定性是评价催化剂优良性能的重要指标之一，高稳定性是 FeS_x 作为过硫酸盐催化剂的重要优势。与其他金属催化剂相比，FeS_x 中的 S 能够促进二价铁的原位再生，无须通过过硫酸盐与三价铁反应生成二价铁，这就保证了 FeS_x 在多次活化过硫酸盐后依然保持较高的催化活性。以 FeS 为例，在历经 5 个循环后污染物在 FeS/PMS 体系中的去除效率仅由 93.5% 降至 85.3%，说明 FeS 具备较好的稳定性（图 7-14a）。更重要的是，当 FeS/PMS 体系以实际河流地表水作为反应基质时，还能够维持对污染物较高的去除效率和去除速率（图 7-14b）。因此，FeS_x 在过硫酸盐高级氧化体系中具有较好的应用潜力。

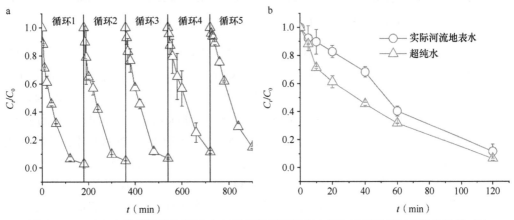

图 7-14 FeS/PMS 体系稳定性测试（a）及其以河流地表水作为反应基质时的氧化性能（b）

自然水体中含有各种复杂的成分，其中溶解性有机质、卤素离子和含氧阴离子等会与活性物质发生反应，从而与目标污染物形成竞争关系，影响 FeS_x/过硫酸盐体系的降解效果，已有研究均关注这些因素对过硫酸盐高级氧化体系的影响，同时有些研究以实际水体作为反应介质来研究影响的程度。以溶解性有机质为例，它所含有的有机成分会与 $SO_4^{\cdot-}$ 发生反应，但是反应时的二级反应速率常数 $[10^7 L/(mol \cdot s)]$（Xie et al.，2015）低于溶解性有机质与 ${}^{\cdot}OH$ 反应的二级反应速率常数 $[10^8 L/(mol \cdot s)]$（Lutze et al.，2015），因此与 ${}^{\cdot}OH$ 相比，$SO_4^{\cdot-}$ 氧化去除目标污染物时受体系中溶解性有机质的影响较小。不过，也有研究认为，溶解性有机质对过硫酸盐高级氧化体系的影响与目标污染物本身的性质存在一定的关系，像布洛芬和全氟辛酸与 $SO_4^{\cdot-}$ 的反应活性低于类腐殖质的反应活性，而有些溶解性有机质如醌类物质可以作为电子介体加速过硫酸盐的自分解，并产生 $^1O_2$（Zhou et al.，2015，2017）。Cl^- 等卤素离子和 NO_2^-、HCO_3^- 含氧阴离子之所以能影响 FeS_x/过硫酸盐体系对目标污染物的降解，原因在于它们能与 $SO_4^{\cdot-}$ 发生反应生成 $Cl^{\cdot}$、$NO_2^{\cdot}$ 和 $CO_3^{\cdot-}$（Canonica et al.，2005；Nie et al.，2014；Zhang and Parke，2018），虽然这些物质也具有较强的氧化能力，但远低于 $SO_4^{\cdot-}$，且具有较强的选择性，因此这些物质的存在会在一定程度上影响目标污染物的降解效率。

除了上述影响因素，初始 pH 一直被认为是过硫酸盐高级氧化体系的重要影响因素，这主要是因为 pH 会影响氧化活性物质的形成和反应活性。在 FeS_x/过硫酸盐体系中，当 pH 为 6.0～8.0 时，污染物的去除效率能够维持在 90% 以上，但当初始 pH 降至 3.0 时，污染物在 FeS/PMS 体系中的降解率有所下降，这主要是因为过量的 H^+ 使 HSO_5^- 变得更加稳定，不利于 PMS 的活化分解（Wu et al.，2020）。同时，在酸性条件下，过量的 Fe(Ⅱ) 溶出后与 PMS 反应转化为 Fe(Ⅳ)［公式（7-14）］，导致 PMS 无谓的消耗，致使 $SO_4^{\cdot-}$ 生成量降低，而 Fe(Ⅳ) 的氧化还原电位低于 $SO_4^{\cdot-}$。此外，当初始 pH 为 9.0 和 10.0 时，污染物的去除被明显抑制，可能是因为在碱性条件下，FeS 不能有效催化活化 PMS 和 PMS 的自分解，导致 $SO_4^{\cdot-}$ 生成量降低。此外，当初始 pH 大于 9 时，$SO_4^{\cdot-}$ 与 OH^- 反应生成 $^{\cdot}OH$［公式（7-15）］，而 $^{\cdot}OH$ 的氧化能力要明显弱于 $SO_4^{\cdot-}$。同时，FeS 的等电点电位为 6.1，当初始 pH 大于等电点电位时，FeS 表面会形成大量的负电荷，这将会加强 FeS 与 PMS 之间的静电斥力，致使 $SO_4^{\cdot-}$ 生成受阻，最终导致污染物降解效果变差。

$$Fe(Ⅱ)+S_2O_8^{2-}+H_2O \longrightarrow Fe^{Ⅳ}O^{2+}+2SO_4^{2-}(+2H^+) \qquad (7\text{-}14)$$

$$SO_4^{\cdot-}+OH^- \longrightarrow SO_4^{2-}+{}^{\cdot}OH \qquad (7\text{-}15)$$

溶解氧作为电子受体也可能会接受来自 FeS_x 的电子，从而与过硫酸盐形成竞争关系。在酸性条件下，溶解氧与二价铁之间的反应相对比较温和，但当 pH 为 5.0～9.0 时，溶解氧与二价铁之间的二级反应速率常数会明显增大（Jones et al.，2014），甚至还会大于过硫酸盐与二价铁之间的二级反应速率常数（Nfodzo and Choi，2011），因此溶解氧对 FeS_x/PMS 体系的影响不容小觑。然而，溶解氧也会与二价铁或过硫酸盐反应生产氧化活性物质，如 $O_2^{\cdot}$、$SO_4^{\cdot-}$ 等（Xiao et al.，2019），$O_2^{\cdot}$ 进一步与二价铁反应后会转化为 H_2O_2，其又与二价铁反应生成 $OH^{\cdot}$。由此可知，溶解氧对 FeS_x/PMS 体系的影响是比较复杂的。但是在 FeS/PMS 体系中，当持续鼓入氮气来降低溶解氧浓度时，污染物的去除效率和反应速率常数均出现了一定程度的减小，这表明 FeS/PMS 体系在降解污染物时会依赖溶解氧。在该体系中，不同的硫中间产物会形成，如 SO_3^{2-}，在溶解氧存在的条件下，这些中间产物比较活泼并参与 $SO_4^{\cdot-}$ 的生成过程［公式（7-16）～公式（7-20）］（Zhou et al.，2018b）。

$$Fe(Ⅲ)+SO_4^{2-} \longrightarrow SO_3^{\cdot-}+Fe(Ⅱ) \qquad (7\text{-}16)$$

$$SO_3^{\cdot-}+O_2 \longrightarrow SO_5^{\cdot-} \qquad (7\text{-}17)$$

$$SO_5^{\cdot-}+SO_3^{2-} \longrightarrow SO_4^{\cdot-}+SO_4^{2-} \qquad (7\text{-}18)$$

$$Fe(II)+O_2 \longrightarrow Fe(III)+\cdot O_2^- \qquad\qquad (7-19)$$

$$\cdot O_2^- +HSO_5^- +H^+ \longrightarrow SO_4^{\cdot -}+H_2O+O_2 \qquad\qquad (7-20)$$

7.2.4 硫化纳米零价铁

纳米零价铁（nZVI）具有强还原力和高吸附性能，兼具成本低、易合成等优势，在土壤和地下水修复中备受关注，但 nZVI 过高的反应活性和纳米尺寸导致其易氧化和钝化、易团聚和电子选择性差等，限制了其在环境修复中的应用。因此，硫化纳米零价铁应运而生，它是指将硫引入 nZVI 颗粒中形成含 Fe^0、铁硫化物（Fe_xS_y）、铁氧化物和铁氢氧化物的复合材料（周建宇等，2024）。实际上，硫化现象在自然界中广泛存在，也就是在缺氧的地下水和沉积物中在微生物作用下形成的硫铁矿，而硫化纳米零价铁是人工硫化的结果。人工硫化方法主要有水相沉积硫化（一步硫化法和两步硫化法）、机械化学球磨硫化和生物硫化（图 7-15），一步硫化法是将硫源（硫代硫酸钠、硫化钠等）和还原剂（硼氢化钠）加入 Fe^{2+} 或 Fe^{3+} 溶液中，反应后生成 Fe_xS_y 和 Fe^0，二者齿合形成硫化纳米零价铁，该方法合成的硫化纳米零价铁其形貌和硫分布主要受硫源的影响（Xu et al.，2020a）。两步硫化法是将已经合成的 nZVI 经过超声、酸性等预处理后再与硫源混合进行硫化形成硫化纳米零价铁，该方法合成的硫化零价铁与 nZVI 有类似的核壳结构，而且 nZVI 原有的链状团聚现象消失，这主要是由于硫化削弱了 nZVI 间的磁性引力、提高了静电斥力和胶体空间稳定性（Garcia et al.，2021）。机械化学球磨硫化法则是直接将 nZVI 与硫源混合后进行机械球磨，由于有些硫源如单质硫易燃，因此需要在无氧环境中进行，如通入氩气。生物硫化是指硫酸盐还原菌将硫酸盐还原为游离态的硫并负载在 nZVI 表面形成硫化零价铁（Islam et al.，2021）。

硫化作用对 nZVI 去除污染物性质的影响主要有如下几个方面：①改变 nZVI 的形貌和结晶度、增大比表面积、提供更多的活性位点；②提高 ZVI 的电子传递能力，使其具有更小的电荷转移阻力、更低的腐蚀电位（Han and Yan，2016）；③增强 nZVI 的疏水性、增大其与水分子的距离和抑制 H_2 产生（Cao et al.，2020a）；④改变 nZVI 表面电荷，形成高反应活性表面；⑤生成高还原活性 Fe_xS_y（FeS、FeS_2 等）。正是硫化调控形成的 nZVI 使其在去除污染物时展现出优异的性能，如通过硫化纳米零价铁去除缺氧地下水和沉积物中的卤代污染物和铅（Ⅱ）、锌（Ⅱ）、镉（Ⅱ）、砷（Ⅴ）等重金属等（Fan et al.，2016；Liu et al.，2022），或者降解氟苯尼考类抗生素、氯化有机磷酸酯类阻燃剂和偶氮染料等有机污染物（Xu et al.，2016；Cao et al.，2017；Li et al.，2021），抑或作为高级氧化技术的催化剂。硫化纳米零价铁去除金属类污染物主要通过还原、耦合吸附和共沉淀等方式，而在去除有机污染物时则主要作为电子共同将其还原转化，或者有氧/无氧氧化产生 OH˙氧化去除有机污染物（Tian et al.，2021）。

硫作为硫化纳米零价铁中的关键元素，其占比是影响硫化纳米铁性能和去除污染物效果的重要因素，这主要是因为硫含量会影响硫化纳米零价铁中 Fe_xS_y 组分的比例，硫含量越高，生成的 Fe_xS_y 在硫化纳米零价铁中的占比也越高，在发生有氧/无氧氧化时生成的 OH˙累积浓度增大，同时高硫占比还会降低硫化纳米零价铁的电荷转移电阻，进而加快电子转移，提升电子的利用效率（Xu et al.，2020b）。此外，硫占比也会影响硫化纳

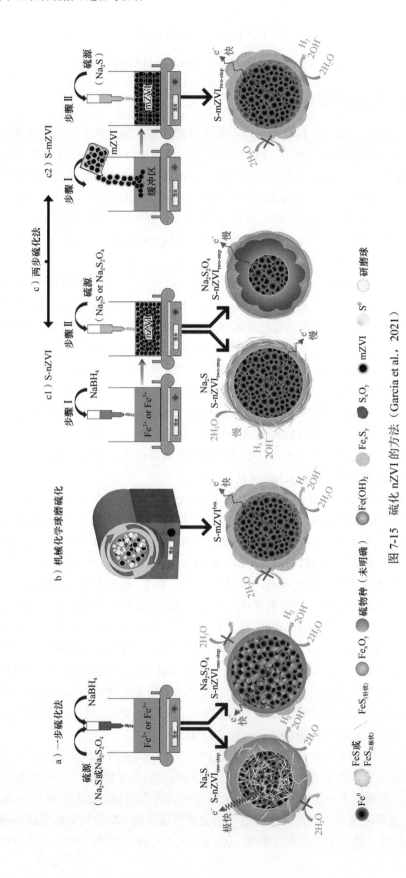

图 7-15　硫化 nZVI 的方法（Garcia et al.，2021）

米零价铁和水的接触角，抑制水的吸附（Cao et al.，2020b）。也有研究认为，高硫占比会明显抑制硫化纳米零价铁表面 H^* 的吸附并阻碍 H^* 的结合，从而减弱析氢的反应程度。然而，也不是硫含量越高，硫化纳米零价铁在去除污染物时的效果越好。随着硫含量的增加，硫化纳米零价铁的使用寿命呈现先延长后缩短的趋势，这可能是因为中等硫占比能够使硫化纳米零价铁中的 Fe^0 含量最大化，同时也在一定程度上抑制硫化纳米零价铁与水的反应（Xu et al.，2020b）。最佳硫含量条件下的硫化纳米零价铁使用寿命是 ZVI 的 58 倍。需要特别说明的是，在硫化纳米零价铁中，虽然存在多种形式的硫基物质，但以 Fe_xS_y 为主，硫占比越高，则 Fe_xS_y 越多。

7.3　硫自养反硝化脱氮

硫协同污水生物处理技术主要是指硫自养反硝化，它是微生物在厌氧或缺氧条件下利用还原态硫（单质硫、硫化物和硫代硫酸盐）等作为电子供体，以硝酸盐为电子受体进行反硝化并将其还原为氮气的过程，适用于处理低浓度硝酸盐废水，具有反硝化速率高、设备简单和运行成本低等优势。硫本身具有多种价态，不同形式的硫作为自养反硝化的电子供体，会对反硝化产生不同的影响。例如，单质硫和硫代硫酸钠作为电子供体时，自养反硝化性能比较接近，但以硫化钠为电子供体时反硝化稳定性较差，出现明显的亚硝酸盐积累现象（Fu et al.，2020）。当以单质硫为电子供体时，反应器内微生物具有最丰富的多样性，然后是硫代硫酸钠和硫化钠。

7.3.1　单质硫自养反硝化

单质硫由于价格低、易处理和运输，既可以充当能源，也可作为生物载体，已成为地下水中硝酸盐去除研究中最常用的电子供体（di Capua et al.，2019）。单质硫难溶于水，既可在地下水硝酸盐异位去除中填充于生物反应器中，也能在原位处理中作为渗透墙的组成（陈帆，2020）。在单质硫驱动的自养反硝化过程中［公式（7-22）］，理论上完全还原 1mg 硝态氮会消耗 4.57mg $CaCO_3$ 碱度，这势必会导致反应体系 pH 降低，当 pH 低于 6.0 时，单质硫自养反硝化过程会被抑制。当 pH 低于 7.4 时，会产生亚硝态氮积累的现象，降低氮的去除效率（Furumai et al.，1996）。因此，在单质硫自养反硝化过程中需要额外投加碱性缓冲物质来中和反应中产生的 H^+ 以维持适宜的 pH 环境。

$$55S + 50NO_3^- + 38H_2O + 20CO_2 + 4NH_4^+ \longrightarrow 4C_5H_7O_2N + 25N_2 + 55SO_4^{2-} + 64H^+ \qquad (7-21)$$

$CaCO_3$ 常被用作单质硫自养反硝化过程中的 pH 缓冲物质，同时也作为微生物自生长的无机碳源，添加 $CaCO_3$ 的单质硫自养反硝化工艺又被称为单质硫-石灰石自养反硝化工艺，该工艺因具有高效、低成本等优势被广泛用于现场及非现场硝酸盐去除。值得注意的是，额外投加 $CaCO_3$ 的同时也会提高水的硬度，因此碳酸氢盐也是一种比较好的选择，它即可抵消 pH 的降低，又可充当无机碳源，同时具有较好的可溶性（di Capua and Lens，2015）。此外，水力停留时间和温度也会影响单质硫自养反硝化的脱氮效率，过短的水力停留时间会降低反硝化速率，反硝化过程不够彻底（李天昕等，2014），尤其是在冬季温度较低时，应进一步延长水力停留时间以达到较好的反硝化效果（李莹莹，

2021）。而当温度从 6℃升高到 30℃时，微生物的生长速率呈现先升高后降低的趋势，以脱氮硫杆菌为例，其最佳生长温度为 30℃（Capua et al.，2016）。

在氯代烃和硝酸盐共同污染的地下水环境中，构建单质硫自养反硝化-生物阴极脱氯耦合系统，能够实现生物阴极快速去除硝酸盐、脱氯的同时完成系统的酸碱自平衡（图 7-16）（陈帆，2020；Chen et al.，2020）。在该耦合系统中额外投加单质硫加快了阴极硝酸盐的还原，减小了阴极还原脱氯和反硝化过程对电极电子的竞争强度和周期，提高了还原脱氯能效。在优化电压 0.5V 下，可维持反应体系的酸碱自平衡，同时实现硝酸盐的高效去除，硝酸盐去除速率常数较单独的生物电化学系统和单质硫自养反硝化系统均大幅度增大。单质硫作为反硝化的主要电子供体，其贡献度可达 80% 以上，在阴极充当辅助电子供体。硫颗粒生物膜中的反硝化菌属以 *Pseudomonas*、*Ralstonia* 和 *Brevundimonas* 为主，阴极生物膜中的反硝化菌属以 *Pseudomonas*、*Chryseobacterium*、*Pantoea* 和 *Comamonas* 为主（陈帆，2020）。

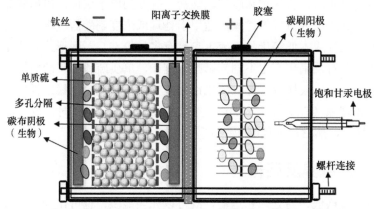

图 7-16　单质硫自养反硝化-生物阴极脱氯耦合系统示意图

7.3.2　硫化物自养反硝化

硫化物在水中主要以 S^{2-}、HS^- 和 H_2S 三种形式存在，它们往往具有明显的臭味和腐蚀性，因此城市河流经常出现黑臭现象，采取加硝酸盐的方式通过硫化物自养反硝化能够在一定程度上解决黑臭问题。硫化物自养反硝化使用的电子供体多为这三种物质，如以硫铁矿为电子供体的自养反硝化，硫铁矿在自然界中存在的形式主要包括马基诺矿（FeS）和黄铁矿（FeS_2）等。与其他元素硫自养反硝化相比，利用硫铁矿作电子供体的优势在于其有更强的自缓冲能力［公式（7-22）］，可以同步实现脱氮除磷，其中 FeS_2 自养反硝化过程中 SO_4^{2-} 的生成量更低，并且以 FeS_2 作为电子供体进行的反硝化脱氮，其中的铁亦可作为电子供体，并且三价铁可与磷酸根反应产生沉淀，这也有助于除磷，该工艺可在短时间内将模拟二级出水处理至回用水标准（朱良，2021）。但是，FeS_2 自养反硝化的缺点在于比表面积很小，水力停留时间很长，因而应用规模受到限制，可能也会伴随着硝态氮被还原为亚硝态氮的速率高于亚硝态氮还原速率的问题，导致体系中出现亚硝酸盐积累，pH 随反应的进行逐渐降低。此外，利用工业废气 H_2S 作为电子供体也能够进行硫化物自养反硝化反应，实现了"以废治废、以毒攻毒"。

$$S^{2-} + 1.6NO_3^- + 1.6H^+ \longrightarrow 0.8N_2 + SO_4^{2-} + 0.8H_2O \qquad (7\text{-}22)$$

但是，硫化物自养反硝化技术对运行条件要求较高，易受初始 S/N、温度、pH 等因素的影响（丁玉琴等，2024）。以 S/N 为例，当 S/N<1 时，单质硫与反应器中积累的亚硝态氮反应生成氮气，并产生 SO_4^{2-}（Yuan et al.，2020）；当 S/N = 1 时，硝态氮被还原为亚硝态氮，S^{2-} 被氧化生成单质硫；当 S/N = 2 时，发生硫直接氧化，即 S^{2-} 完全转化为 SO_4^{2-}，无单质硫积累（Cui et al.，2019）。也就是说，硫化物浓度较高时，部分硫化物会转化为单质硫，而当硝酸盐浓度较高时，硫化物则会全部转化为 SO_4^{2-}（Cardoso et al.，2006a），从硫氧化过程中回收单质硫是控制出水中 SO_4^{2-} 浓度和实现资源再生利用的新方向。与单质硫相比，硫化物作为电子供体更容易溶解在水中，避免了因传质效率低导致反硝化效率低的结果。需要注意的是，高浓度的硫化物会抑制反硝化菌的活性（Cardoso et al.，2006b）。例如，当硫化物浓度达到 240mg/L 时即可完全抑制硝态氮还原过程，因此需严格控制反应过程中的硫化物含量（Huang et al.，2019b）。

7.3.3　硫代硫酸盐自养反硝化

以硫代硫酸盐（$S_2O_3^{2-}$）作为电子供体的硫自养反硝化 [公式（7-23）] 微生物种类较为丰富，而且硫代硫酸钠易溶于水、无生物毒性，更容易被反硝化菌接触，因此反硝化效果会优于单质硫和硫化物自养反硝化效果。Cardoso 等（2006a）分别以单质硫、硫代硫酸钠、硫化钠构建硫自养反硝化反应器，结果证明硫代硫酸钠反应器系统的脱氮效果最好，反硝化速率分别是单质硫反应器系统的 9.5 倍和硫化钠反应器系统的 4.5 倍。在反硝化过程中，硫代硫酸钠会转化成中间产物 S^{2-}、S^0、AVS，这些物质作为反硝化的电子供体转化为 SO_4^{2-}，微生物使用这 4 种电子供体的优先顺序为 AVS $\approx S^0 < S_2O_3^{2-} < S^{2-}$（Fan et al.，2021）。

$$S_2O_3^{2-} + 1.24NO_3^- + 0.11H_2 + 0.45HCO_3^- + 0.09NH_4^+ \longrightarrow 0.09C_5H_7O_2N + 0.62N_2 + 2SO_4^{2-} + 0.4H^+$$
$$(7\text{-}23)$$

常常采用投加填料的方式来加快硫代硫酸盐自养反硝化反应器的启动，活性炭和聚氨酯海绵是较为合适的材料（图 7-17），它们能够增大微生物附着量、减少微生物流失、提高反应器的抗负荷冲击能力，且使反应器启动时间缩短至 30～45d，硝态氮的去除率稳定在 93% 以上。在反应器中发挥主要作用的微生物主要包括硫杆菌属、硫单胞菌属和

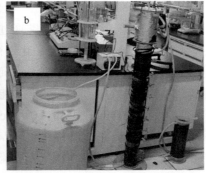

图 7-17　以活性炭（a）和聚氨酯海绵（b）为填料的硫代硫酸盐自养反硝化反应器装置图（周浩，2023）

铁氧化菌属等,这些微生物的丰度沿水流方向逐渐降低。逐渐缩小水力停留时间的过程中,聚氨酯海绵填料反应器的去除率优于活性炭填料反应器,而且微生物的挂膜时间更短(周浩,2023)。

7.3.4 硫自养反硝化耦合工艺

随着对水处理理念的深入认知和对技术的不断探索,提标增效、提质降能成为推动污水处理的重中之重,为此,实现废物最小化和环境友好,从异养到自养工艺、从单一运行到工艺耦合成为近年来的研究热点。其中,硫自养反硝化因技术优势能够与多种工艺进行耦合,如硫-铁耦合工艺、硫自养反硝化-厌氧氨氧化耦合工艺、硫酸盐还原-硫自养反硝化-厌氧氨氧化耦合工艺、硫自养-异养反硝化耦合工艺等。以下介绍几种目前较为成熟的耦合工艺。

1. 硫-铁耦合工艺

在硫化物自养反硝化的基础上,吴中琴(2012)研发了硫-铁耦合工艺,它以硫化物自养反硝化为主、铁化学还原为辅的脱氮及铁化学沉淀除磷的方式(图7-18),实现了对污染水体的深度氮磷同步去除,并且充分利用了硫自养反硝化过程中产生的 H^+ 来促进铁溶出,避免了额外投加碱性缓冲物质,既能消耗产生的 H^+,确保出水的 pH 保持稳定,又能通过溶出的铁沉淀作用更好地去除磷酸盐,达到同时深度脱氮除磷的目的。同时,硫-铁柱反应器中的微生物群落结构比纯硫柱反应器要单一,而且硫-铁柱反应器底层和顶层的微生物群落结构丰度高于纯硫柱反应器。相较于传统需要外加碳源的异养反硝化工艺,硫-铁耦合载体填充床工艺具有成本低廉的优势,对于实际工程应用具有重要意义。

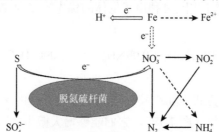

图 7-18　硫-铁耦合工艺电子转移示意图(吴中琴,2012)

2. 硫自养反硝化-厌氧氨氧化耦合工艺

硫自养反硝化-厌氧氨氧化耦合工艺通过二者之间的基质互给,即厌氧氨氧化为硫自养反硝化提供硝酸盐氮,而硫自养反硝化进行短程反硝化为厌氧氨氧化提供亚硝酸盐氮,实现了优势互补。在构建硫自养反硝化-厌氧氨氧化耦合反应器时所需的时间较长,在运行 170d 后能够实现两者的基质互给,并且能够得到较好的总氮去除效率,同时硝态氮的出水浓度也可以控制在 10mg/L 以下(Chen et al., 2019)。此外,通过有效地控制 pH(7.0和 8.5)和温度(35℃),也能够构建硫自养反硝化-厌氧氨氧化耦合体系(Chen et al., 2018)。但是,在同一个反应器内同时完成硫自养反硝化和厌氧氨氧化反应,需要同时兼顾两类不同功能微生物的生理特性,方能保证高效运行,而且在硫自养反硝化反应中也可以亚硝酸盐作为电子受体与单质硫进行代谢反应，这将会导致反硝化菌和厌氧氨氧化菌竞争亚硝酸盐，降低脱氮效率。同时，外界环境因素如 pH、温度、溶解氧等会同时影响厌氧氨氧化和硫自养反硝化反应（Kumarand Lin，2010）。因此，近年来兴起了两段式硫自养反硝化-厌氧氨氧化耦合工艺（图 7-19），不仅可以解决厌氧氨氧化无法高效脱氮的问题，还能够实现反应器快速启动并保证长期稳定运行，在亚硝酸盐过量和铵盐过量的条件下，脱氮效率均保持在 93% 以上，且耦合工艺具有较好的自我恢复能力（Wang et al.，2019a，2020a）。

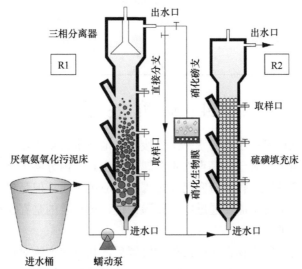

图 7-19　两段式硫自养反硝化-厌氧氨氧化耦合工艺示意图

3. 硫酸盐还原-硫自养反硝化-厌氧氨氧化耦合工艺

某些特殊废水如含镍重金属废水不仅含有重金属镍，还含有大量的氨氮、硝酸盐和硫酸盐，在处理这类废水时要保证重金属、氨氮、硝酸盐和硫酸盐的同步去除，显然单一的工艺无法满足该要求。为此，有研究提出了硫酸盐还原-硫自养反硝化-厌氧氨氧化耦合工艺，该工艺首先利用硫酸盐还原菌反应器部分取代化学沉淀除镍，并能实现近中性条件下低成本去除重金属镍，且具有较好的脱氮除磷效果，再利用硫自养反硝化和厌氧氨氧化高效去除水体氮污染，其中短程反硝化厌氧氨氧化为主要脱氮途径（Hu et al.，2020）。

4. 硫自养-异养反硝化耦合工艺

滨海河流水体中经常存在硝酸盐污染严重且伴随高硫酸盐污染的问题，虽然硫自养反硝化能够有效去除硝态氮，但存在消耗碱度、产生高浓度硫酸盐等问题，对此构建硫自养-异养反硝化耦合工艺，实现两种工艺的取长补短并避免硫酸盐大量生成。在该混合营养体系中，无机电子供体和有机电子供体共存，异养反硝化可以中和硫自养反硝化产生的 H$^+$，而且硫自养反硝化显著降低异养反硝化对碳源的依赖度。在硫自养-异养反硝化耦合体系中涉及氮、硫和碳三种物质的代谢过程，因此碳源和硫电子供体种类不仅会影响脱氮效果（表 7-3），还会对微生物群落结构产生相应的影响，当有机碳源投加量逐渐增大时，以 *Ferritrophicum* 和 *Thiobacillus* 为代表的硫自养反硝化菌的丰度会随着异养反硝化脱氮贡献的增大而降低（Li et al.，2022b）。使用乙酸钠作为外加碳源，系统中的 *Thiothrix*、*Thauera*、*Dok59* 和 *Acinetobacter* 等发展为优势菌种（王佩琦，2018），以玉米芯作为固相碳源时，*Kouleothrix* 和 *Geothrix* 则是优势微生物（唐了凡，2020）。

表 7-3　硫自养-异养反硝化耦合处理废水（Zhang et al.，2018, Li et al.，2022a，2022b，Zhou et al.，2022）

硫电子供体	有机碳源	反应器类型	处理对象	硝酸盐去除率（%）
硫化物	乙酸	升流式厌氧污泥床	合成废水	100
单质硫	甲醇	生物滤池	合成废水	86.1～98.9
黄铁矿	羟基丁酸和羟基戊酸共聚物	锥形瓶	合成废水	96
硫粉	芦苇叶	生物滞留系统	模拟径流雨水	89.04～96.64

7.4　研 究 展 望

硫介导的水处理技术在生活污水、工业废水、地下水甚至土壤修复领域有广泛且重要的应用价值，特别是针对一些高毒性重金属、抗生素、内分泌干扰物等难降解有机污染物具有较好的去除效果，有些研究已经进入工业应用阶段，但是仍有相当一部分停留在实验室阶段，其应用场景需要通过中试试验论证，更重要的是存在很多不确定因素尚未得到科学的解释和深入研究。

（1）含硫化合物或氧化物在完成污染物降解后，其反应产物对环境生态有哪些危害性，同时对未参与的含硫化合物或氧化物如何回收或处理，以降低处理成本，还有待深入研究。

（2）FeS$_x$ 在吸附重金属并形成沉淀后，其本身的使用寿命仍然需要进一步延长，以保证其在实际应用中具有较好的成本优势。另外，这些重金属的再释放周期如何，是否会对环境造成二次污染也是待研究的问题。

（3）目前研究 FeS$_x$ 有氧氧化和无氧还原体系中去除污染物时，只考虑了非生物因素，然而，在实际应用过程中，特别是环境水体修复时，生物因素也会介入反应中，尤其是微生物对 FeS 的作用，而体系中产生的氧化活性物质又会反过来影响微生物的生长代谢，因此在未来的科学研究中应该深入分析生物因素对 FeS 有氧氧化和无氧还原体系的影响。

（4）硫自养反硝化技术在处理滨海水体时的脱氮效果缺乏相关的研究，特别是在高硫酸盐和高硝酸盐存在的情况下，过量的硫酸盐是否会抑制反硝化有待论证。此外，还需要从基因水平上识别硫酸盐还原菌和反硝化菌之间的互作关系。

参 考 文 献

陈帆. 2020. 硫自养反硝化过程促进阴极生物脱氯效能及机制研究. 哈尔滨: 哈尔滨工业大学博士学位论文.

陈恺, 孙硕, 韩伟欣, 等. 2019. 硫代硫酸钠修复氰化物、铬复合污染土壤研究. 西安: 中国环境科学学会2019年科学技术年会——环境工程技术创新与应用分论坛.

成东. 2021. 硫化亚铁有氧氧化产羟自由基降解有机污染物机制. 武汉: 中国地质大学博士学位论文.

邓智瀚. 2020. 海藻酸钠改性 FeS 纳米颗粒处理 Cr(Ⅵ) 污染土壤的机理及性能研究. 成都: 成都理工大

学硕士学位论文.

丁玉琴, 孙立柱, 沈永. 2024. 硫自养反硝化技术研究进展与展望. 广东化工, 51(10): 123-125.

杜琦. 2021. 化学沉淀—离子交换法处理电镀含镍废水研究. 兰州: 兰州大学硕士学位论文.

付君浩, 邓朝政, 曾礼强, 等. 2023. 硫化亚铁对 As(Ⅲ) 的吸附机理及其对 As 污染土壤的修复. 中国有
　色金属学报, 33(9): 2998-3012.

何梦婷, 肖荣波, 黄飞, 等. 2023. 抗坏血酸改性纳米硫化亚铁对水体 Cr(Ⅵ) 的还原特性及机制. 环境科
　学学报, 43(2): 61-72.

胡凡, 陈元彩, 胡勇有, 等. 2022. 硫酸盐还原菌原位合成纳米硫化亚铁还原 Cr(Ⅵ). 化工环保, 42(1): 61-67.

李天昕, 邱诚翔, 徐昊, 等. 2014. 硫/石灰石自养反硝化处理低碳高氮城市污水的工艺. 环境工程学报,
　8(3): 5.

李薇, 吴楠楠, 龚奂彰, 等. 2018. 含铊工业废水的处理技术研究现状. 工业水处理, 38(12): 7-9.

李莹莹. 2021. 硫自养反硝化生物滤池脱氮效能与微生物群落特征研究. 北京: 北京林业大学硕士学位
　论文.

李振华. 2023. 废水处理中脱氯剂的加药及自动控制研究. 工业水处理: 1-9.

孙文博, 章志强, 李庆, 等. 2024. 过硫酸氢钾复合盐粉对水产病原菌的杀灭效果. 水产养殖, 45(1): 33-36, 62.

唐了凡. 2020. 硫磺/固体碳源混合营养反硝化脱氮研究. 哈尔滨: 哈尔滨工业大学硕士学位论文.

王佩琦. 2018. 混合营养型反硝化的脱氮性能及其微生物群落解析. 上海: 上海交通大学硕士学位论文.

王伟彬. 1984. 氰化物镀锌的废水处理. 电镀与涂饰, (2): 60-63.

吴中琴. 2012. 硫-铁耦合载体在城市污水深度净化中的应用研究. 北京: 清华大学硕士学位论文.

许玉东, 孙燕如, 郑雪琴. 2012. 热镀锌厂酸洗废水及锌灰中锌回收. 环境工程学报, 6(12): 6.

杨慧萍. 2018. 改性纳米 FeS 原位修复 Cr(Ⅵ) 污染地下水的研究. 长春: 吉林大学硕士学位论文.

周浩. 2023. Na$_2$S$_2$O$_3$ 型硫自养反硝化中盐度的影响及其对高校中水的深度脱氮效果. 济南: 山东建筑大
　学硕士学位论文.

周建宇, 占敬敬, 朱自强, 等. 2024. 硫化纳米零价铁在环境污染物处理中的应用进展. 应用化工, 53(6): 1-7.

周雅琪, 陈钱砚语, 张杰, 等. 2024. 铁矿物协同 Shewanella oneidensis MR-1 介导的钒 (V(Ⅴ)) 还原及其
　作用机制. 中国环境科学: 1-15.

朱良. 2021. FeS$_2$ 驱动的硫自养反硝化深度脱氮除磷技术研究. 哈尔滨: 哈尔滨工业大学硕士学位论文.

Aeschbacher M, Sander M, Schwarzenbach R P. 2010. Novel Electrochemical Approach to Assess the Redox
　Properties of Humic Substances. Environmental Science & Technology, 44(1): 87-93.

Amir A L W. 2012. Enhanced reductive dechlorination of tetrachloroethene during reduction of cobalamin (Ⅲ)
　by nano-mackinawite. Journal of Hazardous Materials, 235-236: 359-366.

Bi Y, Hayes K F. 2014. Nano-FeS inhibits UO$_2$ reoxidation under varied oxic conditions. Environmental
　Science & Technology, 48(1): 632-640.

Bi Y, Stylo M, Bernier-Latmani R, et al. 2016. Rapid mobilization of noncrystalline U(Ⅳ) coupled with FeS
　oxidation. Environmental Science & Technology, 50(3): 1403-1411.

Butler E C, Hayes K F. 1998. Effects of solution composition and pH on the reductive dechlorination of
　hexachloroethane by iron sulfide. Environmental Science & Technology, 32(9): 1276-1284.

Buxton G V, Greenstock C L, Helman W P, et al. 1988. Critical view of rate constants for reactions of
　hydrated electrons, hydrogen atoms and hydroxyl radicals (•OH/•OH) in aqueous solution. Journal of
　Physical and Chemical Reference Data, 17(2): 513-886.

Canonica S, Kohn T, Mac M, et al. 2005. Photosensitizer method to determine rate constants for the reaction
　of carbonate radical with organic compounds. Environmental Science & Technology, 39(23): 9182.

Cao Z, Li H, Xu X, et al. 2020a. Correlating surface chemistry and hydrophobicity of sulfidized nanoscale
　zerovalent iron with its reactivity and selectivity for denitration and dechlorination. Chemical Engineering

Journal, 394: 124876.

Cao Z, Liu X, Xu J, et al. 2017. Removal of antibiotic florfenicol by sulfide-modified nanoscale zero-valent iron. Environmental Science & Technology, 51(19): 11269-11277.

Cao Z, Xu J, Li H, et al. 2020b. Dechlorination and defluorination capability of sulfidized nanoscale zerovalent iron with suppressed water reactivity. Chemical Engineering Journal, 400: 125900.

Capua F D, Ahoranta S H, Papirio S, et al. 2016. Impacts of sulfur source and temperature on sulfur-driven denitrification by pure and mixed cultures of *Thiobacillus*. Process Biochemistry, 51(10): 1576-1584.

Cardoso R B, Alvarez R S, Rowlette P C, et al. 2006a. Sulfide oxidation under chemolithoautotrophic denitrifying conditions. Biotechnology and Bioengineering, 95(6): 1148-1157.

Chandra A P, Gerson A R. 2011. Pyrite (FeS_2) oxidation: a sub-micron synchrotron investigation of the initial steps. Geochimica et Cosmochimica Acta, 75(20): 6239-6254.

Chen F, Li X, Gu C, et al. 2018. Selectivity control of nitrite and nitrate with the reaction of S0 and achieved nitrite accumulation in the sulfur autotrophic denitrification process. Bioresource Technology, 266: 211-219.

Chen F, Li X, Yuan Y, et al. 2019. An efficient way to enhance the total nitrogen removal efficiency of the Anammox process by S^0-based short-cut autotrophic denitrification. Journal of Environmental Sciences, 81(7): 216-226.

Chen F, Li Z L, Lv M, et al. 2020. Recirculation ratio regulates denitrifying sulfide removal and elemental sulfur recovery by altering sludge characteristics and microbial community composition in an EGSB reactor. Environmental Research, 181: 108905.

Chen H, Zhang Z, Feng M, et al. 2017. Degradation of 2,4-dichlorophenoxyacetic acid in water by persulfate activated with FeS (mackinawite). Chemical Engineering Journal, 313: 498-507.

Cheng D, Liao P, Yuan S H. 2016a. Effects of ionic strength and cationic type on humic acid facilitated transport of tetracycline in porous media. Chemical Engineering Journal, 284: 389-394.

Cheng D, Yuan S, Liao P, et al. 2016b. Oxidizing impact induced by mackinawite (FeS) nanoparticles at oxic conditions due to production of hydroxyl radicals. Environmental Science & Technology, 50(21): 11646.

Cui Y X, Biswal B K, van Loosdrecht M C M, et al. 2019. Long term performance and dynamics of microbial biofilm communities performing sulfur-oxidizing autotrophic denitrification in a moving-bed biofilm reactor. Water Research, 166: 115038.

Davies M J, Gilbert B C, Stell J K, et al. 1992. Nucleophilic substitution reactions of spin adducts. Implications for the correct identification of reaction intermediates by EPR/spin trapping. Journal of the Chemical Society, Perkin Transactions 2, (3): 333-335.

di Capua F P S, Lens P N. 2015. Chemolithotrophic denitrification in biofilm reactors. Chemical Engineering Journal, 280: 643-657.

di Capua F, Pirozzi F, Lens P N L, et al. 2019. Electron donors for autotrophic denitrification. Chemical Engineering Journal, 362: 922-937.

Fan C, Zhou W, He S, et al. 2021. Sulfur transformation in sulfur autotrophic denitrification using thiosulfate as electron donor. Environmental Pollution, 268: 115708.

Fan D, O'Brien Johnson G, Tratnyek P G, et al. 2016. Sulfidation of nano zerovalent iron (nZVI) for improved selectivity during in-situ chemical reduction (ISCR). Environmental Science & Technology, 50(17): 9558-9565.

Fan J, Gu L, Wu D, et al. 2018. Mackinawite (FeS) activation of persulfate for the degradation of *p*-chloroaniline: surface reaction mechanism and sulfur-mediated cycling of iron species. Chemical Engineering Journal, 333: 657-664.

Fox T R, Comerford N B. 1990. Low-molecular-weight organic acids in selected forest soils of the southeastern USA. Soil Science Society of America Journal, 54(4): 1139-1144.

Fu C, Li J, Lv X, et al. 2020. Operation performance and microbial community of sulfur-based autotrophic denitrification sludge with different sulfur sources. Environmental Geochemistry and Health, 42(3): 1009-1020.

Fukuda T, Ito T, Sawada K, et al. 2004. Separation of Cu, Zn and Ni from plating solution by precipitation of metal sulfides. Kagaku Kogaku Ronbunshu, 30(2): 227-232.

Furman O S, Teel A L, Watts R J. 2010. Mechanism of base activation of persulfate. Environmental Science & Technology, 44(16): 6423-6428.

Furumai H, Tagui H, Fujita K. 1996. Effects of pH and alkalinity on sulfur-denitrification in a biological granular filter. Water Science & Technology, 34(1-2): 355-362.

Gao Y, Pang S Y, Jiang J, et al. 2018. Oxidation of fluoroquinolone antibiotics by peroxymonosulfate without activation: kinetics, products, and antibacterial deactivation. Water Research, 145: 210-219.

Garcia A N, Zhang Y, Ghoshal S, et al. 2021. Recent advances in sulfidated zerovalent iron for contaminant transformation. Environmental Science & Technology, 55(13): 8464-8483.

Giannakis S, Lin K Y A, Ghanbari F. 2021. A review of the recent advances on the treatment of industrial wastewaters by sulfate radical-based advanced oxidation processes (SR-AOPs). Chemical Engineering Journal, 406: 127083.

Han Y L, Yan W L. 2016. Reductive dechlorination of trichloroethene by zero-valent iron nanoparticles: reactivity enhancement through sulfidation treatment. Environmental Science & Technology, 50(23): 12992-13001.

Han Y S, Jeong H Y, Demond A H, et al. 2011. X-ray absorption and photoelectron spectroscopic study of the association of As(Ⅲ) with nanoparticulate FeS and FeS-coated sand. Water Research, 45(17): 5727-5735.

Herrmann H. 2007. On the photolysis of simple anions and neutral molecules as sources of O$^-$/OH, SO$_x^-$ and Cl in aqueous solution. Physical Chemistry Chemical Physics, 9(30): 3935-3964.

Hu K, Xu D, Chen Y. 2020. An assessment of sulfate reducing bacteria on treating sulfate-rich metal-laden wastewater from electroplating plant. Journal of Hazardous Materials, 393: 122376.

Hua B, Deng B. 2008. Reductive Immobilization of Uranium(Ⅵ) by amorphous iron sulfide. Environmental Science & Technology, 42(23): 8703-8708.

Huang K C, Couttenye R A, Hoag G E. 2002. Kinetics of heat-assisted persulfate oxidation of methyl tert-butyl ether (MTBE). Journal of Soil Contamination, 11(3): 447-448.

Huang Q, Hu D, Chen M, et al. 2019a. Sequential removal of aniline and heavy metal ions by jute fiber biosorbents: a practical design of modifying adsorbent with reactive adsorbate. Journal of Molecular Liquids, 285: 288-298.

Huang S, Zheng Z, Wei Q, et al. 2019b. Performance of sulfur-based autotrophic denitrification and denitrifiers for wastewater treatment under acidic conditions. Bioresource Technology, 294: 122176.

Islam S, Redwan A, Millerick K, et al. 2021. Effect of copresence of zerovalent iron and sulfate reducing bacteria on reductive dechlorination of trichloroethylene. Environmental Science & Technology, 55(8): 4851-4861.

Jeong H Y, Hayes K F. 2007. Reductive dechlorination of tetrachloroethylene and trichloroethylene by mackinawite (FeS) in the presence of metals: reaction rates. Environmental Science & Technology, 41(18): 6390-6396.

Jones A M, Griffin P J, Collins R N, et al. 2014. Ferrous iron oxidation under acidic conditions—the effect of ferric oxide surfaces. Geochimica et Cosmochimica Acta, 145: 1-12.

Kohantorabi M, Moussavi G, Giannakis S. 2021. A review of the innovations in metal-and carbon-based catalysts explored for heterogeneous peroxymonosulfate (PMS) activation, with focus on radical vs. non-radical degradation pathways of organic contaminants. Chemical Engineering Journal, 411: 127957.

Kumar M, Lin J G. 2010. Co-existence of anammox and denitrification for simultaneous nitrogen and carbon removal—strategies and issues. Journal of Hazardous Materials, 178(1): 1-9.

Kyung D, Sihn Y, Kim S, et al. 2016. Synergistic effect of nano-sized mackinawite with cyano-cobalamin in cement slurries for reductive dechlorination of tetrachloroethylene. Journal of Hazardous Materials, 311: 1-10.

Lee J, von Gunten U, Kim J H. 2020. Persulfate-based advanced oxidation: critical assessment of opportunities and roadblocks. Environmental Science & Technology, 54(6): 3064-3081.

Lente G, Kalmár J, Baranyai Z, et al. 2009. One- versus two-electron oxidation with peroxomonosulfate ion: reactions with iron(II), vanadium(IV), halide ions, and photoreaction with cerium(III). Inorganic Chemistry, 48(4): 1763-1773.

Li D, Peng P A, Yu Z, et al. 2016. Reductive transformation of hexabromocyclododecane (HBCD) by FeS. Water Research, 101: 195-202.

Li D, Zhong Y, Zhu X, et al. 2021. Reductive degradation of chlorinated organophosphate esters by nanoscale zerovalent iron/cetyltrimethylammonium bromide composites: reactivity, mechanism and new pathways. Water Research, 188: 116447.

Li H, Liu Z, Tan C, et al. 2022a. Efficient nitrogen removal from stormwater runoff by bioretention system: the construction of plant carbon source-based heterotrophic and sulfur autotrophic denitrification process. Bioresource Technology, 349: 126803.

Li H, Shan C, Pan B. 2018. Fe(III)-doped g-C$_3$N$_4$ mediated peroxymonosulfate activation for selective degradation of phenolic compounds via high-valent iron-oxo species. Environmental Science & Technology, 52(4): 2197-2205.

Li Y, Liu L, Wang H. 2022b. Mixotrophic denitrification for enhancing nitrogen removal of municipal tailwater: contribution of heterotrophic/sulfur autotrophic denitrification and bacterial community. Science of the Total Environment, 814: 151940.

Liang C, Su H W. 2009. Identification of sulfate and hydroxyl radicals in thermally activated persulfate. Industrial & Engineering Chemistry Research, 48(11): 5558-5562.

Liao P, Li W, Jiang Y, et al. 2017. Formation, aggregation, and deposition dynamics of nom-iron colloids at anoxic-oxic interfaces. Environmental Science & Technology, 51(21): 12235-12245.

Liu J, Yang Q, Wang D, et al. 2016a. Enhanced dewaterability of waste activated sludge by Fe(II)-activated peroxymonosulfate oxidation. Bioresource Technology, 206: 134-140.

Liu J, Zhou L, Dong F, et al. 2017a. Enhancing As(V) adsorption and passivation using biologically formed nano-sized FeS coatings on limestone: Implications for acid mine drainage treatment and neutralization. Chemosphere, 168: 529-538.

Liu R, Yang Z, He Z, et al. 2016b. Treatment of strongly acidic wastewater with high arsenic concentrations by ferrous sulfide (FeS): inhibitive effects of S^0-enriched surfaces. Chemical Engineering Journal, 304: 986-992.

Liu W, Sun B, Zhang D, et al. 2017b. Selective separation of similar metals in chloride solution by sulfide precipitation under controlled potential. JOM, 69: 2358-2363.

Liu Y, Qiao J, Sun Y, et al. 2022. Simultaneous sequestration of humic acid-complexed Pb(II), Zn(II), Cd(II), and As(V) by sulfidated zero-valent iron: performance and stability of sequestration products. Environmental Science & Technology, 56(5): 3127-3137.

Lutze H V, Bircher S, Rapp I, et al. 2015. Degradation of chlorotriazine pesticides by sulfate radicals and the influence of organic matter. Environmental Science & Technology, 49(3): 1673-1680.

Morse, Rickard J W. 2004. Chemical dynamics of sedimentary acid volatile sulfide. Environmental Science & Technology. 38(7): 131A.

Nesbitt H W. 1998. Sulfur and iron surface states on fractured pyrite surfaces. American Mineralogist, 83(9-10): 1067-1076.

Neta P, Huie R E, Ross A B. 1988. Rate constants for reactions of inorganic radicals in aqueous solution. Journal of Physical and Chemical Reference Data, 17(3): 1027-1284.

Nfodzo P, Choi H. 2011. Triclosan decomposition by sulfate radicals: effects of oxidant and metal doses. Chemical Engineering Journal, 174(2-3): 629-634.

Nie M, Yang Y, Zhang Z. 2014. Degradation of chloramphenicol by thermally activated persulfate in aqueous solution. Chemical Engineering Journal, 246: 373-382.

Nihemaiti M, Permala R R, Croué J P. 2020. Reactivity of unactivated peroxymonosulfate with nitrogenous compounds. Water Research, 169: 115221.

Oh W D, Dong Z, Lim T T. 2016. Generation of sulfate radical through heterogeneous catalysis for organic contaminants removal: current development, challenges and prospects. Applied Catalysis B Environmental, 194: 169-201.

Onan M, Ilhan-Sungur E, Güngör N D, et al. 2018. Biocides effect on the microbiologically influenced corrosion of pure copper by *Desulfovibrio* sp. Journal of Electrochemical Science and Technology, 9(1): 44-50.

Paciolla M D, Davies G, Jansen S A. 1999. Generation of hydroxyl radicals from metal-loaded humic acids. E Environmental Science & Technology, 33(11): 1814-1818.

Ren W, Xiong L, Yuan X, et al. 2019. Activation of peroxydisulfate on carbon nanotubes: electron-transfer mechanism. Environmental Science & Technology, 53(24): 14595-14603.

Sühnholz S, Kopinke FD, Mackenzie K. 2020. Reagent or catalyst? – FeS as activator for persulfate in water. Chemical Engineering Journal, 387: 123804.

Teel A L, Ahmad M, Watts R J. 2011. Persulfate activation by naturally occurring trace minerals. Journal of Hazardous Materials, 196: 153-159.

Tian X, Wang X, Nie Y, et al. 2021. Hydroxyl radical-involving p-nitrophenol oxidation during its reduction by nanoscale sulfidated zerovalent iron under anaerobic conditions. Environmental Science & Technology, 55(4): 2403-2410.

Wacławek S, Lutze H V, Grübel K, et al. 2017. Chemistry of persulfates in water and wastewater treatment: a review. Chemical Engineering Journal, 330: 44-62.

Wang B, Zhang Y, Qin Y, et al. 2021. Removal of *Microcystis aeruginosa* and control of algal organic matter by Fe(Ⅱ)/peroxymonosulfate pre-oxidation enhanced coagulation. Chemical Engineering Journal, 403: 126381.

Wang T, Guo J, Lu C, et al. 2020a. Faster removal of nitrite than nitrate at sulfur-based autotrophic denitrification coupled with anammox affecting by anammox effluent. Environmental Science: Water Research & Technology, 6(4): 916-924.

Wang T, Guo J, Song Y, et al. 2019a. Efficient nitrogen removal in separate coupled-system of anammox and sulfur autotrophic denitrification with a nitrification side-branch under substrate fluctuation. Science of the Total Environment, 696: 133929.

Wang T, Liu Y, Wang J, et al. 2019b. *In-situ* remediation of hexavalent chromium contaminated groundwater and saturated soil using stabilized iron sulfide nanoparticles. Journal of Environmental Management, 231: 679-686.

Wang T, Wang W, Liu Y, et al. 2020c. Roles of natural iron oxides in the promoted sequestration of chromate using calcium polysulfide: pH effect and mechanisms. Separation and Purification Technology, 237: 116350.

Wang Z, Qiu W, Pang S, et al. 2020b. Relative contribution of ferryl ion species (Fe(IV)) and sulfate radical formed in nanoscale zero valent iron activated peroxydisulfate and peroxymonosulfate processes. Water Research, 172: 115504.

Wolthers M T, Gaast S J V D, Rickard D. 2003. The structure of disordered mackinawite. American Mineralogist, 88(11-12): 2007-2015.

Wu J, Zeng R J. 2018. In situ preparation of stabilized iron sulfide nanoparticle-impregnated alginate composite for selenite remediation. Environmental Science & Technology, 52(11): 6487-6496.

Wu Z, Wang Y, Xiong Z, et al. 2020. Core-shell magnetic Fe_3O_4@Zn/Co-ZIFs to activate peroxymonosulfate for highly efficient degradation of carbamazepine. Applied Catalysis B: Environmental, 277: 119136.

Xiao S, Cheng M, Zhong H, et al. 2019. Iron-mediated activation of persulfate and peroxymonosulfate in both homogeneous and heterogeneous ways: a review. Chemical Engineering Journal, 384: 123265.

Xie P, Ma J, Liu W, et al. 2015. Removal of 2-MIB and geosmin using UV/persulfate: contributions of hydroxyl and sulfate radicals. Water Research, 69: 223-233.

Xu C, Zhang B, Wang Y, et al. 2016. Effects of sulfidation, magnetization, and oxygenation on azo dye reduction by zerovalent iron. Environmental Science & Technology, 50(21): 11879-11887.

Xu H, Sheng Y. 2021. New insights into the degradation of chloramphenicol and fluoroquinolone antibiotics by peroxymonosulfate activated with FeS: performance and mechanism. Chemical Engineering Journal, 414: 128823.

Xu J, Avellan A, Li H, et al. 2020a. Iron and sulfur precursors affect crystalline structure, speciation, and reactivity of sulfidized nanoscale zerovalent iron. Environmental Science & Technology, 54(20): 13294-13303.

Xu J, Avellan A, Li H, et al. 2020b. Sulfur loading and speciation control the hydrophobicity, electron transfer, reactivity, and selectivity of sulfidized nanoscale zerovalent iron. Advanced Materials, 32(17): 1906910.

Yabusaki S B, Wilkins M J, Fang Y, et al. 2017. Water table dynamics and biogeochemical cycling in a shallow, variably-saturated floodplain. Environmental Science & Technology, 51(6): 3307-3317.

Yuan Y, Li X, Li B L. 2020. Autotrophic nitrogen removal characteristics of PN-anammox process enhanced by sulfur autotrophic denitrification under mainstream conditions. Bioresource Technology, 316: 123926.

Zhang K, Parker K M. 2018. Halogen radical oxidants in natural and engineered aquatic systems. Environmental Science & Technology, 52(17): 9579-9594.

Zhang P, Yuan S, Liao P. 2016. Mechanisms of hydroxyl radical production from abiotic oxidation of pyrite under acidic conditions. Geochimica et Cosmochimica Acta, 172: 444-457.

Zhang R C, Xu X J, Chen C, et al. 2018. Interactions of functional bacteria and their contributions to the performance in integrated autotrophic and heterotrophic denitrification. Water Research, 143: 355-366.

Zhang Z, Li X, Zhang C, et al. 2021. Combining ferrate(Ⅵ) with thiosulfate to oxidize chloramphenicol: influencing factors and degradation mechanism. Journal of Environmental Chemical Engineering, 9(1): 104625.

Zhao X, Salhi E, Liu H, et al. 2016. Kinetic and mechanistic aspects of the reactions of iodide and hypoiodous acid with permanganate: oxidation and disproportionation. Environmental Science & Technology, 50(8): 4358-4365.

Zhou J, Chen S, Liu J, et al. 2018a. Adsorption kinetic and species variation of arsenic for As(V) removal by biologically mackinawite (FeS). Chemical Engineering Journal, 354: 237-244.

Zhou Q, Jia L X, Wu W L, et al. 2022. Introducing PHBV and controlling the pyrite sizes achieved the pyritebased mixotrophic denitrification under natural aerobic conditions: Low sulfate production and functional microbe interaction. Journal of Cleaner Production, 366: 132986.

Zhou Y, Gao Y, Pang S Y, et al. 2018b. Oxidation of fluoroquinolone antibiotics by peroxymonosulfate without activation: Kinetics, products, and antibacterial deactivation. Water Research, 145: 210-219.

Zhou Y, Jiang J, Gao Y, et al. 2015. Activation of peroxymonosulfate by benzoquinone: a novel nonradical oxidation process. Environmental Science & Technology, 49(21): 12941-12950.

Zhou Y, Jiang J, Gao Y, et al. 2017. Activation of peroxymonosulfate by phenols: important role of quinone intermediates and involvement of singlet oxygen. Water Research, 125: 209-218.

Zhou Y, Jiang J, Gao Y, et al. 2018c. Oxidation of steroid estrogens by peroxymonosulfate (PMS) and effect of bromide and chloride ions: kinetics, products, and modeling. Water Research, 138: 56-66.

Zhou Y, Wang X, Zhu C, et al. 2018d. New insight into the mechanism of peroxymonosulfate activation by sulfur-containing minerals: role of sulfur conversion in sulfate radical generation. Water Research, 142: 208-216.

Zhou Z, Liu X, Sun K, et al. 2019. Persulfate-based advanced oxidation processes (AOPs) for organic-contaminated soil remediation: a review. Chemical Engineering Journal, 372: 836-851.